자꾸 성적이 오르는 문해력 강한 아이들의 비밀

초등 교과서
읽기의 기술

자꾸 성적이 오르는 문해력 강한 아이들의 비밀

초등 교과서 읽기의 기술

좌승협, 서휘경, 이윤희, 이주영 지음

멀리깊이

교과서 읽기가
모든 공부의 출발입니다

글자를 읽는 것이 아닌, 글의 뜻을 읽어야 합니다!

올해 초, EBS에서 〈당신의 문해력〉이라는 프로그램이 방영되어 학부모님과 아이들 모두 큰 충격에 빠진 적이 있습니다. 방송은 'KTX의 할인 제도 안내문'을 읽고 4인 가족이 내야 하는 총 요금을 계산하는 문제를 푸는 것으로 시작했는데, 네 명의 진행자 중 정답을 맞힌 사람은 단 한 사람도 없었습니다. 어려운 수학 문제를 낸 것도, 복잡한 논문을 읽은 것도 아니었습니다. 우리가 살면서 흔히 접하는 아주 단순한 안내문을 읽고도 이를 정확하게 이해한 사람이 없었던 것입니다.

OECD 국가 중 우리나라의 문맹률(글을 읽거나 쓸 줄 모르는 사람의 비율)은 매우 낮은 편에 속합니다. 하지만 앞의 프로그램에서 성인 남녀 880명을 대상으로 '복약지도서', '주택 임대차 계약서', '직장 휴가 일수 계산' 등과 같은 일상생활에 필수적인 지문들을 읽고 이를 얼마나 이해했는지를 묻는 시험을 봤더니 평균점수는 54점에 불과했습니다. 한글을 읽지 못하는 사람은 없지만 글의 뜻을 제대로 파악하는 사람은 많지 않다는 뜻입니다.

왜 글자는 읽으면서 글의 내용은 이해하지 못하는 걸까요?

문해력은 글을 읽고 의미를 파악해 이해하는 능력입니다. 주문한 제품의 설명서를 읽고 난 후에도 조작 방법을 이해하지 못하거나 각종 안내문에 적힌 내용을 이해하지 못해서 다른 사람에게 물어봐야 뜻을 알 수 있다면, 이런 사람을 문해력이 낮은 사람이라고 말할 수 있습니다. 글 전체의 내용을 파악하지 않고 필요한 부분만 겉핥기식으로 읽게 되면 문해력은 계속 낮아지고 생활의 불편은 커집니다.

방송 이후 사람들은 문해력에 관심을 갖기 시작했습니다. 특히나 단어를 몰라 문제 자체를 이해하지 못하는 학생들의 모습은 학부모님들께 큰 두려움과 걱정으로 다가왔을 것입니다. 문해력이 중요한 것은 이전부터 알고 있었지만, 문해력을 키우기보다는 학원에 보내 문제 유형을 파악하고 빠르게 문제를 해결하는 기술을 배우는 데 공부의 초점이 맞춰져 있던 터라 충격은 더했습니다. 즉, 문해력이 아닌 '국어 독해법', '영어 독해법' 등의 방법에만 몰두했던 것입니다. 독해법은 글을 읽고 이해하는 능력을 키우는 대신 어떻게 하면 문제를 빨리 풀 수 있을지, 전체 문장 중 어떤 문장을 골라 읽어야 하는지를 알려주는 데 급급했습니다. 독해법에 밀려 문해력은 큰 주목을 받았던 적이 없습니다.

하지만 문해력은 우리 학생의 일생에 큰 영향을 미칩니다. 이토록 중요한 문해력을 기르는 데 가장 필수적인 학습방법은 바로 교과서를 제대로 읽는 연습을 하는 것입니다. 공부의 기본이 되는 교과서를 읽고 이해하는 능력이 있어야 어려운 학습 내용을 파악하고 응용할 수 있습니다. 문해력이 부족한 아이들은 수업 시간에 집중하지 못합니다. 집중하지 못하는 아이는 수업 진도를 따라갈 수 없고, 또래에 뒤처지다가 공부를 포기하게 됩니다.

문해력 향상은 교과서를 제대로 읽는 데서 출발합니다

교실에서 마주하는 우리 아이들의 문해력은 심각한 수준입니다. 교과서를 어떻게 읽어야 하는지 모를 뿐만 아니라, 제목과 가제를 구분하지 못하기도 하며 '위화감', '완비', '부과', '결의', '양분', '분해', '고도' 등 교과서를 제대로 읽기 위해 알아야 하는 단어를 이해하지 못합니다. 모르는 단어가 나올 때마다 찾으려는 노력도 하지 않습니다. 아이들은 멀뚱히 선생님의 얼굴만 쳐다보거나 고개를 숙이고 수업 자체를 외면합니다.

　모르는 단어가 나오면 질문하면 좋을 텐데, 단어 뜻 하나 모른다고 해서 문제를 못 풀거나 전체적인 내용을 이해하는 데 영향을 받는다고 생각하지 않습니다. 단어를 몰라서 공부를 못하는 게 아니라 이해력이 부족해서 공부를 포기했다고 생각합니다.

　문해력이 뛰어난 아이는 읽고, 쓰고, 생각합니다. 내가 읽은 내용을 글 또는 그림으로 표현하고 내가 표현한 것이 맞는지 확인할 줄 압니다. 문해력이 뛰어난 아이는 읽은 내용을 서로 연결 짓고 연결 지은 결과물을 표현할 수도 있습니다. 모르는 단어가 나오면 반드시 찾아본 후 내용을 완벽하게 이해하려고 노력하는 것도 물론입니다.

　단어 뜻 하나를 이해하지 못하면 배운 내용 전체를 이해하지 못하는 경우도 생깁니다. 단어 뜻 하나를 무시하고 넘어가는 순간 수업 전체에 집중하지 못하는 상황도 발생하게 됩니다. 교과 개념은 서로 연결되어 있어서 한 개의 개념을 이해하지 못하면 다음에 배워야 할 개념을 이해할 수 없습니다. 한 개 단어를 대하는 태도가 학생들의 평생 공부 태도를 결정할 수 있습니다. 그야말로, 나비효과입니다.

　다시 강조하지만, 학교 공부의 출발은 교과서입니다. 그러나 안타깝게도 학교 교육과정상 문해력을 기르기 위한 시간이 별도로 마련되어 있지 않습니다. 교사 각자가 열의를 내어 틈틈이 문해력을 키우는 활동을 진행하는 정도입니다. 문해력이 부족한 아이들은 오늘도 멍하니 선생님의 얼굴을 보며 듣고도 무슨 말인지 모르겠다는 표정을 짓습니다. 수업에 집중하지 못하는 아이들을 변화시키는 가장 기본적인 방법은 바로 교과서를 제대로 읽는 방법을 안내하는 것입니다.

저희 집필진은 국어, 수학, 사회, 과학 교과서를 제대로 읽기 위한 책이 필요하다고 생각했습니다. 아이들이 공부할 때 가장 많이 보는 책이 교과서이기 때문에 교과서를 제대로 읽는 방법을 가르치는 것은 당연하다고 생각합니다. 학생들은 공부를 안 하는 게 아니라 공부하는 방법을 몰라서 못합니다. 그러므로 어떻게 교과서를 읽어야 하는지, 어떻게 문제를 해결해야 하는지, 종국에는 문해력을 향상시키는 읽기 방법이란 무엇인지를 가르쳐줘야 합니다.

국어, 수학, 사회, 과학은 교과마다 특성이 다릅니다. 그러므로 각 교과에 맞는 문해력을 키울 필요가 있습니다. 교과에 맞는 문해력을 키우는 방법을 이해하고 다양한 문제 상황에 적용한다면 학생들의 문해력은 크게 향상될 것이라고 믿습니다.

이 책을 통해 우리 아이들이 교과서 읽기에 자신감을 가졌으면 좋겠습니다. 혼자서 교과서를 읽고 교과서의 개념을 누군가에게 자신 있게 설명할 수 있게 되길 바랍니다. 교과서의 문장과 단어 하나하나에 숨겨진 뜻을 파악하는 방법을 익혀 문제를 푸는 능력도 향상된다면 집필자로서 더할 나위 없이 기쁠 것 같습니다.

교과서를 제대로 읽는 것은 매우 중요합니다.

교과서가 모든 공부의 출발점입니다.

2021년 8월

좌승협, 서휘경, 이윤희, 이주영

국어 교과서를 효과적으로 읽고 이해하기 위해서는 교과서의 구성을 파악해야 합니다. 국어 교과서는 크게 '준비 학습', '기본 학습', '실천 학습'으로 나눌 수 있습니다. 준비 학습에서는 단원의 학습을 준비하며, 기본 학습에서는 학습 목표에 도달하기 위해 다양한 방법으로 공부합니다.

학습 단계

학습 단계에 따라 교과서를 읽는 방법도 달라져야 합니다. 기본 단계에서는 학습 목표를 달성할 수 있도록 집중하여 공부해야 합니다.

❶

학습 문제

오늘 공부해야 하는 학습문제를 소개합니다. 차시 제목을 읽고 배울 내용을 예상해 봅시다.

❷

Tip

긴 글의 경우 몇 번째 줄을 읽고 있는지 확인할 수 있도록 다섯 줄 간격으로 표시되어 있습니다. 글과 관련된 질문을 해결할 때, 친구와 글의 내용에 대해 이야기를 나눌 때 유용하게 활용할 수 있습니다.

기본 **논설문의 특성을 생각하며 글 읽기**

1. 글쓴이의 주장을 생각하며 「전통 음식의 우수성」을 읽어 봅시다.

전통 음식의 우수성

문단 1 에서는 문제 상황과 글쓴이의 주장을 밝혔어.

① 요즘에 우리 전통 음식보다 외국에서 유래한 햄버거나 피자와 같은 음식을 더 좋아하는 어린이를 쉽게 볼 수 있습니다. 이러한 음식은 지나치게 많이 먹으면 건강이 나빠지기도 합니다. 그에 비해 우리 전통 음식은 오랜 세월에 걸쳐 전해 오면서 우리 입맛과 체질에 맞게 발전해 왔기 때문에 여러 가지 면에서 우수합니다. 우리 전통 음식을 사랑합시다. 왜 우리 전통 음식을 사랑해야 할까요?

② 첫째, 우리 전통 음식은 건강에 이롭습니다. 우리가 날마다 먹는 밥은 담백해 쉽게 실증이 나지 않으며 어떤 반찬과도 잘 어우러져 균형 잡힌 영양분을 섭취하기 좋습니다. 또 된장, 간장, 고추장과 같은 발효 식품에는 무기질과 비타민이 풍부하게 들어 있어 몸을 건강하게 해 줍니다. 특히 청국장은 항암 효과는 물론 해독 작용까지 뛰어나다고 합니다. 된장도 건강에 이로운 식품으로 알려져 있습니다.

124

③ 둘째, 우리 전통 음식을 가까이하면 계절과 지역에 따라 다양한 맛을 즐길 수 있습니다. 우리 조상은 생활 주변에서 나는 여러 가지 재료를 이용해 계절에 맞는 다양한 음식을 만들어 왔습니다. 주변 바다와 산천에서 나는 풍부하고 다양한 해산물과 갖은 나물이나 채소와 같은 재료에는 각각 고유한 맛이 있습니다. 이러한 재료를 이용해 만든 여러 가지 음식은 지역 특색을 살린 독특한 맛을 냅니다. 비빔밥의 경우, 콩나물을 비롯한 여러 가지 나물에 육회를 얹은 전주비빔밥, 기름에 볶은 밥에 고사리와 가늘게 찢은 닭고기, 각종 나물과 함께도 특산물인 김을 얹은 해주비빔밥, 멍게를 넣은 통영비빔밥과 같이 그 지역 특산물에 따라 다양하게 만들어집니다. 김치 또한 시원하고 톡 쏘는 맛이 강하거나 맵고 진한 감칠맛이 나는 지역에 따라 다양한 맛으로 만든 것을 볼 수 있습니다.

④ 셋째, 우리 전통 음식에서 우리 조상의 슬기와 문화를 경험할 수 있습니다. 우리 조상은 겨울을 나려고 김장을 하고, 저장 온도와 저장 기간을 조절해 겨울철에도 신선하게 채소를 먹을 수 있도록 했습니다. 삼국 시대부터 발달한 염장 기술로 고기류나 어패류를 오랫동안 보관해 맛있게 먹을 수 있도록 했습니다. 또 농경 생활을 하면서 설이나 추석과 같은 명절에 가족이나 이웃과 함께 세시 음식을 만들어 먹으며 정답게 어울려 지냈습니다.

2 ~ 4 에서는 글쓴이의 주장에 대한 근거를 제시했어.

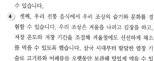

125

❸

본문

공부할 내용과 관련된 글이나 다양한 활동이 등장합니다. 글쓴이의 주장을 생각하며 본문 글을 읽어야 합니다. 제시된 교과서처럼 본문이 바로 나오기도 하지만, 본문 전에 배울 내용과 관련된 질문이나 이야깃거리가 등장하기도 합니다. 나의 배경지식을 파악하며 배울 내용을 점검할 수 있으니 가볍게 지나치지 말아야 합니다.

Tip

이야기 글이 길 때는 내용을 일부만 싣는 경우가 있습니다. 이럴 때는 글의 전체 내용이 실린 책을 찾아 처음부터 끝까지 읽어 보면 도움이 됩니다.

실천 학습에서는 배운 내용을 정리, 평가하고 생활 속에서 실천을 다짐하기도 합니다. 기본 학습 중 5학년 1학기 8. 아는 것과 새롭게 안 것을 예로 들어 교과서의 구성을 알아보겠습니다.

질문
국어 교과서에서는 질문을 강조합니다. 질문을 통해 공부한 내용을 이해하고 표현할 수 있으므로, 친구 또는 선생님과 적극적으로 의사소통하며 질문해야 합니다.

⑤

활동
스스로 생각하기, 글을 다시 읽으며 정리하기 등 다양한 활동을 통해 학습 목표에 도달할 수 있도록 구성되어 있습니다. 자기 주도적으로 활동하며 공부하다 보면 듣기, 말하기, 읽기, 쓰기 등의 국어 능력을 통합적으로 키울 수 있습니다.

⑥

2. 「전통 음식의 우수성」을 읽고 질문을 만들어 친구들과 묻고 답해 봅시다.

| 글 내용을 확인하는 질문 | ● 이 글을 쓴 목적은 무엇인가요? _____ |
| 친구들 생각을 알고 싶은 질문 | ● 어떤 전통 음식을 좋아하나요? _____ |

④

3. 「전통 음식의 우수성」을 다시 읽고 논설문의 특성을 알아봅시다.

(1) 글의 짜임을 생각하며 각 문단의 중심 문장을 찾아 써 보세요.

1 │ 우리 전통 음식을 사랑합시다. │ 서론

2 │
3 │ 우리 전통 음식을 가까이하면 계절과 지역에 따라 다양한 맛을 즐길 수 있습니다. │ 본론
4 │

5 │ │ 결론

(2) 이 글의 주장을 써 보세요.

논설문은 어떤 문제를 놓고 글쓴이가 내세우는 **주장**과 주장을 뒷받침하는 **근거**로 이루어져 있어요.

6. 「전통 음식의 우수성」의 문단 ⑤를 다시 읽고 결론의 특성을 생각해 봅시다.

(1) 논설문에서 결론은 어떤 역할을 한다고 생각하나요?

(2) 결론의 역할을 생각하며 이 글의 결론을 다시 써 보세요.

결론에서는 글 내용을 요약하기도 해요. 그리고 글쓴이의 주장을 다시 한번 강조할 수도 있어요.

7. 논설문의 특성을 정리해 봅시다.

● 논설문은 주장과 이를 뒷받침하는 _____ (으)로 이루어져 있다.
● 논설문은 서론, 본론, 결론으로 짜여 있다.
● 서론에서는 글을 쓴 _____ 과/와 글쓴이의 주장을 밝힌다.
● 본론에서는 글쓴이의 주장에 적절한 근거를 제시한다.
● 결론에서는 글 내용을 요약하기도 하고 글쓴이의 주장을 다시 한번 _____ 할 수도 있다.

⑥

정리
배운 내용을 정리하는 부분입니다. 공부한 내용을 잘 기억하고 있는지 확인하거나 새롭게 알게 된 내용, 할 수 있게 된 것을 확인할 수 있습니다. 〈전통 음식의 우수성〉을 읽고 논설문의 특징을 찾아 정리해 봅시다.

Tip
학습 도우미의 역할을 이해하고 적극적으로 읽어야 합니다. 교사 학습 도우미 는 학습을 하는 데 도움이 될 만한 지식이나 개념, 원리 등을 제공하거나 학습 활동을 점검할 수 있도록 안내합니다. 학생 학습 도우미(,)는 학생 간 상호 작용으로 의미를 구성할 수 있도록 안내합니다.

수학 교과서를 읽고 이해하기 위해서는 수학 교과서가 어떻게 구성되었는지 알아야 합니다. 수학 교과서는 '단원 도입', '본차시', '도전 수학', '얼마나 알고 있나요', '탐구 수학'으로 이루어져 있습니다. 이 중 본차시에서는 학습 문제를 제시한 후 1~5개 활동을 보여줍니다. 학습 문제는 오늘 배울 내용이 무엇인지 알려줍니다. 활동 ⏢~⏢ 는 서로 연결되어있으며, 활동 ⏢

학습 문제
공부하기 전 학생들의 호기심을 유발하고 오늘 공부할 내용을 추측할 수 있게 구성되어 있습니다.

Tip
문제를 풀며 이번 시간에 공부한 내용을 확인할 수 있는 수학 익힘책의 쪽수를 안내합니다. 몇 쪽인지 확인하고 오늘 공부한 개념을 적용할 수 있어야 합니다.

Tip
활동 ⏢에 나온 글과 그림을 이해해야 합니다. $\frac{3}{4}$과 $\frac{1}{2}$을 그림으로 표현할 때 점선의 역할은 무엇인지, 왜 서로 다르게 등분되어 있는지를 알아야 합니다.

활동1
공부할 내용과 관련된 생활 속 예와 조작 활동을 포함하고 있습니다. 활동 ⏢의 내용을 탐구한 후 이어지는 활동 ⏢를 탐구하는 것이 중요합니다.

❶

❷

수학 교과서는 자신의 생각을 말하는 활동을 중요하게 생각합니다. '분모가 다른 분수끼리 빼려면'이 오늘의 핵심 키워드입니다. 교과서를 다 읽고 이해한 후 이 질문에 답할 수 있어야 합니다.

❸

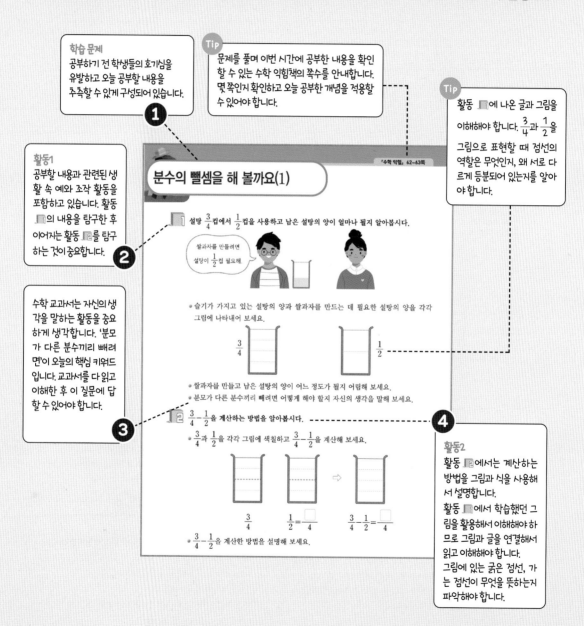

『수학 익힘』 62~63쪽

분수의 뺄셈을 해 볼까요(1)

⏢ 설탕 $\frac{3}{4}$컵에서 $\frac{1}{2}$컵을 사용하고 남은 설탕의 양이 얼마나 될지 알아봅시다.

쌀과자를 만들려면 설탕이 $\frac{1}{2}$컵 필요해.

• 슬기가 가지고 있는 설탕의 양과 쌀과자를 만드는 데 필요한 설탕의 양을 각각 그림에 나타내어 보세요.

$\frac{3}{4}$ $\frac{1}{2}$

• 쌀과자를 만들고 남은 설탕의 양이 어느 정도가 될지 어림해 보세요.
• 분모가 다른 분수끼리 빼려면 어떻게 해야 할지 자신의 생각을 말해 보세요.

⏢ $\frac{3}{4}-\frac{1}{2}$ 을 계산하는 방법을 알아봅시다.

• $\frac{3}{4}$과 $\frac{1}{2}$을 각각 그림에 색칠하고 $\frac{3}{4}-\frac{1}{2}$을 계산해 보세요.

$\frac{3}{4}$ $\frac{1}{2}=\frac{\square}{}$ $\frac{3}{4}-\frac{1}{2}=\frac{\square}{4}$

• $\frac{3}{4}-\frac{1}{2}$을 계산한 방법을 설명해 보세요.

❹

활동2
활동 ⏢에서는 계산하는 방법을 그림과 식을 사용해서 설명합니다.
활동 ⏢에서 학습했던 그림을 활용해서 이해해야 하므로 그림과 글을 연결해서 읽고 이해해야 합니다.
그림에 있는 굵은 점선, 가는 점선이 무엇을 뜻하는지 파악해야 합니다.

에서 공부한 내용을 바탕으로 나머지 활동을 학습해야 합니다.

본차시 중 **5학년 1학기 5. 분수의 덧셈과 뺄셈**을 예로 들어 교과서의 구성과 읽는 방법을 알아
보겠습니다.

활동3
활동 ⒊은 활동 ⒈, ⒉와 다른 그림을 제시함으로
써 학생의 수학적 사고를 확장시킵니다. 그러므로 활
동 ⒈~⒊에서 학습한 그림과의 공통점과 차이점을
파악하고 그림과 식을 연결해서 이해해야 합니다.

활동4
분수의 뺄셈을 서로 다른
방법으로 계산한 것을 보
여주는 활동입니다. 각각
의 방법으로 직접 해보고
어떤 방법이 좋은지 이야
기함으로써 학생의 사고
를 정교화할 수 있게 도
와줍니다. 수학에서 자
신의 생각을 말하는 것
은 매우 중요합니다.

활동5
문장제 문제를 해결해
보며 오늘 공부한 내용을
정리합니다.

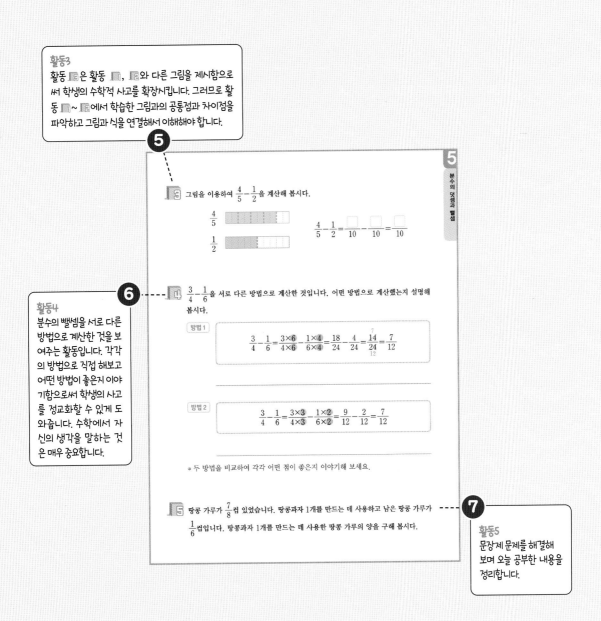

사회 교과서

사회 교과서를 이해하며 읽기 위해서는 먼저 사회 교과서의 구성을 파악해야 합니다. 사회 교과서는 크게 '단원 도입', '주제 학습', '단원 정리'로 나눌 수 있습니다. 단원 도입에서는 단원의 학습 내용을 미리 생각해 보며, 주제 학습에서는 학습문제 해결을 위한 다양한 자료들이 등장

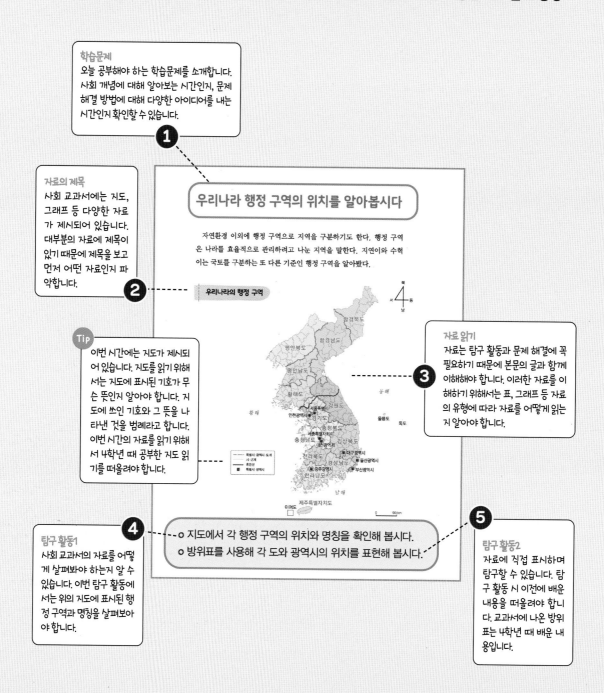

학습문제
오늘 공부해야 하는 학습문제를 소개합니다. 사회 개념에 대해 알아보는 시간인지, 문제 해결 방법에 대해 다양한 아이디어를 내는 시간인지 확인할 수 있습니다.

1

자료의 제목
사회 교과서에는 지도, 그래프 등 다양한 자료가 제시되어 있습니다. 대부분의 자료에 제목이 있기 때문에 제목을 보고 먼저 어떤 자료인지 파악합니다.

2

우리나라 행정 구역의 위치를 알아봅시다

자연환경 이외에 행정 구역으로 지역을 구분하기도 한다. 행정 구역은 나라를 효율적으로 관리하려고 나눈 지역을 말한다. 지연이와 수혁이는 국토를 구분하는 또 다른 기준인 행정 구역을 알아봤다.

우리나라의 행정 구역

자료 읽기
자료는 탐구 활동과 문제 해결에 꼭 필요하기 때문에 본문의 글과 함께 이해해야 합니다. 이러한 자료를 이해하기 위해서는 표, 그래프 등 자료의 유형에 따라 자료를 어떻게 읽는지 알아야 합니다.

3

Tip
이번 시간에는 지도가 제시되어 있습니다. 지도를 읽기 위해서는 지도에 표시된 기호가 무슨 뜻인지 알아야 합니다. 지도에 쓰인 기호와 그 뜻을 나타낸 것을 범례라고 합니다. 이번 시간의 자료를 읽기 위해서 4학년 때 공부한 지도 읽기를 떠올려야 합니다.

4

○ 지도에서 각 행정 구역의 위치와 명칭을 확인해 봅시다.
○ 방위표를 사용해 각 도와 광역시의 위치를 표현해 봅시다.

탐구 활동1
사회 교과서의 자료를 어떻게 살펴봐야 하는지 알 수 있습니다. 이번 탐구 활동에서는 위의 지도에 표시된 행정 구역과 명칭을 살펴보아야 합니다.

5

탐구 활동2
자료에 직접 표시하며 탐구할 수 있습니다. 탐구 활동 시 이전에 배운 내용을 떠올려야 합니다. 교과서에 나온 방위표는 4학년 때 배운 내용입니다.

합니다. 단원 정리에서는 배운 내용을 정리하며 사회 문제 해결 능력을 키웁니다. 주제 학습 중 **5학년 1학기 1. 국토와 우리 생활**을 예로 들어 교과서의 구성을 살펴보겠습니다.

정리
이번 시간에 배운 사회 개념이 정리되어 있는 부분입니다. 중요한 개념의 경우 진한 글씨로 쓰여 있기도 합니다. 우리나라의 행정 구역에 대해 소개된 부분에 밑줄 그어 표시해 두면 나중에 복습할 때 유용합니다.

6

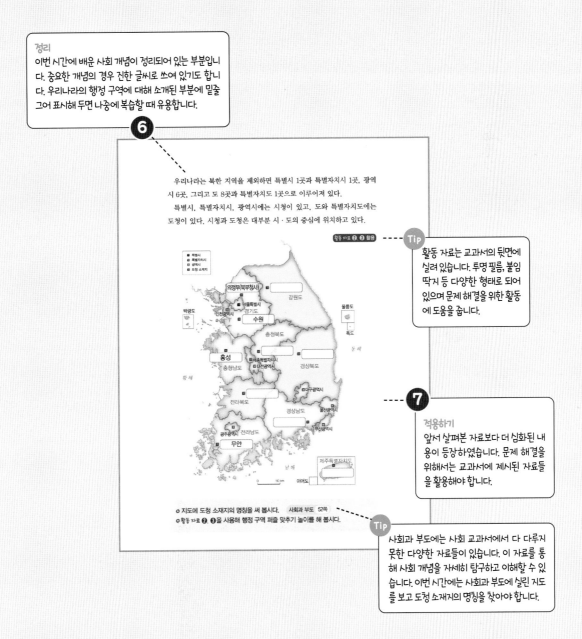

우리나라는 북한 지역을 제외하면 특별시 1곳과 특별자치시 1곳, 광역시 6곳, 그리고 도 8곳과 특별자치도 1곳으로 이루어져 있다.

특별시, 특별자치시, 광역시에는 시청이 있고, 도와 특별자치도에는 도청이 있다. 시청과 도청은 대부분 시·도의 중심에 위치하고 있다.

Tip
활동 자료는 교과서의 뒷면에 실려 있습니다. 투명 필름, 붙임 딱지 등 다양한 형태로 되어 있으며 문제 해결을 위한 활동에 도움을 줍니다.

7
적용하기
앞서 살펴본 자료보다 더 심화된 내용이 등장하였습니다. 문제 해결을 위해서는 교과서에 제시된 자료들을 활용해야 합니다.

Tip
사회과 부도에는 사회 교과서에서 다 다루지 못한 다양한 자료들이 있습니다. 이 자료를 통해 사회 개념을 자세히 탐구하고 이해할 수 있습니다. 이번 시간에는 사회과 부도에 실린 지도를 보고 도청 소재지의 명칭을 찾아야 합니다.

○ 지도에 도청 소재지의 명칭을 써 봅시다.　　사회과 부도 52쪽
○ 활동 자료 ②, ③을 사용해 행정 구역 퍼즐 맞추기 놀이를 해 봅시다.

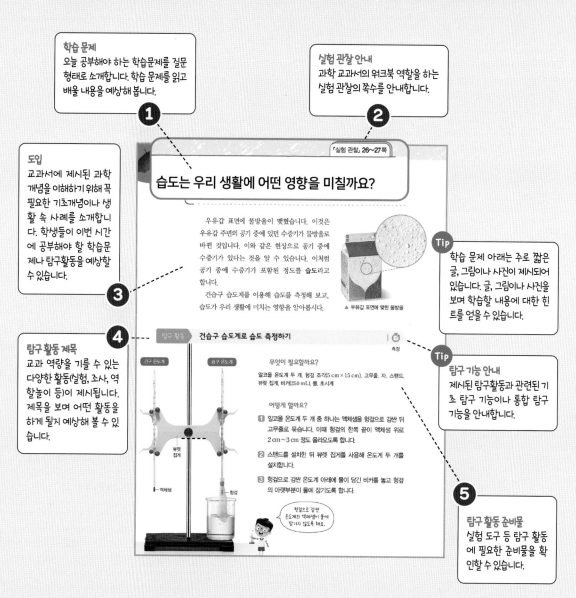

과학 교과서

과학 교과서를 이해하기 위해서는 교과서의 구성과 그 특징을 알아야 합니다. 과학 교과서는 크게 '단원 도입', '재미있는 과학', '과학 탐구', '과학과 생활', '과학 이야기'로 이루어져 있습니다. 단원 도입에서는 핵심 개념이 드러나는 사진과 질문으로 배울 내용을 예상하고, 재미있는 과학에서는 실생활과 관련된 예시나 조작 활동이 제시됩니다. 과학 탐구 부분에서는 과학 개

학습 문제
오늘 공부해야 하는 학습문제를 질문 형태로 소개합니다. 학습 문제를 읽고 배울 내용을 예상해 봅니다.

실험 관찰 안내
과학 교과서의 워크북 역할을 하는 실험 관찰의 쪽수를 안내합니다.

도입
교과서에 제시된 과학 개념을 이해하기 위해 꼭 필요한 기초개념이나 생활 속 사례를 소개합니다. 학생들이 이번 시간에 공부해야 할 학습문제나 탐구활동을 예상할 수 있습니다.

탐구 활동 제목
교과 역량을 기를 수 있는 다양한 활동(실험, 조사, 역할놀이 등)이 제시됩니다. 제목을 보며 어떤 활동을 하게 될지 예상해 볼 수 있습니다.

Tip
학습 문제 아래는 주로 짧은 글, 그림이나 사진이 제시되어 있습니다. 글, 그림이나 사진을 보며 학습할 내용에 대한 힌트를 얻을 수 있습니다.

Tip
탐구 기능 안내
제시된 탐구활동과 관련된 기초 탐구 기능이나 통합 탐구 기능을 안내합니다.

탐구 활동 준비물
실험 도구 등 탐구 활동에 필요한 준비물을 확인할 수 있습니다.

『실험 관찰』 26~27쪽

습도는 우리 생활에 어떤 영향을 미칠까요?

우유갑 표면에 물방울이 맺혔습니다. 이것은 우유갑 주변의 공기 중에 있던 수증기가 물방울로 바뀐 것입니다. 이와 같은 현상으로 공기 중에 수증기가 있다는 것을 알 수 있습니다. 이처럼 공기 중에 수증기가 포함된 정도를 습도라고 합니다.
건습구 습도계를 이용해 습도를 측정해 보고, 습도가 우리 생활에 미치는 영향을 알아봅시다.

▲ 우유갑 표면에 맺힌 물방울

탐구 활동 건습구 습도계로 습도 측정하기 | 측정

건구 온도계   습구 온도계

뷰렛 집게

액체샘   헝겊

무엇이 필요할까요?
알코올 온도계 두 개, 헝겊 조각(5 cm × 15 cm), 고무줄, 자, 스탠드, 뷰렛 집게, 비커(250 mL), 물, 초시계

어떻게 할까요?
1 알코올 온도계 두 개 중 하나는 액체샘을 헝겊으로 감싼 뒤 고무줄로 묶습니다. 이때 헝겊의 한쪽 끝이 액체샘 위로 2 cm ~ 3 cm 정도 올라오도록 합니다.
2 스탠드를 설치한 뒤 뷰렛 집게를 사용해 온도계 두 개를 설치합니다.
3 헝겊으로 감싼 온도계 아래에 물이 담긴 비커를 놓고 헝겊의 아랫부분이 물에 잠기도록 합니다.

헝겊으로 감싼 온도계의 액체샘이 물에 잠기지 않도록 해요.

념을 익히기 위한 핵심 활동 등이 등장하며, 과학과 생활 과학 이야기에서는 핵심 개념과 관련된 융합인재교육(STEAM)활동이나 진로활동, 첨단 과학 내용을 통해 공부한 개념을 확장하게 됩니다. 과학 탐구 중 **5학년 2학기 3. 날씨와 우리 생활**을 예로 들어 교과서의 구성과 특징을 살펴보겠습니다.

탐구 활동 안내1
활동 과정을 안내하는 부분으로, 각 단계에서는 무엇을 해야 할지 자세히 설명하고 있습니다. 활동 과정에서 주의 깊게 살펴야 하는 부분을 확인할 수 있습니다.

Tip
이번 차시를 통해 기를 수 있는 과학과 교과 역량을 표시해두었습니다.
※과학 교과 역량
탐구 사고 해결 소통 참여

❻

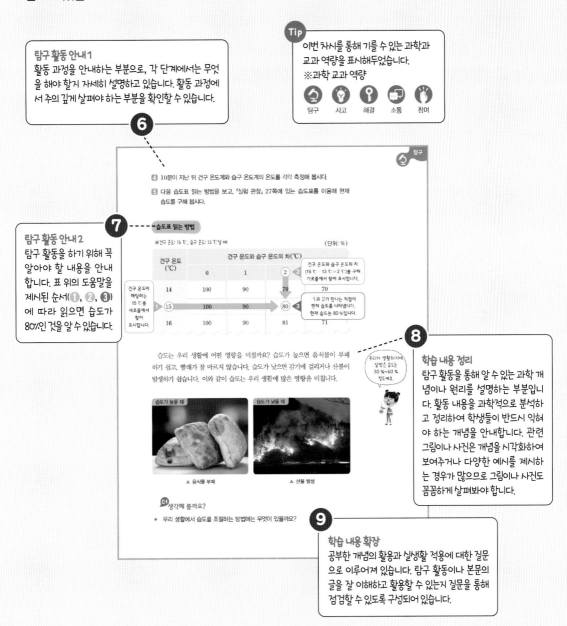

❹ 10분이 지난 뒤 건구 온도계와 습구 온도계의 온도를 각각 측정해 봅시다.

❺ 다음 습도표 읽는 방법을 보고, '실험 관찰, 27쪽에 있는 습도표를 이용해 현재 습도를 구해 봅시다.

❼

습도표 읽는 방법

※건구 온도: 15 ℃, 습구 온도: 13 ℃일 때 (단위: %)

건구 온도(℃)	건구 온도와 습구 온도의 차(℃)		
	0	1	2
14	100	90	79	70
15	100	90	80	
16	100	90	81	71

건구 온도와 습구 온도의 차 (15 ℃ – 13 ℃ = 2 ℃)를 구해 가로줄에서 찾아 표시합니다.

건구 온도에 해당하는 15 ℃를 세로줄에서 찾아 표시합니다.

1과 2가 만나는 지점이 현재 습도를 나타냅니다. 현재 습도는 80 %입니다.

탐구 활동 안내2
탐구 활동을 하기 위해 꼭 알아야 할 내용을 안내합니다. 표 위의 도움말을 제시된 순서(❶, ❷, ❸)에 따라 읽으면 습도가 80%인 것을 알 수 있습니다.

❽

습도는 우리 생활에 어떤 영향을 미칠까요? 습도가 높으면 음식물이 부패하기 쉽고, 빨래가 잘 마르지 않습니다. 습도가 낮으면 감기에 걸리거나 산불이 발생하기 쉽습니다. 이와 같이 습도는 우리 생활에 많은 영향을 미칩니다.

우리가 생활하기에 알맞은 습도는 30 %~60 % 정도예요.

학습 내용 정리
탐구 활동을 통해 알 수 있는 과학 개념이나 원리를 설명하는 부분입니다. 활동 내용을 과학적으로 분석하고 정리하여 학생들이 반드시 익혀야 하는 개념을 안내합니다. 관련 그림이나 사진은 개념을 시각화하여 보여주거나 다양한 예시를 제시하는 경우가 많으므로 그림이나 사진도 꼼꼼하게 살펴봐야 합니다.

습도가 높을 때

습도가 낮을 때

▲ 음식물 부패

▲ 산불 발생

생각해 볼까요?
• 우리 생활에서 습도를 조절하는 방법에는 무엇이 있을까요?

❾

학습 내용 확장
공부한 개념의 활용과 실생활 적용에 대한 질문으로 이루어져 있습니다. 탐구 활동이나 본문의 글을 잘 이해하고 활용할 수 있는지 질문을 통해 점검할 수 있도록 구성되어 있습니다.

4. 학습도구어 이해와 현상 변화 파악이 중요한 과학 영역

PART 2 과목별 문제 읽기의 모든 것

PART 1

과목별
교과서 읽기의
모든 것

1

모든 교과의 기본, 읽기 능력을 향상시키는 국어 영역

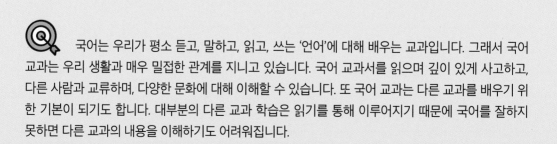

국어는 우리가 평소 듣고, 말하고, 읽고, 쓰는 '언어'에 대해 배우는 교과입니다. 그래서 국어 교과는 우리 생활과 매우 밀접한 관계를 지니고 있습니다. 국어 교과서를 읽으며 깊이 있게 사고하고, 다른 사람과 교류하며, 다양한 문화에 대해 이해할 수 있습니다. 또 국어 교과는 다른 교과를 배우기 위한 기본이 되기도 합니다. 대부분의 다른 교과 학습은 읽기를 통해 이루어지기 때문에 국어를 잘하지 못하면 다른 교과의 내용을 이해하기도 어려워집니다.

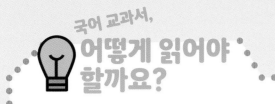

국어 교과서,
어떻게 읽어야 할까요?

국어 실력을 향상하는 데 가장 기본이 되는 것은 바로 '국어 교과서'입니다. 그러나 많은 학생이 국어 교과서 읽기를 지루하게 여기거나, 교과서에 제시된 문제만 해결한 후 교과서 읽기를 끝내곤 합니다. 국어 교과서를 읽는 방법을 익혀 깊이 있게 국어 과목을 공부해 봅시다.

① 질문하며 읽기

질문하며 읽는 것은 배운 내용을 스스로 생각하는 힘을 기르는 좋은 방법입니다. 또 친구와 질문하고 답하는 과정에서 배운 내용을 확인하고 공부에 대한 자신감도 얻을 수 있습니다. 그래서 국어 교과서는 학생의 질문과 해결을 강조하고 있습니다. 교과서에 제시된 질문 외에도 교과서를 읽고 스스로 질문하는 습관을 길러야 합니다.

이야기를 읽고 나서 만들 수 있는 질문의 예시
- 주인공의 기분이 좋은 이유는 무엇인가요?
- 이야기의 중심 생각은 무엇인가요?
- 갈등을 해결할 다른 방법은 무엇인가요?
- 내가 만일 주인공이라면 어떻게 했을 것 같나요?

② 글의 갈래를 파악하고 무엇을 공부해야 할지 확인하며 읽기

가장 먼저 단원 도입 면을 살피며 글의 갈래와 배울 내용을 파악하는 것은 국어 공부의 기본입니다. 단원 도입 면에서 배울 내용을 살핀 후에는 이에 맞는 전략을 세워 공부해야 합니다. 이때 필요한 것이 국어 교과서 읽기의 기술입니다. 국어 교과서 읽기의 기술을 살피며 나에게 필요한 기술이 무엇인지 생각해 보고, 각 갈래별로 집중해서 공부해야 할 부분을 확인해 봅시다.

구분	기술	설명
기본	국어 읽기의 기술 01~03 (이 책의 24~43쪽)	국어 교과서 전체에 적용할 수 있는 읽기의 기술이며, 나아가 다른 과목을 공부하기 위해서도 꼭 필요합니다.
적용	국어 읽기의 기술 04~07 (이 책의 44~79쪽)	국어 교과서에 등장하는 다양한 갈래의 글을 읽는 방법입니다.

⊕ 국어 읽기의 기술! 어떤 것들이 있을까요?

01 글의 갈래와 배울 내용을 생각하며 읽어요
02 모르는 낱말을 알아봐요
03 의미를 생각하며 알맞게 띄어 읽어요
04 시를 읽을 때는 머릿속으로 이미지를 떠올려요
05 중심 문장과 뒷받침 문장을 생각하며 읽어요
06 인물의 말과 행동을 생각하며 읽어요
07 글쓴이의 의견을 파악하며 읽어요

글의 갈래와 배울 내용을 생각하며 읽어요

국어 교과서에는 다양한 갈래의 글이 등장합니다. 글의 갈래란 글의 종류를 뜻합니다. 단원에서 배울 글의 갈래에 대해 먼저 살펴보는 것은 매우 중요합니다. 글의 갈래에 따라 적용할 읽기의 기술이 다르기 때문입니다. 국어 교과서에서 다루는 대표적인 글의 갈래에 대해 살펴볼까요?

1. 읽는 사람에게 재미나 감동을 주기 위한 글

글의 갈래	설명
시	글쓴이의 생각이나 느낌을 짧고 리듬감 있게 표현한 글
이야기	현실에 있음직한 이야기를 상상해서 꾸며 쓴 글
극본	무대에서 공연하기 위해 쓰인 연극의 대본

2. 정보나 생각을 전달하기 위한 글

글의 갈래	설명
설명하는 글	읽는 사람에게 정보를 전달하기 위해 쓴 글
주장하는 글(논설문)	다른 사람을 설득하기 위한 글
경험을 나타내는 글	자신의 경험 중 기억에 남는 일을 정리한 글
편지글	글쓴이의 마음을 전달하기 위한 글
감상문	생활하면서 보고, 듣고, 느낀 것들을 바탕으로 쓴 글
전기문	인물의 삶을 사실에 근거해 쓴 글

교과서를 읽을 때 단원을 소개하는 내용을 가볍게 보고 넘어가는 경우가 많습니다. 그러나 교과서의 단원을 소개하는 부분에서 글의 갈래와 배울 내용을 미리 확인할 수 있으므로 이 부분을 꼭 살펴봐야 합니다. 단원 소개 내용을 읽는 기술을 알아볼까요?

첫째, 단원명과 단원에서 공부할 내용을 살펴봅니다.

국어 교과서의 단원 도입 면에는 단원명과 공부할 내용, 글의 갈래 등 공부할 단원에 대한 다양한 정보가 담겨 있습니다. 이렇듯 단원 도입 면은 단원의 방향을 알려주는 나침반과 같은 역할을 하므로 반드시 살펴보고 공부해야 합니다.

둘째, 함께 나온 글이나 그림을 살펴봅니다.

교과서를 잘 읽기 위해서는 글뿐만 아니라 그림의 의미도 함께 읽어야 합니다. 그림이 왜 등장했는지 의도를 살피며 읽으면 배울 내용을 더욱 잘 이해할 수 있습니다.

셋째, 교과서의 질문을 살펴봅니다.

단원 도입 면에는 단원 전체를 대표하는 질문이 실려 있습니다. 질문을 읽고 배울 내용에 대해 깊이 생각해 보세요. 또, 질문을 읽고 내가 알고 있는 점이나 알고 싶은 점을 생각하여 스스로 단원을 공부할 계획을 세우면 효과적으로 교과서를 읽을 수 있습니다.

단원명과 공부할 내용을 살펴봐. 이번 단원에서 배우는 글의 갈래는 편지글이구나. 마음을 나타내는 말에는 무엇이 있는지 알아보고, 자신의 마음을 담아 편지를 쓰는 방법을 잘 생각하며 공부해야 해.

1

함께 제시된 글이나 그림을 살펴보자. 아이가 할머니께 편지를 쓰고 있어. 이 글에 담긴 아이의 마음은 무엇일까? 마음을 담아 편지를 쓸 수 있는 상황은 또 어떤 것들이 있을까?

2

4

4

함께 이야기하기

내 마음을 편지에 담아

● 전하고 싶은 마음을 담아 편지를 써 봅시다.

사랑하는 할머니께

할머니, 생신 축하드려요.

지난 생신 때는 가족 모두 노래를 불러 드려서 할머니께서 기뻐하셨죠? 이번 생신 때는 할머니께서 제 편지를 받고 기뻐하셨으면 좋겠어요. ……

사랑하는 할머니께

할머니, 생신 축하드려요.

지난 생신 때는 가족 모두 노래를 불러 드려서 할머니께서 기뻐하셨죠? 이번 생신 때는 할머니께서 제 편지를 받고 기뻐하셨으면 좋겠어요. ……

편지를 왜 쓸까요?

3

교과서에 제시된 질문을 통해 이번 단원에서 배우는 내용에 대해 깊게 생각해 볼 수 있어. 편지를 쓰면 나의 마음을 상대방에게 효과적으로 전달할 수 있어. 이번 단원에서는 나의 마음이 잘 드러나게 편지를 쓰는 방법에 대해 알고 직접 편지를 써 볼 거야.

1 단원명과 공부할 내용을 살펴봐. 이번 단원에서 배우는 글의 갈래는 전기문이구나. 인물이 어떤 삶을 살았는지, 본받을 점은 무엇인지 생각하며 읽어야 해.

2 그림을 살펴보면 책꽂이에 꽂혀 있는 책에 나온 인물의 공통점을 찾을 수 있어. 이번 단원에서는 많은 업적을 남겨 존경받는 위인들의 글을 읽어 보겠구나.

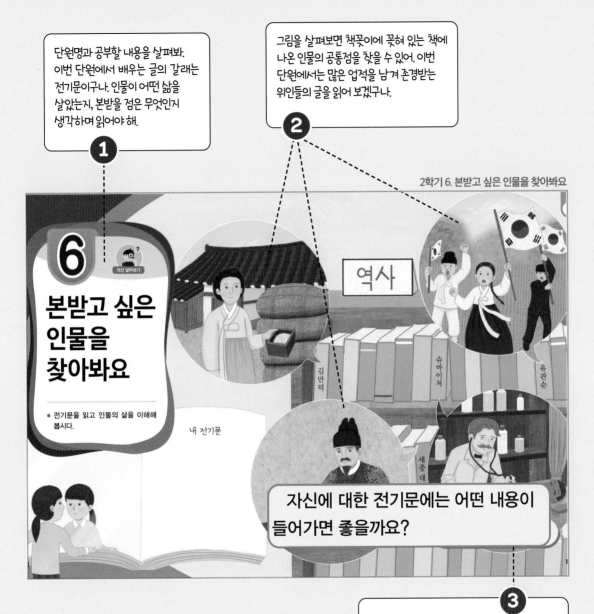

2학기 6. 본받고 싶은 인물을 찾아봐요

자신에 대한 전기문에는 어떤 내용이 들어가면 좋을까요?

3 교과서에 제시된 질문을 통해 이번 단원에서 배우는 내용에 대해 깊게 생각해 볼 수 있어. 만약 자신에 대해 전기문을 쓴다면 어떤 내용이 들어가면 좋을까? 내가 이루어 낸 일이나 어려움을 극복한 방법을 떠올려 보고 교과서에 나오는 위인들과 비교하며 읽어 봐.

단원명과 공부할 내용을 살펴봐. 단원명이
'글쓴이의 주장'인 것을 보니 이번 단원에서
배우는 글의 갈래는 주장하는 글이구나. 또,
공부할 내용을 살펴보니 여러 가지 낱말의
뜻에 관해서도 공부할 것 같아.

1

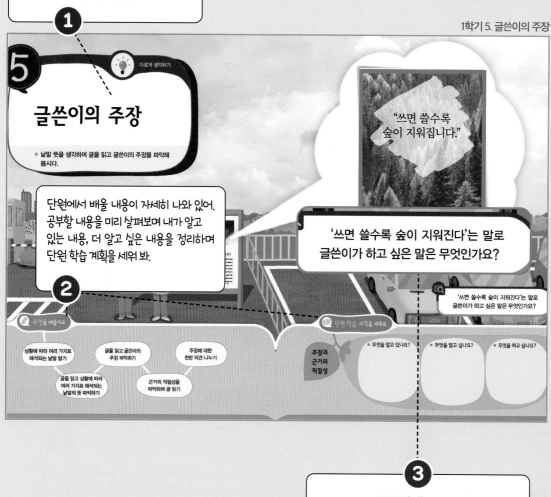

5

다르게 생각하기

글쓴이의 주장

● 낱말 뜻을 생각하며 글을 읽고 글쓴이의 주장을 파악해
봅시다.

단원에서 배울 내용이 자세히 나와 있어.
공부할 내용을 미리 살펴보며 내가 알고
있는 내용, 더 알고 싶은 내용을 정리하며
단원 학습 계획을 세워 봐.

2

"쓰면 쓸수록
숲이 지워집니다."

'쓰면 쓸수록 숲이 지워진다'는 말로
글쓴이가 하고 싶은 말은 무엇인가요?

'쓰면 쓸수록 숲이 지워진다'는 말로
글쓴이가 하고 싶은 말은 무엇인가요?

무엇을 배울까요

상황에 따라 여러 가지로
해석되는 낱말 알기

글을 읽고 상황에 따라
여러 가지로 해석되는
낱말의 뜻 파악하기

글을 읽고 글쓴이의
주장 파악하기

주장에 대한
찬반 의견 나누기

근거의 적절성을
파악하며 글 읽기

단원 학습 계획을 세워요

주장과
근거의
적절성

무엇을 알고 있나요?

무엇을 알고 싶나요?

무엇을 하고 싶나요?

3

교과서에 제시된 질문을 통해 이번 단원에서
배우는 내용에 대해 깊게 생각해 볼 수 있어.
'쓰다'라는 낱말을 어떤 뜻으로 사용했는지
생각하며 글쓴이의 주장을 파악해 봐. '쓰면 쓸수록
숲이 지워집니다'라는 말을 통해 글쓴이는 자연을
보호하고 아끼자는 주장을 하고 있어.

단원명과 공부할 내용을 살펴봐. 단원 명이 '작품 속 인물과 나'인 것을 보니 이번 단원에서는 인물이 등장하는 글의 갈래에 대해 배우겠구나. 작품 속 인물과 나의 삶을 비교하며 글을 읽어야 해.

1

말풍선을 읽어 보면 이번 단원에서 배울 글의 갈래를 알 수 있어. 이번 단원에서 배울 글의 갈래는 가상의 주인공이 등장하는 이야기와 인물의 업적이 드러난 전기문이구나. 이렇게 한 단원에서는 여러 가지 글의 갈래를 함께 살펴볼 수도 있어.

2

2학기 1. 작품 속 인물과 나

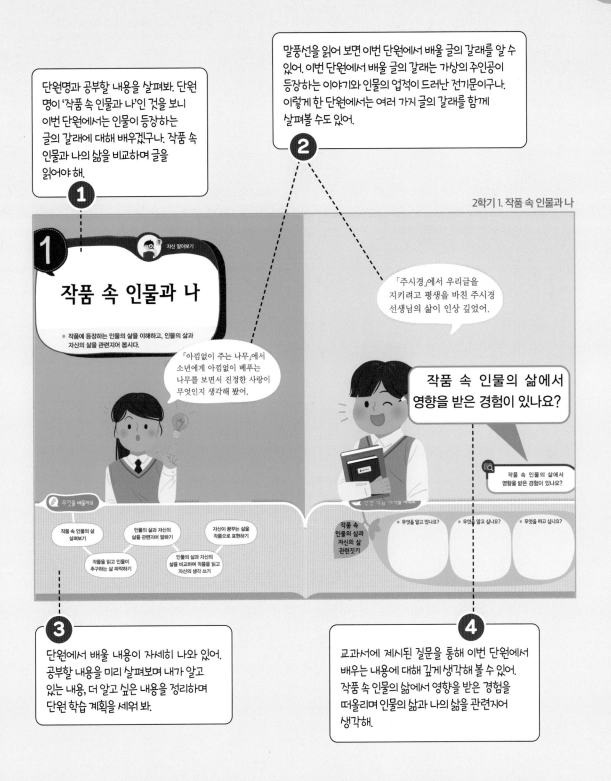

3

단원에서 배울 내용이 자세히 나와 있어. 공부할 내용을 미리 살펴보며 내가 알고 있는 내용, 더 알고 싶은 내용을 정리하며 단원 학습 계획을 세워 봐.

4

교과서에 제시된 질문을 통해 이번 단원에서 배우는 내용에 대해 깊게 생각해 볼 수 있어. 작품 속 인물의 삶에서 영향을 받은 경험을 떠올리며 인물의 삶과 나의 삶을 관련지어 생각해.

모르는 낱말을 알아봐요

여러분은 글을 읽다 모르는 낱말이 나오면 어떻게 하나요? 혹시 낱말의 뜻을 모른 채로 그냥 글을 읽지는 않나요? 낱말의 뜻을 모르면 글의 내용을 이해하기 어렵고 결국 글 읽기를 쉽게 포기하거나 국어 수업 시간을 지루하게 느끼게 됩니다.

모르는 낱말이 있을 때는 반드시 낱말의 뜻을 알고 넘어가야 합니다. 어떻게 하면 내가 모르는 낱말의 뜻을 알 수 있을지 함께 알아볼까요?

첫째, 모르는 낱말에 표시를 해야 합니다.

교과서를 읽다가 모르는 낱말이 나왔을 때, 눈으로만 읽고 지나가면 내가 어떤 낱말을 몰랐는지 다시 확인하기 어렵습니다. 모르는 낱말은 표시하며 읽고 그 뜻을 짐작해 보는 습관을 길러야 합니다.

둘째, 모르는 낱말의 뜻을 아는 사람에게 물어보거나 교과서를 잘 살펴봅니다.

주변에 낱말의 뜻을 아는 사람이 있는 경우 사용할 수 있는 가장 간단한 방법입니다. 모르는 낱말을 가볍게 여겨 넘어가지 말고, 꼭 주변 친구나 어른들에게 질문해 봅시다. 때로는 교과서에 작은 글씨로 중요한 낱말의 뜻이 나와 있기도 하니 꼭 살펴봅시다.

셋째, 앞뒤 문장을 살피며 낱말의 뜻을 짐작해 봅니다.

주변에 낱말의 뜻을 물을 사람이 없을 때는 낱말의 앞뒤 문장을 살피며 스스로 뜻을 짐작할 수 있습니다. 아래의 문장을 살펴봅시다.

> 기록한 지 한 시간 뒤에는 자동으로 그 내용이 없어져서 극비 문서로 사용되는 종이입니다.
>
> 출처: 4학년 1학기 7. 사전은 내 친구

'극비'라는 낱말의 뜻을 짐작하기 위해 앞뒤 문장을 함께 살펴보겠습니다. 기록한 지 한 시간 뒤에 내용이 없어지는 종이를 도대체 어떤 용도로 사용할 수 있을까요? 여러분은 '극비'를 어떤 뜻이라고 짐작했나요?

넷째, 내가 알고 있는 다른 비슷한 낱말로 바꾸어 생각해 봅니다.

위에서 짐작한 내용을 바탕으로, '극비'라는 낱말을 '비밀'로 바꾸어 생각해 봅시다.

> 기록한 지 한 시간 뒤에는 자동으로 그 내용이 없어져서 비밀문서로 사용되는 종이입니다.
>
> 출처: 4학년 1학기 7. 사전은 내 친구

위와 같은 방법으로 내가 모르는 낱말의 뜻을 짐작할 수 있습니다. 가장 확실한 방법은 내가 짐작한 뜻이 맞는지 사전을 찾아보는 것입니다. 아는 낱말이 많아지면 글을 이해하는 힘이 생긴다는 것, 꼭 기억합시다.

① 이번 시간에는 낱말의 뜻을 짐작하는 법을 알아볼 거야. 모르는 낱말의 뜻을 어떻게 찾을 수 있을까?

② 글을 읽으며 모르는 낱말을 발견하면 표시해 봐.

기본

낱말의 뜻을 짐작하며 글 읽기

국어 활동 72~73쪽

1. 파란색으로 쓰인 낱말의 뜻을 짐작하며 「프린들 주세요」를 읽어 봅시다.

프린들 주세요

글: 앤드루 클레먼츠, 옮김: 햇살과나무꾼

이튿날, 수업이 끝난 뒤 계획이 시작되었다. 닉은 페니 팬트리 가게에 가서 계산대에 있는 아주머니에게 '프린들'을 달라고 했다.

아주머니는 눈을 가늘게 뜨고 물었다.

"뭐라고?"

"프린들요. 까만색으로요."

닉은 이렇게 말하며 싱긋 웃었다.

아주머니는 한쪽 귀를 닉 쪽으로 돌리며 닉에게 몸을 더 가까이 기울였다.

"뭘 달라고?"

"프린들요."

닉은 아주머니 뒤쪽 선반에 있는 볼펜을 가리켰다.

"까만색으로요."

246

아주머니는 닉에게 볼펜을 주었다. 닉은 아주머니에게 45센트를 건네주고는 "안녕히 계세요." 하고 인사한 뒤 가게를 나섰다.

엿새 뒤, 재닛이 그 계산대 앞에 서 있었다. 똑같은 가게, 똑같은 아주머니였다. 그 전날은 존이 다녀갔고, 그 전날은 피트가, 그 전날은 크리스가, 그 전날은 데이브가 다녀갔다. 재닛은 닉의 부탁을 받고 프린들을 사러 온 다섯 번째 아이였다.

재닛이 프린들을 달라고 하자, 아주머니는 볼펜 쪽으로 손을 뻗으며 물었다.

"파란색, 까만색?"

닉은 옆에 있는 사탕 진열대 앞에 서 있다가 씨익 웃었다.

'프린들'은 이제 펜을 가리키는 어엿한 낱말이다. 누가 펜을 프린들이라고 했을까?

"내가 그런 거야, 닉."

30분 뒤, 5학년 아이들이 심각한 표정을 지으며 닉의 방에서 회의를 했다. 존, 피트, 데이브, 크리스, 재닛이었다. 닉까지 합하면 여섯 명. 여섯 명의 비밀 요원이었다!

아이들은 오른손을 들고 닉이 쓴 서약서를 읽었다.

> 나는 오늘부터 영원히 펜이라는 말을 쓰지 않겠다. 그 대신 프린들이란 말을 쓸 것이며, 다른 사람들도 그렇게 하도록 최선을 다할 것을 맹세한다.

여섯 명 모두 서약서에 서명을 했다. 닉의 프린들로. 이 계획은 꼭 성공할 것이다.

◆ 서명: 어떤 내용을 인정하거나 찬성하는 뜻으로 자신의 이름을 써넣는 것.

③ 몇몇 낱말은 교과서에 뜻이 나와 있어. 그냥 지나치지 말고 꼼꼼히 살펴봐.

앞뒤 문장을 살펴보며 읽어 봐. 처음에는 '프린들'이라는 낱말을 알아듣지 못하던 아주머니께서 프린들이 펜이라는 것을 기억하게 되었어. 이를 미루어 봤을 때 '어엿한'은 확실하고 당당하다는 의미가 있는 것 같지?

4

'어엿한' 대신에 '당당한'을 넣어 읽어 볼까? '프린들'은 이제 펜을 가리키는 '당당한 낱말'이라고 해도 말이 잘 통해.

5

2. 「프린들 주세요」에서 잘 모르거나 어려운 낱말의 뜻을 짐작해 ( ) 안에 써 봅시다.

> '프린들'은 이제 펜을 가리키는 어엿한 낱말이다.

● 앞뒤 문장이나 낱말을 살펴봅시다.

아주머니는 눈을 가늘게 뜨고 물었다. "뭐라고?"	재닛은 닉의 부탁을 받고 프린들을 사러 온 다섯 번째 아이였다.
재닛이 프린들을 달라고 하자, 아주머니는 볼펜 쪽으로 손을 뻗으며 물었다.	'프린들'은 이제 펜을 가리키는 어엿한 낱말이다.

● '어엿한'과 뜻이 비슷한 낱말은 무엇일까요? ( )

> 아이들은 오른손을 들고 닉이 쓴 서약서를 읽었다.

● 앞뒤 문장이나 낱말을 살펴봅시다.

아이들은 오른손을 들고 닉이 쓴 서약서를 읽었다.

⬇

나는 오늘부터 영원히 펜이라는 말을 쓰지 않겠다. 그 대신 프린들이란 말을 쓸 것이며, 다른 사람들도 그렇게 하도록 최선을 다할 것을 맹세한다.

⬇

여섯 명 모두 서약서에 서명을 했다.

● '서약서'와 뜻이 비슷한 낱말은 무엇일까요? ( )

3. 2에서 짐작한 낱말의 뜻을 국어사전에서 찾은 뜻과 비교해 봅시다. 그리고 그 낱말을 넣어 한 문장을 만들어 봅시다.

낱말	짐작한 뜻	국어사전에서 찾은 뜻
어엿한		
	문장	
서약서		
	문장	

4. 「프린들 주세요」를 읽고 물음에 답해 봅시다.

(1) '프린들'은 무엇인가요? 그렇게 생각한 까닭은 무엇인가요?

(2) 아주머니는 '프린들'이 무엇인지 어떻게 알게 되었나요?

(3) 아이들의 계획은 성공할까요?

6

국어사전에서 찾아보니 '어엿하다'라는 단어에는 '행동이 거리낌 없이 아주 당당하고 떳떳하다.'라는 뜻이 있네. 짐작한 뜻과 비슷하구나!

비슷한 낱말을 여러 개 정리할 때는 버블맵을 활용해.

'버블맵'이란 가운데 큰 동그라미에 주제를 쓰고 주변 동그라미에는 주제와 관련된 정보를 적는 노트 필기 방법의 한 종류야. 비슷한 낱말을 떠올려 교과서 위에 간단히 정리해 봐. 많은 낱말을 떠올릴수록 어휘력과 이해력을 기울 수 있어.

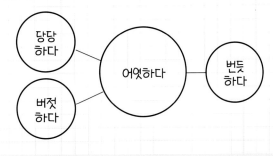

당당하다 — 어엿하다 — 번듯하다
버젓하다 — 어엿하다

① 듣는 사람을 고려해 상황에 맞게 말하려면, 먼저 글의 내용을 잘 이해해야겠지? 특히 어려운 낱말을 어떻게 쉽게 전달할 수 있을지 고민해 봐야 해.

② 글을 읽으며 모르는 낱말을 발견하면 표시해 봐.

③ 앞뒤 문장을 살펴보며 읽어 봐. 조개껍데기에 구멍을 뚫고 실을 이용해서 장신구를 만든다고 했으니, '꿰다'는 구멍에 실을 넣는 것을 뜻하는 낱말인 것 같아.

④ '꿰면' 대신에 '넣으면'을 넣어볼까? '조개껍데기에 구멍을 뚫어 실을 넣으면 장신구가 되기도 했지요.'라고 해도 말이 잘 통해.

듣는 사람을 고려해 상황에 맞게 말하기

국어 활동 42~43쪽

1. 돈의 역할을 생각하며 「돈을 왜 만들었을까?」를 읽어 봅시다.

돈을 왜 만들었을까?

김성호

돈이 없어도 전혀 불편하지 않았던 시절이 있었어요. 우르르 몰려 다니며 짐승을 사냥해서 먹거나 나무 열매와 식물을 채집해서 먹으며 동굴에서 잠을 자던 원시 시대지요. 인류는 그런 생활을 무려 수만 년이나 해 왔답니다. 당연히 돈 같은 게 필요 없었지요.

하지만 농사를 짓기 시작하면서 상황은 달라졌어요. 그전까지 인류는 뭔가를 만들어 내는 '생산 활동'을 하지 않았어요. 자연에 널려 있는 짐승과 식물을 거두어 이용하는 것만으로도 충분했으니까요.

처음에는 겨우겨우 먹고살 만큼만 농사를 지었어요. 그러다가 쟁기나 쟁기 같은 농기구가 개발되고 농사 기술이 발전하면서 수확하는 곡식의 양도 늘어났지요. 가족이 먹고도 남을 만큼요. 이렇게 남은 생산물을 '잉여 생산'이라고 해요. 이제 남는 곡식을 어떻게 처리할까 조금은 행복한 고민에 빠지게 되었지요.

육천 년 전, 드디어 사람들은 저마다 남는 물건을 서로 바꾸었어요. 물물 교환이 시작된 거예요.

하지만 물물 교환은 쉽지 않았어요. 쌀을 가져온 농부가 어부의 고등어와 맞바꾸려면 어부 역시 쌀을 원해야 하잖아요? 그런데 어부가

실을 꿰면

원하는 것이 사냥꾼의 곰 가죽이라면 이 거래는 이루어질 수 없겠지요. 또 운 좋게 그런 상대방을 만나도 교환이 늘 순조롭지만은 않았어요.

"어부야, 고등어 한 마리랑 쌀 한 봉지랑 바꾸자."

"두 봉지는 줘야지."

그래서 인류는 물건의 가격을 매길 수 있는 제삼의 물건을 생각해 냈어요. 바로 돈이었지요. 기록에 전해지는 최초의 돈은 중국인들이 사용한 조개껍데기예요.

'애개, 그 흔한 조개껍데기를 돈으로 사용했단 말이야?'라고 생각하겠죠? 하지만 이 조개는 우리가 흔히 볼 수 있는 그런 조개가 아니라 더운 지방에서만 나는 '자안패'라는 귀한 조개였어요. 이 조개껍데기에 구멍을 뚫어 (실을 꿰면) 장신구가 되기도 했지요.

조개껍데기가 나지 않는 지역은 다른 물건을 돈으로 사용했어요. 초콜릿의 원료인 카카오가 많이 나는 남아메리카에서는 카카오 열매를, 소금이 풍부했던 아프리카와 각 농경 지역에서는 곡식과 옷감을, 가축이 재 각각 돈으로 사용했어요. 이렇게 물건을 돈으로 사용하는 것을 '물품 화폐' 또는 '상품 화폐'라고 해요.

유목민은

그럼 이제 돈이 등장했으니 물물 교환은 사라졌을까요? 아니에요.

비록 물물 화폐가 나왔지만 여전히 대부분의 거래는 물물 교환으로 이루어졌어요. 물물 화폐는 물물 교환의 보조 수단에 불과했지요.

◆ 유목민: 가축을 기르면서 물과 풀을 따라 옮겨 다니며 사는 민족.

⑤ 국어사전에서는 '꿰다'를 '실이나 끈 따위를 구멍이나 틈의 한쪽에 넣어 다른 쪽으로 내다.'라고 설명하고 있어. 구멍에 실을 넣는 것을 '꿰다'라고 표현한다는 것을 알 수 있어.

⑥ '유목민'이라는 낱말은 교과서에 설명이 되어 있어. 그냥 지나치지 말고 꼭 읽어 봐.

① 아는 지식을 활용해 글을 읽으려면 낱말을 많이 알고 있어야 해. 또 어려운 내용이나 모르는 낱말이 더 많이 나올지 모르니 차근차근 읽어 봐야 해.

② 글을 읽으며 모르는 낱말을 발견하면 표시해 봐.

③ 앞뒤 문장을 살펴보며 읽어 봐. 지구 온난화와 환경 오염으로 이것이 줄어들고 있다고 하는데, '서식지'는 '사는 곳'을 뜻하는 것 같아.

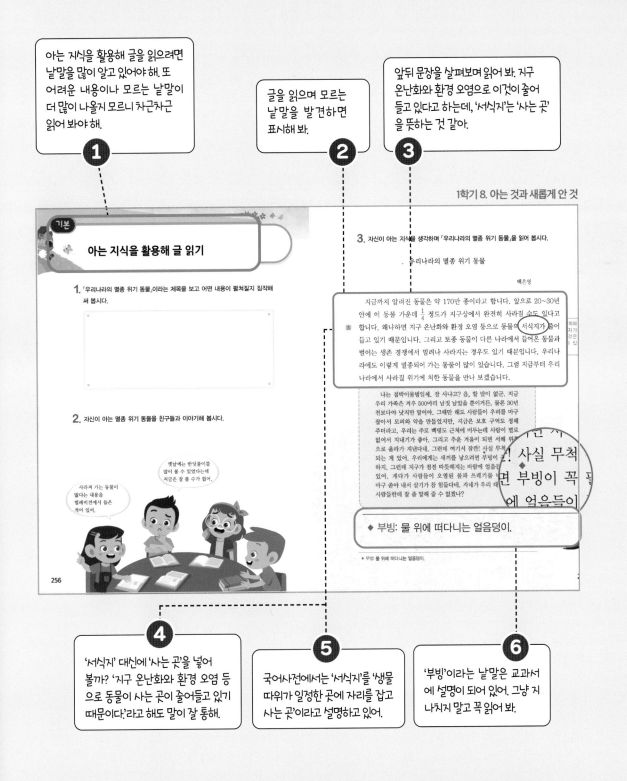

1학기 8. 아는 것과 새롭게 안 것

기본

아는 지식을 활용해 글 읽기

1. 「우리나라의 멸종 위기 동물」이라는 제목을 보고 어떤 내용이 펼쳐질지 짐작해 써 봅시다.

2. 자신이 아는 멸종 위기 동물을 친구들과 이야기해 봅시다.

사라져 가는 동물이 많다는 내용을 텔레비전에서 들은 적이 있어.

옛날에는 반딧불이를 많이 볼 수 있었다는데 지금은 잘 볼 수가 없어.

256

3. 자신이 아는 지식을 생각하며 「우리나라의 멸종 위기 동물」을 읽어 봅시다.

우리나라의 멸종 위기 동물

백은영

지금까지 알려진 동물은 약 170만 종이라고 합니다. 앞으로 20~30년 안에 이 동물 가운데 $\frac{1}{4}$ 정도가 지구상에서 완전히 사라질 수도 있다고 합니다. 왜냐하면 지구 온난화와 환경 오염 등으로 동물의 서식지가 줄어들고 있기 때문입니다. 그리고 토종 동물이 다른 나라에서 들어온 동물과 벌이는 생존 경쟁에서 밀려나 사라지는 경우도 있기 때문입니다. 우리나라에도 이렇게 멸종되어 가는 동물이 많이 있습니다. 그럼 지금부터 우리나라에서 사라질 위기에 처한 동물을 만나 보겠습니다.

나는 점박이물범일세. 잘 사냐고? 음, 할 말이 없군. 지금 우리 가족은 겨우 500마리 남짓 남았을 뿐이거든. 물론 30년 전보다야 낫지만 말이야. 그때만 해도 사람들이 우리를 마구 잡아서 모피와 약을 만들었지만, 지금은 보호 구역도 정해 주더라고. 우리는 주로 백령도 근처에 머무는데 사람이 별로 없어서 지내기가 좋아. 그리고 추운 겨울이 되면 서해 위쪽으로 올라가 지낸다네. 그런데 여기서 잠깐! 사실 무척 걱정이 되는 게 있어. 우리에게는 새끼를 낳으려면 부빙이 꼭 필요하지. 그런데 지구가 점점 따뜻해지는 바람에 얼음들이 녹고 있어. 게다가 사람들이 오염된 물과 쓰레기를 마구 쏟아 내서 살기가 참 힘들다네. 자네 우리 대신 사람들한테 잘 좀 말해 줄 수 없겠나?

◆ 부빙: 물 위에 떠다니는 얼음덩이.

◆ 부빙 물 위에 떠다니는 얼음덩이

④ '서식지' 대신에 '사는 곳'을 넣어 볼까? '지구 온난화와 환경 오염 등으로 동물이 사는 곳이 줄어들고 있기 때문이다.'라고 해도 말이 잘 통해.

⑤ 국어사전에서는 '서식지'를 '생물 따위가 일정한 곳에 자리를 잡고 사는 곳'이라고 설명하고 있어.

⑥ '부빙'이라는 낱말은 교과서에 설명이 되어 있어. 그냥 지나치지 말고 꼭 읽어 봐.

글쓴이의 생각과 자신의 생각을 비교하기 위해서는 먼저 글쓴이가 쓴 글의 내용을 이해해야 해. 낱말은 글을 이해하는 데 가장 기본이 되니 꼼꼼하게 읽어 봐야겠지?

1

글을 읽으며 모르는 낱말을 발견하면 표시해 봐.

2

2학기 5. 글에 담긴 생각과 비교해요

글쓴이의 생각과 자신의 생각을 비교하며 글 읽기

1. 다음 글을 읽고 『열하일기』에 대해 궁금한 점을 말해 봅시다.

『열하일기』 소개

글: 강민경

『열하일기』는 조선 후기의 실학자 연암 박지원이 중국에 다녀와서 쓴 여행기입니다.

당시 중국은 아무나 갈 수 있는 곳이 아니었습니다. 그만한 자격과 능력이 요구되었지요. 그러나 반대로 중국을 가리고 굳이 나서는 사람도 없었습니다. 몇 달간 누런 모래바람을 뒤집어써야 하는 험난한 여행길을 누가 선뜻 나서겠습니까. 하지만 박지원은 호기심이 많고 모험 정신이 가득한 사람이었습니다.

중국에 갔다가 무사히 고국으로 돌아온 박지원은 3년 동안 정성을 쏟아 『열하일기』를 썼습니다. 자신이 느낀 바를

기를 썼습니다. 자신이 느낀 바를 진솔하게 기록했기에 책 이름에 '일기'라는 말을 붙였습니다. 그러나 사실 『열하일기』는 개인의 감상을

2. 글쓴이의 생각을 파악하며 「기와 조각과 똥 덩어리」를 읽어 봅시다.

5

기와 조각과 똥 덩어리

나리는 일행보다 서둘러 새벽같이 길을 떠났다. 나리의 부지런함 때문에 말은 히힝 울고 잠이 덜 깬 장복이는 툴툴거렸지만, 창대는 그런 나리가 좋았다. 나리 덕분에 창대는 이번 사행길이 흙먼지만 먹고 가는 마부의 길이 아니라 자기 자신을 찾는 여행처럼 느껴졌다.

"창대야, 장복아! 우리나라 선비들이 연경에서 돌아온 사람을 만나면 반드시 물어보는 말이 있다. 그게 무엇인지 아느냐?"

나리의 질문에 창대가 미처 생각할 겨를도 없이, 장복이가 대답을 툭 뱉었다.

"뭘 먹고 왔느냐는 거 아니겠습니까요? 이 나라 사람들은 책상다리 빼놓고 다 먹는다 하지 않습니까요."

장복이의 대답에 나리가 껄껄 웃으며 고개를 저었다.

"이번 여행에서 제일가는 경치가 뭐였는지 하나만 짚으라는 거다."

꼽아 볼 생각은 못 했다. 나리 뒤에서 흘깃흘깃 곁눈질을 했을 뿐이어서 창대는 스스로 감탄한 경관이 무엇이었는지 생각이 나지 않았다. 창대는 묵묵히 나리의 말을 기다렸다.

"어떤 이는 요동 천 리 넓은 들판을 꼽고, 어떤 이는 구요동의 백탑을 꼽기도 하지. 큰 길가의 저자와 점포, 계문의 안개 낀 숲, 노구교, 산해관, 동악묘, 북진묘 등 대답이 분분하여 참으로 어떤 것이 진짜 장관인가 싶기도 하고, 중국의 거대함에 혀를 내두르기도 하지."

나리가 말한 것 중에는 아직 창대가 보지 못한 것도 있지만, 이미 본 것도 있었다. 하지만 창대는 뚜렷이 기억나는 것이 별로 없었다. 여기가 거기 같고,

227

앞뒤 문장을 살펴보며 읽어봐도 뜻을 잘 모를 때가 있어. 우리나라 선비들이 '연경'에서 돌아왔다는 것을 보니 연경은 지역 이름인 것 같지만, 정확히 어느 지역인지는 잘 모르겠지?
바로 앞 문장은 아니지만, 글의 앞부분에 열하일기에 대한 설명이 있네. 연경은 중국에 있는 장소의 이름이라는 것을 알 수 있어.
이렇게 바로 앞뒤 문장에서 낱말의 뜻을 짐작할 수 없을 때는 글을 꼼꼼하게 읽어 봐!

3

거기가 여기 같았다. 제대로 알고 본 것이 없어, 조선이나 중국이나 동악묘나 북진묘나 다 거기서 거기였다.

　"그러나 일류 선비는 뭐라고 말하는 줄 아느냐? 얼굴에 웃음기를 거두고 진지하고 근엄하게 말하곤 하지. '중국엔 도무지 볼 것이라곤 없습니다.' 사람들이 놀라 물으면, 일류 선비는 어떻게 대답할 것이다. '황제는 물론 ❖장상과 대신 등 모든 관원과 백성이 머리를 깎았으니 오랑캐요, 오랑캐의 나라에서 볼 게 뭐가 있겠습니까?'"

나리의 말에 장복이가 무릎을 치며 깔깔 웃었다.

　"진짜 일류 선비가 맞는뎁쇼. 어쩜 그리 내 속을 시원하게 알아준단 말입니까? 암, 맞지요. 중국은 오랑캐의 나라인데, 볼거리가 뭐가 있겠습니까?"

나리는 장복이의 말에 대꾸 없이 말을 이었다.

　"이류 선비들은 또 이렇게 말할 것이다. '성곽은 만리장성을 본받았고, 궁실은 아방궁을 용내 냈을 뿐입니다. 선비와 백성은 위나라, 진나라 때처럼 겉만 화려한 기풍을 좇고, 풍속은 온갖 사치에 빠져 있습다. 10만 대군을 얻어 산해관으로 쳐들어가, 만주족 오랑캐들을 소탕한 뒤라야 비로소 경치를 이야기할 수 있을 겁니다.'"

장복이는 아까보다 더 좋아하며 배를 잡고 낄낄거렸다.

　"저는 이류 선비가 더 좋습니다요. 과연 맞는 말이지요. 10만 대군으로 오랑캐를 쳐부수면 얼마나 속이 시원하겠습니까?"

장복이뿐 아니라 조선의 백성이라면 지금의 중국인 청나라를 다 오랑캐의 나라로 여겼다. 청나라나 왜적이 조선에 쳐들어왔을 때, 명나라가 도와준 고마움을 오랫동안 잊지 않은 까닭도 있었다.

창대는 나리의 생각이 궁금했다.

　"나리는 어떻게 생각하시는지요? 역시 오랑캐의 나라라 볼 게 없다고 여기시는지요?"

창대의 질문에 나리는 기다렸다는 듯이 대답했다.

　"나는 시골의 삼류 선비지만, 중국의 제일가는 경치는 저 기와 조각과 똥

❖ 장상: 장수와 재상을 아울러 이르는 말.

4 '장상'이라는 낱말은 교과서에 설명이 되어 있어. 그냥 지나치지 말고 꼭 읽어 봐.

5 앞뒤 문장을 살펴보며 읽어 볼까? 겉만 화려한 '기풍'을 따라 한다는 말로 보아 사람들이 사치스럽고 화려한 문화를 즐긴다는 뜻이라고 짐작할 수 있어.

6 '기풍' 대신 '문화'를 넣어 봐. '진나라 때처럼 겉만 화려한 문화를 좇고'라고 해도 말이 잘 통해.

7 국어사전에서는 '기풍'을 '어떤 집단이나 지역 사람들의 공통적인 기질'이라고 설명하고 있어. 뜻을 봐도 잘 이해가 되지 않을 때는 예시 문장을 함께 살펴봐. '서로 믿고 돕는 건전한 사회 기풍을 조성하다.'라는 예시가 함께 나와 있는데, 함께 짐작한 뜻이 맞는 것 같지?

국어사전을 봐도 어려울 때는 예시 문장을 함께 살펴봐.

국어사전에 나온 낱말이 어려워 뜻을 이해하기 어려울 때도 있어. 이럴 때는 국어사전에 함께 나와 있는 예시 문장을 살펴보면 그 뜻을 더욱 쉽게 파악할 수 있어.

의미를 생각하며
알맞게 띄어 읽어요

집중해서 글을 읽어도 어떤 내용인지 의미를 한 번에 파악하기 어려울 때가 있습니다. 여러 가지 이유가 있지만 그중 하나는 문장을 제대로 띄어 읽지 않아 글 전체의 흐름을 파악하지 못했기 때문입니다. 글을 쓸 때 띄어쓰기를 하듯, 글을 읽을 때는 알맞게 쉬며 띄어 읽어야 합니다. 이를 '띄어 읽기'라고 합니다. 띄어 읽는 연습을 하면 글을 막힘 없이 읽을 수 있고 글의 의미를 더욱 잘 이해할 수 있게 됩니다.

첫째, 문장 부호에 따라 띄어 읽습니다.

글을 띄어 읽는 방법의 하나는 문장 부호에 따라 띄어 읽는 것입니다. 문장 부호에 따라 띄어 읽는 방법을 알아볼까요? 글을 읽다 문장 부호가 나오면 먼저 연필로 쐐기표나 겹쐐기표를 표시한 후에 다시 읽어 보세요.

문장 부호	표시	띄어 읽기 방법
,	∨ (쐐기표)	조금 쉬어 읽기
. ? !	∨∨ (겹쐐기표)	조금 더 쉬어 읽기

38

둘째, 의미단위에 따라 띄어 읽습니다.

의미단위란 문장 안에서 의미를 이루고 있는 한 덩어리를 말합니다. 문장의 중간에 문장 부호가 등장하지 않더라도 의미단위를 생각하며 쐐기표 표시를 하고 끊어 읽으면 글의 내용을 이해하기 더욱 쉽습니다. 아래의 글을 보며 의미단위에 맞게 띄어 읽는 연습을 해 봅시다.

> 그 날은 부모님이 먼 친척 집에 가셔서 ∨ 두 살 아래의 동생과 나 둘이서만 ∨ 하룻밤을 지내야 했단다.
>
> 출처: 6학년 2학기 I. 작품 속 인물과 나

의미단위에 맞게 띄어 읽는 적당한 범위는 사람마다 다릅니다. 나에게 익숙한 분야의 글이거나, 나의 독서능력이 높을수록 의미단위에 따라 띄어 읽는 범위는 더욱 넓어질 수 있습니다. 의미단위로 글을 띄어 읽으며 빠르고 정확하게 글을 읽는 능력을 길러 봅시다.

셋째, 머리로만 읽지 말고 소리 내어 읽습니다.

여러분은 글을 읽을 때 주로 머릿속으로 읽나요, 소리 내어 읽나요? 소리 내어 글을 읽는 것을 낭독이라고 합니다. 낭독할 때는 글을 눈으로 보고, 입을 움직여 소리를 내며, 내 말소리를 귀로 듣게 됩니다. 이렇게 동시에 몸의 여러 기관을 움직이면 뇌가 자극을 받아 활성화되어 눈으로만 글을 읽을 때보다 읽은 내용을 더 오래 기억하게 됩니다. 문장 부호와 의미단위를 생각하며 소리 내어 글을 띄어 읽어 봅시다. 소리 내어 글을 읽을 때는 처음부터 끝까지 같은 크기의 목소리로, 빼놓는 글자 없이 또박또박 글을 읽을 수 있도록 노력해야 합니다.

① 문장 부호를 생각하며 쐐기표(∨)와 겹쐐기표(∨)를 연필로 표시해 보자. , 는 쐐기표, . ? ! 는 겹쐐기표로 표시해.

② 문장 부호가 없더라도 의미단위를 생각하며 문장의 중간에 쐐기표를 표시해 봐. 예를 들면 '그러니까 이 호랑이하고 당신이 궤짝 속에 갇혀 있었다고요?'라는 문장이 너무 길어서 '그러니까 이 호랑이하고 당신이'와 '궤짝 속에 갇혀 있었다고요?'를 쐐기표로 구분해 보았어.

2학기 9. 작품 속 인물이 되어

1. 이어질 내용을 상상하며 「토끼의 재판」 뒷부분을 읽어 봅시다.

하얀 토끼가 지나간다.

나그네: 토끼님, 토끼님! 재판 좀 해 주세요. 이 궤짝 속에 갇힌 호랑이를 살려 준 나하고, 살려 준 나를 잡아먹으려는 호랑이하고 누가 옳습니까?

토끼: (귀를 기울이고 한참 생각하다) 누가 누구를 살려 주었어요? 누가 누구를 잡아먹으려 해요? 아, 당신이 이 호랑이를 잡아먹으려고 해요? 5

나그네: 아니지요. 내가 호랑이를 잡아먹으려 하는 게 아니라, 이 호랑이가 궤짝에 갇혀 있었는데 내가 살려 주었어요.

토끼: 네, 알았습니다. 그러니까 이 호랑이하고 당신이 궤짝 속에 갇혀 있었다고요? 10

나그네: 아니지요. 호랑이가…….

호랑이: (답답하다는 듯이 화를 내며) 왜 이렇게 말귀를 못 알아듣지? (궤짝 속으로 들어가며) 이 궤짝 속에 내가 이렇게 있었어. 내가 이렇게 갇혀 있었단 말이야. 알았지? 15

③ 쐐기표는 '조금 쉬어 읽기', 겹쐐기표는 '조금 더 쉬어 읽기' 표시라는 것을 생각하며 글을 알맞게 띄어 읽어 봐. 인물의 말투를 생각하며 실감나게 소리 내어 읽으면 더욱 좋겠지?

1 문장 부호를 생각하며 쐐기표(∨)와 겹쐐기표(⋁)를 연필로 표시해 보자. , 는 쐐기표 , . ?! 는 겹쐐기표로 표시해.

2 문장 부호가 없더라도 의미단위를 생각하며 문장의 중간에 쐐기표를 표시해 봐. 예를 들면 '버스 안에 있던 백인들이 화를 내며 소리쳤습니다.'라는 문장이 너무 길어서 '버스 안에 있던 백인들이', '화를 내며 소리쳤습니다.'를 쐐기표로 구분해 보았어. 만약 이렇게 띄어 읽는 것이 너무 길다면 '버스 안에 있던 백인들이', '화를 내며', '소리쳤습니다.' 등으로 나누어 읽어도 좋아.

2학기 4. 이야기 속 세상

사라는 그대로 앉은 채 마음속으로 말했습니다.

'뒷자리로 돌아갈 아무런 이유가 없어!'

운전사는 뭐라고 중얼거리더니 브레이크를 밟았습니다. 버스가 '끼익' 소리를 내며 갑자기 멈춰 섰습니다.

"규칙을 따르지 못하겠다면 이제부터는 걸어가거라." 5

운전사가 '덜컹' 소리를 내며 문을 당겨 열었습니다. 사라는 외롭고 무서웠습니다. 사라 생각에 버스에서 내리는 것도, 학교까지 걸어가는 것도 그리 어려운 일은 아니었습니다. 하지만 걷기에는 꽤 먼 길이었습니다.

사라는 작지만 당당한 목소리로 말했습니다.

"문 닫으셔도 돼요. 저는 학교까지 타고 가겠어요." 10

운전사는 자리에서 일어나 쿵쾅거리며 버스 계단을 내려갔습니다. 버스 안에 있던 백인들이 화를 내며 소리쳤습니다.

"빨리 가자고! 이러다 지각하겠어."

잠시 뒤, 운전사는 경찰관과 함께 돌아왔습니다. 15

3 쐐기표는 '조금 쉬어 읽기', 겹쐐기표는 '조금 더 쉬어 읽기' 표시라는 것을 생각하며 글을 알맞게 띄어 읽어봐. 글을 소리내어 읽을 때는 처음부터 끝까지 같은 크기의 목소리로, 빼놓는 글자 없이 또박또박 글을 읽도록 신경 써야 해.

시를 읽을 때도 띄어 읽기가 중요해.
시를 소리 내어 띄어 읽으면 리듬감을
더 잘 느낄 수 있어.

1

문장 부호를 생각하며 쐐기표(∨)와
겹쐐기표(∨)를 연필로 표시해 보자.
, 는 쐐기표 , . ?!는 겹쐐기표로 표시해.

2

4. 어른들을 안마해 드린 경험을 생각하며 「허리 밟기」를 읽어 봅시다.

허리 밟기

정완영

할머니 아픈 허리는 왜 밟아야 시원할까요?∨
◆
아이쿠!∨ 아이쿠!∨ 하면서도 "꼭꼭 밟아라." 하십니다
그래도 나는 겁이 나 자근자근 밟습니다.∨

―――――――――――――
◆ 아이쿠: 아이코.

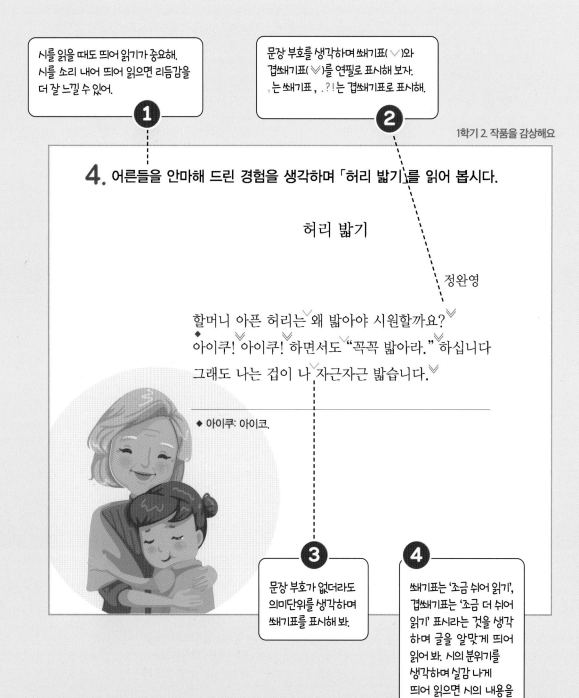

3

문장 부호가 없더라도
의미단위를 생각하며
쐐기표를 표시해 봐.

4

쐐기표는 '조금 쉬어 읽기',
겹쐐기표는 '조금 더 쉬어
읽기' 표시라는 것을 생각
하며 글을 알맞게 띄어
읽어 봐. 시의 분위기를
생각하며 실감 나게
띄어 읽으면 시의 내용을
더 잘 이해할 수 있어.

1학기 4. 주장과 근거를 판단해요

1 긴 글을 읽을 때도 띄어 읽기가 중요해. 문장 부호를 생각하며 쐐기표(∨)와 겹쐐기표(∨)를 연필로 표시해보자. ,는 쐐기표 . ,?!는 겹쐐기표로 표시해.

2 시간이 오래 걸리더라도 의미단위를 생각하며 쐐기표를 표시해 봐.

전통 음식의 우수성

1 　요즘에 우리 전통 음식보다 외국에서 유래한 햄버거나 피자와 같은 음식을 더 좋아하는 어린이를 쉽게 볼 수 있습니다. 이러한 음식은 지나치게 많이 먹으면 건강이 나빠지기도 합니다. 그에 비해 우리 전통 음식은 오랜 세월에 걸쳐 전해 오면서 우리 입맛과 체질에 맞게 발전해 왔기 때문에 여러 가지 면에서 우수합니다. 우리 전통 음식을 사랑합시다. 왜 우리 전통 음식을 사랑해야 할까요?　⑤

2 　첫째, 우리 전통 음식은 건강에 이롭습니다. 우리가 날마다 먹는 밥은 담백해 쉽게 싫증이 나지 않으며 어떤 반찬과도 잘 어우러져 균형 잡힌 영양분을 섭취하기 좋습니다. 또 된장, 간장, 고추장과 같은 발효 식품에는 무기질과 비타민이 풍부하게 들어 있어 몸을 건강하게 해 줍니다. 특히 청국장은 항암 효과는 물론 해독 작용까지 뛰어나다고 합니다. 된장도 건강에 이로운 식품으로 알려져 있습니다.　⑩　⑮

3 쐐기표는 '조금 쉬어 읽기', 겹쐐기표는 '조금 더 쉬어 읽기' 표시라는 것을 생각하며 글을 알맞게 띄어 읽어 봐. 이렇게 띄어 읽기 연습을 하면 아무리 긴 글이더라도 내용을 빼놓지 않고 다 읽을 수 있고, 읽은 내용을 잘 이해할 수 있어.

시를 읽을 때는 머릿속으로 이미지를 떠올려요

여러분이 생각하는 시란 무엇인가요? 줄을 나누어서 짧게 쓰기만 하면 무조건 시라고 할 수 있을까요? 줄거리가 긴 이야기 글이나, 읽어야 하는 내용이 많은 설명하는 글 등 긴 글과는 다르게, 시는 매우 짧아서 쉽게 읽고 넘어가는 학생이 많습니다. 그러나 시는 짧은 글에 글쓴이의 생각이나 느낌을 눌러 담아 쓴 글이기 때문에 빠르고 가볍게 읽어서는 시의 참맛을 느끼기 어렵습니다. 아래의 시를 함께 살펴보며 특성을 알아보고, 시를 읽는 방법을 함께 살펴볼까요?

소나기   오순택

누가 잘 익은 콩을
저렇게 쏟고 있나

또로록 마당 가득
실로폰 소리 난다

소나기 그치고 나면
하늘빛이 더 맑다

출처: 3학년 1학기 I. 비유하는 표현

첫째, 시의 형식을 이해해야 합니다.

시는 짧은 글로 이루어져 있습니다. 시의 한 줄을 '행', 여러 개의 행이 모여서 이루어진 한 덩어리를 '연'이라고 합니다. 위의 시는 6행 3연으로 이루어져 있습니다.

둘째, 시를 소리 내어 낭송하며 말의 가락을 느껴야 합니다.

시는 마치 노래와 같습니다. 반복되는 단어나, 비슷한 수로 이루어진 글자의 반복, 소리나 모양을 흉내 내는 말에서 나오는 가락을 운율이라고 부릅니다. 운율을 제대로 느끼기 위해서는 시를 소리 내어 낭송하는 것이 가장 좋습니다. 시의 분위기를 생각하며 어울리는 목소리로 시를 낭송해 봅시다.

셋째, 머릿속으로 이미지를 떠올리며 읽어야 합니다.

〈소나기〉를 읽으면 어떤 이미지가 머릿속에 떠오르나요? 소나기가 오는 소리를 콩 쏟는 소리, 실로폰 소리에 빗대어 표현한 것을 비유적인 표현이라고 합니다. 비유적인 표현 덕분에 소나기 소리를 더욱 실감 나게 떠올릴 수 있습니다.

넷째, 글쓴이의 상황을 상상하며 읽어야 합니다.

'이 시를 쓴 사람은 누구일까?', '어떤 상황에서 이 시를 쓰게 되었을까?' 등을 생각하며 읽는 것도 시를 이해하는 데 도움이 됩니다. 마당에 한가득 소나기가 내리는 것을 지켜보는 글쓴이의 상황을 떠올리며 시를 읽어 봅시다.

1학기 1. 재미가 톡톡톡

공 튀는 소리
신형건

이틀째 앓아누워
학교에 못 갔는데, 누가 벌써
학교 갔다 돌아왔는지
골목에서 공 튀는 소리 들린다.

탕탕
땅바닥을 두들기고
탕탕탕
담벼락을 두들기고
탕탕탕탕
꽉 닫힌 창문을 두들기며
골목 가득 울리는
소리

내 방 안까지 들어와
이리 튕기고 저리 튕겨 다닌다.

까무룩 또 잠들려는 나를
뒤흔들어 깨우고는, 내 몸속까지
튀어 들어와 탕탕탕
내 °맥박을 두들긴다.

맥박: 심장이 뛰면서 생기는 핏줄의 움직임.

1 먼저 시의 형식을 살펴봐야 해. 이 시는 총 18행 4연으로 이루어져 있어.

2 '이 시의 글쓴이는 누구일까?', '어떤 상황에서 이런 시를 쓰게 되었을까?'와 같은 질문을 던지며 글쓴이의 상황을 상상해 봐. 시를 더욱 잘 이해할 수 있어.

3 시를 소리 내어 읽으며 말의 가락을 느낄 수 있는 부분을 찾아봐.
2연의 '탕탕', '탕탕탕', '탕탕탕탕'
공 튀는 소리에서 말의 가락을 느낄 수 있어. 또, 2연에서 공 튀기는 소리가 한 글자씩 늘어나는 부분에서 재미를 느낄 수 있어.
공 튀는 소리를 생각하며 빠르고 경쾌하게 낭송해 봐.

시를 읽고 어떤 장면이나 소리가 마음속에 그려지고 들리는지 느껴 봐요.

3 시를 읽으니 밖에서 탕탕 공 튀는 소리가 내 방까지 들어온 것처럼 생생하게 들리는 장면이 떠올라. 또, 아파서 집에 누워 있지만 공 소리를 듣고 나가 놀고 싶어 심장이 뛰는 아이가 떠오르기도 하지?

2학기 9. 감동을 나누며 읽어요

지하 주차장

글: 김현욱

지하주차장으로
차 가지러 내려간 아빠
한참 만에
차 몰고 나와 한다는 말이

내려가고 내려가고 또 내려갔는데 글쎄, 계속 지하
로 계단이 있는 거야! 그러다 아이쿠, 발을 헛디뎠는
데 아아아…… 이상한 나라의 앨리스처럼 깊은 동
굴 속으로 끝없이 떨어지지 않겠니? 정신을 차려 보
니까 호빗이 사는 마을이 있어. 호박처럼 생긴 집들
이 미로처럼 뒤엉켜 있는데 갑자기 흰머리 간달프가
나타나 말하더구나, 이 새 자동차가 네 자동차냐?
내가 말했지. 아닙니다, 제 자동차는 10년 다 된 고
물 자동차입니다. 오호, 정직한 사람이구나. 이 새
자동차를…….

에이, 아빠!
차 어디에 세워 놨는지 몰라서 그랬죠?
차 찾느라
온 지하 주차장 헤매고 다닌 거
다 알아요.
피이!

① 먼저 시의 형식을 살펴봐야 해. 시 중간이 긴 줄글로 되어 있어. 행과 연의 구분 없이 이렇게 자유롭게 줄글로 쓸 수도 있어.

② '이 시의 글쓴이는 누구일까?', '어떤 상황에서 이런 시를 쓰게 되었을까?', '나도 이와 비슷한 상황을 겪은 적이 있었을까?'와 같은 질문을 던지며 글쓴이의 상황을 상상해 봐. 시를 더욱 잘 이해할 수 있어.

③ 시를 소리 내어 읽으며 말의 가락을 느껴 보자. 이 시에서 재미있는 부분은 마치 아빠와 아이가 대화하는 것 같은 표현이야. 아빠와 아이의 목소리를 흉내 내듯 낭송해 봐.

④ 이 시를 읽으면 차를 어디에 두었는지 기억이 나지 않아 이리저리 찾아다니다가 재미있게 이야기를 지어내어 변명하는 아빠와, 상황을 다 안다는 듯 능청스럽게 이야기를 주고받는 아이의 모습이 떠올라. 머릿속으로 시의 이미지를 떠올리면 시를 더 실감 나고 재미있게 느낄 수 있어.

1학기 2. 작품을 감상해요

출렁출렁

박성우

이러다 지각하겠다 싶을 때 있는 힘껏 길을 잡아당기면
출렁출렁, 학교가 우리 앞으로 온다

춥고 배고파 죽겠다 싶을 때 있는 힘껏 길을 잡아당기면
출렁출렁, 저녁을 차린 우리 집이 버스 정류장 앞으로 온다

갑자기 °니가 보고 싶을 때 있는 힘껏 길을 잡아당기면
출렁출렁, 그리운 니가 내게 안겨 온다

° 니: '너'의 방언.

① 먼저 시의 형식을 살펴봐야 해. 이 시는 총 6행 3연으로 이루어져 있어.

② '이 시의 글쓴이는 누구일까?', '어떤 상황에서 이런 시를 쓰게 되었을까?' '나도 이와 비슷한 마음을 느낀 적이 있었나?'와 같은 질문을 던지며 글쓴이의 상황을 상상해 봐. 시를 더욱 잘 이해할 수 있어.

③ 시를 소리 내어 읽으며 말의 가락을 느낄 수 있는 부분을 찾아봐.
'~할 때', '온다' 라는 말이 반복되어 리듬감이 느껴져. 또, '출렁출렁'이라는 흉내 내는 말이 반복되어 말의 가락을 느낄 수 있어.

④ 이 시를 읽으니 지각할 것 같을 때 빨리 학교에 가고 싶은 마음, 버스를 기다리는 것이 막막한 마음, 그리운 사람을 보고 싶은 마음이 느껴져. 경험과 관련지어 생각하면 머릿속에 시의 이미지가 더욱 구체적으로 잘 떠올라.

1학기 1. 비유하는 표현

풀잎과 바람

정완영

나는/풀잎이 좋아,/풀잎 같은/친구 좋아   2/3/2/4/4

바람하고/엉켰다가/풀 줄 아는/풀잎처럼   4/4/4/4

＊헤질 때/또 만나자고/손 흔드는/친구 좋아.   3/5/4/4

나는/바람이 좋아,/바람 같은/친구 좋아   2/3/2/4/4

풀잎하고/헤졌다가/되찾아 온/바람처럼   4/4/4/4

만나면/얼싸안는 바람,/바람 같은/친구 좋아.   3/5/4/4

헤지다 : '헤어지다'의 준말.

1 먼저 시의 형식을 살펴봐야 해. 이 시는 총 6행 2연으로 이루어져 있어.

2 '이 시의 글쓴이는 누구일까?', '어떤 상황에서 이런 시를 쓰게 되었을까?' '나에게도 이런 친구가 있을까?'와 같은 질문을 던지며 글쓴이의 상황을 상상해 봐. 시를 더욱 잘 이해할 수 있어.

3 시를 소리 내어 읽으며 말의 가락을 느낄 수 있는 부분을 찾아보자.
비슷한 수의 글자로 이루어진 말의 덩어리가 1연과 2연에 규칙적으로 반복되며 리듬감이 느껴져. 또 '좋아'라는 단어가 반복되는 부분에서도 말의 가락을 느낄 수 있어.

4 이 시를 읽으니 바람과 풀잎처럼 손 흔들고 헤어졌다가 다시 만나서 얼싸안는 친한 친구의 모습이 머릿속에 떠올라. 친구를 풀잎과 바람에 빗대어 표현하니 친구의 모습을 훨씬 구체적으로 떠올릴 수 있어.

중심 문장과 뒷받침 문장을 생각하며 읽어요

재미있는 이야기 글이 아닌, 무엇을 설명하는 긴 글을 읽을 때 나도 모르게 하품이 나올 정도로 지루했던 적이 있었나요? 또 한 번에 내용을 파악하지 못해서 같은 곳을 여러 번 반복해서 읽었던 적은 없었나요? 내용이 긴 글을 읽을 때도 읽기의 기술이 필요합니다. 바로 중심 문장과 뒷받침 문장으로 이루어진 문단의 짜임을 파악하며 읽는 것입니다.

여러 개의 문장이 모여 하나의 생각을 나타내는 것을 문단이라고 합니다. 문단이 모여 하나의 글을 이루지요. 한 문단을 시작할 때는 한 칸을 들여 쓰고, 한 문단이 끝나면 줄을 바꿉니다. 중심 문장을 생각하며 글을 읽으면 글쓴이가 말하고자 하는 내용을 더 쉽게 파악할 수 있고 중요한 내용을 간추리는 데에도 도움이 됩니다.

아래의 글을 읽으며 중심 문장과 뒷받침 문장에 대해 자세히 알아봅시다.

> ① 장승은 여러 가지 구실을 했습니다. 우리 조상은 장승이 나쁜 병이나 기운이 마을로 들어오는 것을 막아 준다고 믿었습니다. 장승은 나그네에게 길을 알려 주기도 했습니다. 또 장승은 마을과 마을 사이를 나누는 구실도 했습니다.

② 장승은 나무나 돌에 사람 얼굴 모습을 조각해 만들었습니다. 할아버지처럼 친근한 얼굴도 있고…….

출처: 3학년 1학기 2단원 '문단의 짜임'

첫째, 글이 몇 개의 문단으로 이루어져 있는지 파악해야 합니다.

위의 글은 총 두 개의 문단으로 이루어져 있습니다. 글의 내용이 바뀌는 부분이 두 군데이고, 한 칸을 들여 써서 서로 다른 문단임을 구분하고 있기 때문입니다. 문단이 몇 개인지 파악한 후에는 각 문단 앞에 번호를 써서 구분해 봅시다.

둘째, 중심 문장을 파악해야 합니다.

문단 내용을 대표하는 문장을 중심 문장이라고 합니다. 중심 문장을 덧붙여 설명하거나 예를 들어 설명하는 문장은 뒷받침 문장이라고 합니다. 중심 문장은 문단의 가장 처음에 있기도 하고, 끝에 있기도 하고, 처음과 끝에 함께 나오기도 합니다. 중심 문장이 문단의 중간에 있는 경우도 있습니다. 문단에서 중심 문장을 찾기 위해서는 전체 내용을 가장 잘 나타낸 문장을 찾아봐야 합니다. 중심 문장을 찾아 밑줄을 그으며 읽어 봅시다.

2. 중심 문장과 뒷받침 문장을 생각하며 「옛날에는 어떤 과자를 먹었을까요」를 읽어 봅시다.

옛날에는 어떤 과자를 먹었을까요

1 우리 조상은 여러 가지 한과를 만들어 먹었습니다. 한과는 전통 과자를 말합니다. 한과에는 약과, 강정, 엿처럼 여러 가지가 있습니다. 요즘에는 한과를 주로 시장에서 사 먹지만, 옛날에는 한과를 집에서 만들어 먹었습니다.

⑤

1 이 글은 총 네 개의 문단으로 이루어져 있구나. 문단을 번호로 표시해 두면 글의 내용이 네 번 바뀐다는 것을 한눈에 파악할 수 있어.

2 각 문단에서 중심 문장을 찾아봐야 해. 중심 문장은 문단의 맨 앞이나 끝에 오는 경우가 많으니 신경 써서 읽어 보는 것이 좋아.

두 번째 문단을 살펴볼까? 첫 번째 문장 '약과는 밀가루를~'은 약과가 어떤 과자인지 설명하고 있어. 두 번째 문장인 '꿀물이나 조청에 넣어~' 부터 마지막 문장까지는 첫 번째 문장에서 소개한 약과에 대해 덧붙여 설명하고 있어. 중심 문장은 첫 번째 문장이겠구나. 중심 문장을 찾으면 밑줄을 그어서 표시해야 해.

3

2 약과는 밀가루를 꿀과 기름 따위로 반죽해 기름에 지진 과자입니다. 꿀물이나 조청에 넣어 두어 속까지 맛이 배면 꺼내어 먹습니다. 지금은 국화 모양을 본떠서 많이 만들지만, 옛날에는 새, 물고기 같은 모양으로 만들었다고 합니다. 약과를 만들 때에는 만들고 싶은 ⑤ 모양으로 나무를 파서, 반죽한 것을 그 속에 넣어 찍어 냅니다.

3 강정은 찹쌀가루를 반죽해 기름에 튀긴 뒤에 고물을 묻힌 과자입니다. 찹쌀가루를 반죽할 때에는 꿀과 술을 넣습니다. 그런 다음에 끈기가 생길 때까지 반죽을 쳐서 갸름하게 썰어 말린 뒤 기름에 튀깁니다. 깨, 잣가루, 콩가루와 같은 고물을 묻혀 먹습니다.

⑩ **4** 엿은 곡식이나 고구마 녹말에 엿기름을 넣어 달게 졸인 과자입니다. 엿을 만드는 데 쓰이는 곡식으로는 쌀, 찹쌀, 옥수수, 조 따위가 있습니다. 엿을 만들 때 호두나 깨, 콩 따위를 섞으면 더욱 맛있습니다. 옛날에는 가락엿을 부러뜨려, 그 속의 구멍이 더 많고 더 큰 쪽이 이기는 엿치기를 하기도 했습니다.

중심 문장을 찾으면 글의 구조를 파악하여 내용을 쉽게 이해할 수 있어. 제목과 중심 문장을 다시 읽어 봐. 이 글은 우리 조상이 만들어 먹었던 한과를 종류별로 설명하고 있구나.

4

◆ 조청: 엿과 같은 것을 골 때 묽게 고아서 굳지 않은 엿.
◆ 고물: 인절미나 경단 따위의 겉에 묻히거나, 시루떡의 켜와 켜 사이에 뿌리는 가루로 된 재료.
◆ 끈기: 물건의 끈적끈적한 기운.
◆ 엿기름: 보리에 물을 부어 싹이 트게 한 다음에 말린 것.

1 이 글은 총 다섯 개의 문단으로 이루어져 있구나. 문단을 번호로 표시해 두니 글의 내용이 다섯 번 바뀐다는 것을 한눈에 파악할 수 있어.

각 문단에서 중심 문장을 찾아봐야 해. 중심 문장은 문단의 맨 앞이나 끝에 오는 경우가 많으니 신경 써서 읽어 보는 것이 좋아.

2

2. 동물이 소리를 내는 방법을 생각하며 「동물이 내는 소리」를 읽어 봅시다.

동물이 내는 소리

문희숙

1 　동물들이 소리를 내는 방식은 다양합니다. 성대를 이용하여 소리를 내는 동물도 있고 다른 부위를 이용하는 동물도 있습니다.

2

2 　개나 닭은 사람과 같이 성대를 울려 소리를 내지만 다양한 소리를 내지는 못합니다. 왜냐하면 성대나 입과 혀의 생김새가 사람과 다르기 때문입니다. 그래서 몇 가지 소리만 낼 수 있습니다. 동물들은 대개 서로를 부르거나 위협하기 위해서 소리를 냅니다.

5 　3 　매미는 발음근으로 소리를 냅니다. 매미는 수컷만 소리를 낼 수 있고, 암컷은 소리를 내지 못합니다. 매미의 배에 있는 발음막, 발음근, 공기주머니는 매미가 소리를 내게 도와줍니다. 그런데 암컷은 발음근이 발달되어 있지 않고 발음막이 없어서 소리를 낼 수 없답니다. 수컷은 발음근을 당겨서 발음막을 움푹 들어가게 한 다

10 　음 '딸깍' 하고 소리를 냅니다. 이 소리가 커지고 반복되면 '찌이이' 하고 소리가 납니다.

3 세 번째 문단을 살펴볼까? 첫 번째 문장인 '매미는 발음근으로 소리를 냅니다.'는 매미가 소리를 내는 법에 대해 설명하고 있어. 두 번째 문장인 '매미는 수컷만~' 부터 마지막 문장까지는 매미가 발음근으로 소리를 낸다는 내용에 대해 덧붙여 설명하고 있어. 중심 문장은 첫 번째 문장이구나. 중심 문장을 찾으면 밑줄을 그어서 표시해.

▶ 4-5문단은 뒤에 이어서

> 중심 문장을 찾으면 글의 구조를 파악하여 내용을 쉽게 이해할 수 있어. 이 글은 동물들이 소리를 내는 다양한 방식에 관해 설명하고 있구나.
>
> **4**

4 물고기는 몸속에 있는 부레로 여러 가지 소리를 냅니다. 부레 안쪽 근육을 수축하거나 부레의 얇은 막을 진동해 소리를 낼 수 있습니다. 물고기가 조용하다고 느끼는 이유는 우리가 들을 수 없는 높낮이로 소리를 내기 때문입니다.

5 이와 같이 동물들은 성대나 발음근, 부레를 이용해 소리를 냅니다. ⑤ 그 밖에도 날개를 비비거나 꼬리를 흔들어 소리를 내는 동물들도 있습니다. 이렇게 동물들은 저마다 다른 방법으로 소리를 낼 수 있습니다.

> 문단의 중심 문장을 찾으면 글의 내용도 쉽게 간추릴 수 있어. 중심 문장을 찾은 후 각 중심 문장을 이어 주는 적절한 말을 찾아 연결해서 글의 내용을 간추려 봐.
>
> **5**

(2) 중심 문장을 연결해 「동물이 내는 소리」를 간추려 보세요.

처음	**1** 동물들이 소리를 내는 방식은 다양합니다.
가운데	**2** 개나 닭은 사람과 같이 성대를 울려 소리를 내지만 다양한 소리를 내지는 못합니다.
	3 매미는 발음근으로 소리를 냅니다.
	4 물고기는 몸속에 있는 부레로 여러 가지 소리를 냅니다.
끝	**5** 동물들은 저마다 다른 방법으로 소리를 낼 수 있습니다.

직업과 옷 색깔

박영란·최유성

이 글은 총 다섯 개의 문단으로 이루어져 있구나. 문단이 바뀌는 부분을 찾아 직접 번호를 표시해 봐. **1**

① 사람은 직업에 따라 고유한 색깔 옷을 입기도 한다. 직업의 특성에 따라 특정 색깔의 옷이 일을 하는 데 도움이 되기 때문이다. 5

각 문단에서 중심 문장을 찾아봐. 중심 문장은 문단의 맨 앞이나 끝에 오는 경우가 많다는 것을 알아야 해. **2**

② 의사나 간호사는 보통 흰색 옷을 입는다. 감염에 민감한 환자들이 있는 병원에서는 위생이 매우 중요한 문제이기 때문이다. 흰색 옷은 옷이 더러워졌을 때 이를 쉽게 알아차릴 수 있게 해 준다. 약사나 위생사, 요리사와 같이 청결을 유지해야 하는 일을 하는 사람들도 마찬가지로 흰색 옷을 입는다. 10

세 번째 문단을 살펴볼까? 두 번째 문장인 '예전 서양에서는~'부터 마지막 문장까지는 첫 번째 문장인 '법관은 검은색 옷을 입는다.'에 대한 이유를 설명하고 있어. 이 문단의 중심 문장은 바로 첫 번째 문장이구나. 중심 문장을 찾으면 밑줄을 그어서 표시해. **3**

③ 법관은 검은색 옷을 입는다. 예전 서양에서는 신분에 따라 입을 수 있는 옷 색깔이 정해져 있었지만, 검은색 옷은 누구나 입을 수 있었다. 법관의 검은색 옷은 법 앞에서 모든 사람이 평등하다는 뜻을 나타내며, 다른 것에 물들지 않고 공정하게 재판해야 한다는 의미를 담고 있다. 5

중심 문장을 찾으면 글의 구조를 파악하여 내용을 쉽게 이해할 수 있어. 이 글은 사람들이 직업에 따라 입는 다양한 옷에 대해 설명하고 있구나. **4**

④ 군인은 주변 환경과 상황에 따라 옷 색깔을 달리하여 입는다. 전투를 벌일 때 적군 눈에 쉽게 띄면 안 되기 때문이다. 예전의 화약 무기는 한번 사용하면 연기가 자욱하여 적군과 아군을 구분하기가 힘들었다. 따라서 당시에는 강한 원색의 군복을 입었다. 오늘날에는 기술이 발달하여 군인은 대부분 주변 환경과 구별하기 힘든 색의 옷을 입는다. 10

문단의 중심 문장을 찾으면 글의 내용도 쉽게 간추릴 수 있어. 각 중심 문장을 이어 주는 적절한 말을 찾아 연결해 보는 거야. 이렇게 글을 요약해서 읽으면 글의 중요한 내용을 더 쉽게 기억할 수 있어. **5**

⑤ 사람들은 직업에 따라 입는 옷 색깔이 다양하다. 옷 색깔이 무엇을 뜻하는지 안다면 그 직업을 더 잘 알 수 있다. 15

인물의 말과 행동을 생각하며 읽어요

국어 교과서를 처음 볼 때 가장 먼저 살펴보는 곳은 어디인가요? 대부분의 학생이 재미있는 이야기가 실려 있는 부분을 가장 먼저 살펴보곤 합니다. 이야기는 읽는 사람에게 재미나 감동을 주기 위해 쓴 글이기 때문에 정보를 전달하기 위해 쓴 글에 비해 더욱 쉽고 재미있게 느껴지기 때문입니다.

이야기를 읽을 때도 읽기의 기술이 필요합니다. 바로 인물의 말과 행동을 생각하며 읽는 것입니다. 인물의 말과 행동을 생각하면 인물의 성격이나 일어난 사건에 대해 더욱 자세히 이해할 수 있습니다. 또, 나의 생각과 인물의 행동을 비교하며 읽을 수도 있습니다. 이야기 읽기의 기술을 함께 살펴볼까요?

첫째, 이야기의 제목을 살핍니다.

이야기를 읽기 전 가장 먼저 살펴보아야 하는 부분은 바로 제목입니다. 이야기의 제목은 이야기의 내용을 압축하여 만든 것입니다. 제목을 통해 이야기의 내용이 무엇일지 예상하거나, 이야기의 인물이나 사건에 대해 미리 파악할 수 있습니다.

둘째, 이야기에 나오는 인물의 말과 행동에 표시하며 읽습니다.

이야기에는 다양한 인물이 등장합니다. 이 중 이야기에서 중요한 역할을 하는 인물의 말과 행동을 파악해야 합니다. 눈으로만 읽고 넘어가지 말고, 서로 다른 색의 펜으로 인물의 말과 행동을 나타내는 부분에 밑줄을 그어 표시해 보세요. 인물의 모든 말과 행동에 표시하기보다는 인물의 마음을 잘 나타내는 장면이나 인물이 바람직하게 여기는 가치를 짐작할 수 있는 장면 등을 생각하며 표시를 하는 것이 좋습니다.

셋째, 인물의 마음을 생각하며 읽습니다.

인물의 말과 행동을 살피면 인물의 마음을 헤아릴 수 있습니다. 이 장면에서는 인물이 어떤 마음이었을지, 인물의 마음이 이야기의 전개에 어떤 영향을 주었는지 등을 생각하며 이야기를 읽으면 더욱 깊이 있게 이해할 수 있습니다.

넷째, 나의 경험과 비교 합니다.

이야기를 읽으며 나의 경험과 비슷한 부분을 찾거나, 인물이 바라는 삶은 무엇인지를 생각하며 읽는 것은 아주 중요합니다. 인물의 말과 행동을 나와 비교하는 과정에서 내가 바람직하게 여기는 삶의 태도를 배울 수 있기 때문입니다.

① 이 이야기의 제목은 '만복이네 떡집'이야. 제목에 등장한 '만복이'가 이 이야기의 주인공일까? '만복이네 떡집'에서 어떤 일들이 일어나는지 생각하며 이야기를 읽어 봐.

만복이가 계속 '만복이네 떡집'에서 떡을 먹는 까닭은 무엇일까요?

학교가 끝나고 만복이는 또 '만복이네 떡집'으로 달려갔어. 이 번에는 맛있는 쑥떡을 먹을 수 있었지. 쑥떡을 먹자 귓구멍이 간 질간질한 게 쑥덕쑥덕 이상한 소리가 들리기 시작했어. 마치 누 군가 귀에 대고 작게 소곤거리는 것처럼 말이야. 지나가는 사람 들의 생각도 쑥덕쑥덕 들리고, 쓰레기를 뒤지고 있던 강아지의 ⑤ 생각도 쑥덕쑥덕 들렸어.

'아, 배고파. 요즘에는 왜 이렇게 먹을 게 없지?'

만복이는 엄마가 간식으로 싸 준 소시지빵을 강아지한테 던져 주었어. 학원에 가서 먹으려고 했는데, 강아지가 배고픈 걸 알고 그냥 지나칠 수가 없었거든.

'아, 맛있다. 정말 고마운 아이야.'

강아지의 생각이 다시 쑥덕쑥덕 들렸어. 만복이는 신이 나서 ⑮ 헤벌쭉 웃었어.

다음 날은 친구들의 생각을 엿들을 수 있었어. 동환이 옆을 지나자 동환이의 생각이 쑥덕 쑥덕 들렸어.

'아이참, 왜 자꾸 방귀가 나오지? 아침에 고구마를 너무 많이 먹었나? 앗! 또 나오려 ⑳ 고 한다. 이키.'

만복이는 코를 막고 키득키득 웃었어. 그러 자 동환이가 만복이의 눈치를 살폈어.

'어, 만복이가 눈치챘나? 분명히 친구들한 테 다 소문낼 거야. 어떻게 하지?'

280

만복이는 입이 간질간질한 걸 꾹 참았어. 다른 때 같으면 방귀쟁이라고 여기저기 떠벌 리고 다녔을 거야. 하지만 부 끄러워하는 동환이의 마음을 알자 그러고 싶은 마음이 싹 사라졌어. 만복이는 종호와 지현이가 서로 좋아하는 것도 알게 되었고, 교실 뒤에 걸려 있는 거울을 깨뜨린 범인도 알게 되었어. 범인 옆을 지날 때

'내가 거울을 깨뜨린 걸 아무도 모를 거야. 큭! 다행이다.' 하고 쑥덕거리는 소리가 들렸거든. 순간, 만복이의 눈빛이 반짝 빛 났지.

은지 옆을 지나자 은지의 생각이 쑥덕쑥덕 들렸어.

'애들이 날 싫어하나 봐. 나 한테 말도 잘 안 걸고……. 친구들이 함께 놀자고 하 면 얼마나 좋을까?'

⑳ 은지의 고민을 알자 만복 이는 그냥 지나칠 수가 없었 어. 만복이는 은지한테 먼저 다가가서 말을 걸어 주었어.

만복이는 입이 간질간질한 걸 꾹 참았어. 다른 때 같으면 방귀쟁이라고 여기저기 떠벌 리고 다녔을 거야. 하지만 부 끄러워하는 동환이의 마음을 알자 그러고 싶은 마음이 싹 사라졌어. 만복이는 종호와 지현이가 서로 좋아하는 것도 알게 되었고, 교실 뒤에 걸려 있는 거울을 깨뜨린 범인도

은지의 고민을 알자 만복 이는 그냥 지나칠 수가 없었 어. 만복이는 은지한테 먼저 다가가서 말을 걸어 주었어.

② 걸핏하면 친구와 싸워 심술쟁이로 이름난 만복이가 쑥떡을 먹은 후 강아지와 친구들의 생각을 듣게 되었어. 이후 변화된 만복이의 행동에 밑줄을 그어 표시해 봐. 강아지에게 간식을 주고, 친구의 비밀을 지켜주고, 외로워하는 친구에게 먼저 다가가서 말을 걸어 주었어.

③ 친구들의 생각을 듣게 된 만복이는 어떤 마음으로 이런 행동을 한 것일까? 배고픈 강아지가 안쓰러워 도와주고 싶고, 친구의 부끄러운 마음을 알고 나니 놀리지 말고 비밀을 지켜줘야겠다는 마음이 들었을 거야. 또, 외로워하는 은지를 돕고 싶은 마음도 생겼을 거야.

④

만복이의 말과 행동에 밑줄을 그어 표시해 봐.
치마를 입고 온 선생님께 칭찬을 해 드리고,
초연이에게 자신의 마음을 전했어. 또 장군이에게
화가 난 마음을 금방 가라앉혔어.

선생님 곁을 지날 때도 선생님의 고민

말했어.

"선생님은 바지를 입는 것도 예쁘지만, 치마를 입는 것도 잘 어울려요. 얼굴도 오늘 더 예뻐 보여요."

말했어.
"선생님은 바지를 입는 것도 예쁘지만, 치마를 입는 것도 잘 어울려요. 얼굴도 오늘 더 예뻐 보여요."
선생님은 기분이 좋은지 싱글벙글 웃었어.
'만복이가 요즘 아주 착해졌단 말이야. 지난번에 부모님 오시라고 했는데, 아무래도 오시지 않아도 된다고 해야겠어.'
만복이의 귓가로 선생님의 생각이 다시 들려왔어.
초연이 옆을 지날 때는
'예전에는 만복이가 정말 싫었는데, 요즘에는 만복이가 좋아진단 말이야. 만복이도 나를 좋아하는 소리가 기분이 좋아오을 것 같았어.

"초연아, 나도 네가 좋아."

"초연아, 나도 네가 좋아."

만복이는 다른 친구들한테 들리지 않게 작은 소리로 말했어. 만복이의 이야기를 들은 초연이의 얼굴이 사과처럼 아주 빨개졌지 뭐야.
그런데 장군이 옆을 지날 때였어.
'난 왜 이렇게 공부를 못하지? 공부를 좀 잘하면 얼마나 좋을까?'
만복이는 장군이를 진심으로 도와주고 싶었어.
"장군아, 내가 좀 도와줄까?"
만복이가 물었어.
"네가 뭘 도와줘?"
장군이는 눈을 치켜뜨고 만복이를 노려보았어.
"다음에는 시험 잘 볼 수 있게 내가 공부 좀 가르쳐 줄게."
만복이가 말을 마치자마자 곧바로 장군이의 주먹이 날아오지 뭐야.
"너 나한테 죽고 싶어? 이게 어디서 잘난 척이야."
만복이는 또 코피가 터졌어. 만복이는 너무 화가 나서 주먹을 꼬옥 쥐었어. 그런데 장군이의 생각이 다시 들려오지 뭐야.
'아이, 때리려고 그런 게 아닌데…… 만복이가 또 코피 나잖

'아이, 때리려고 그런 게 아닌데…… 만복이가 또 코피 나잖아. 정말 아프겠다. 난 왜 이렇게 만날 사고만 치지? 난 정말 나쁜 애야.'
만복이는 쥐고 있던 주먹을 풀었어. 장군이의 마음을 알자 미운 마음이 눈 녹듯 사라져 버렸거든.

⑤

만복이의 말과 행동을 보며 만복이의
마음을 헤아려 봐. 또, 변화된 만복이의
행동에서 재미나 감동을 느낄 수도 있어.

⑥

장군이와 비슷한 경험을 떠올려 봐.
친구에게 마음에 없는 말이나 행동을
한 후에 후회했던 적이 있니? 또는 내가
만복이었다면 장군이에게 어떤 말을
할지 생각해 봐.

이번에 살펴볼 갈래는 만화야. 내용을 읽기 전에 제목을 먼저 살펴봐야 해. '수업 시간에'라는 제목을 보니 수업 시간에 있었던 일이 만화에 나올 것임을 짐작할 수 있어.

①

만화에서 인물의 마음을 짐작하려면 말과 행동뿐만 아니라 인물의 표정, 말풍선 모양, 글자 크기 등을 생각해야 해. 얼굴에 난 땀과 머리 옆에 그린 선을 보면 소민이(여학생)의 당황한 마음을 알 수 있어.

②

인물의 마음을 짐작하며 만화 읽기

국어 활동 90~94쪽

1. 인물의 마음을 생각하며 「수업 시간에」의 앞부분을 읽어 봅시다.

수업 시간에

글: 박현진, 그림: 윤정주

만화에서는 말풍선 모양을 살펴봐야 해.

인물의 대사를 큰따옴표(" ")로 표시하는 이야기와 달리 만화에서는 말풍선에 써서 표시해. 그런데 인물의 대사가 소리 내어 말하는 것인지, 속으로 생각하는 것인지에 따라 말풍선의 모양이 조금씩 달라.

인물이 소리 내어 말할 때는 꼬리가 뾰족한 말풍선을, 속으로 생각할 때는 꼬리가 둥근 구름 같은 말풍선을 쓰고 있어. 오른쪽의 말풍선은 목소리를 작게 하여 소곤소곤 이야기하는 것을 표현했어. 말풍선의 모양을 생각하며 만화를 읽으면 상황을 더 생생하게 이해할 수 있어.

4학년

만화를 읽으며 소민이의 말과 행동에 표시해 봐. 발표할 때 말 줄임표(……)가 많이 나온 것을 보아 자신 있게 발표를 하지 못한 것 같아. 또, '목소리 작다고 친구들이 놀리면 어쩌지……'라고 생각하는 부분이나 두 손으로 얼굴을 감싼 행동에서 발표를 어려워하는 소민이의 마음을 알 수 있어.

만화적인 표현도 함께 살펴봐야 해. 이마에 그려진 선과 땀, 배경의 선, 콩닥거리는 효과를 통해 발표를 마친 소민이가 얼마나 긴장했는지 알 수 있어.

소민이와 비슷한 경험을 떠올려 봐. 친구들 앞에서 발표하며 긴장했던 경험이 있니? 만약 내가 소민이였으면 어땠을지를 생각하며 만화를 다시 읽어 봐.

1학기 10. 인물의 마음을 알아봐요

281

국어 읽기의 기술 06 | 인물의 말과 행동을 생각하며 읽어요   61

2학기 4. 이야기 속 세상

사라, 버스를 타다

글: 윌리엄 밀러, 옮김: 박찬석

아침마다 사라는 어머니와 함께 버스를 탔습니다. 언제나 백인들이 앉는 자리와 구분된 뒷자리에 앉았습니다. 고개를 돌려 자기를 쳐다보는 백인 아이들에게 사라는 얼굴을 찡그렸습니다. 백인 아이들도 얼굴을 찡그리며 웃어 댔습니다. 그러다가 어머니들에게 잔소리를 들은 뒤에야 바로 앉았습니다. ⑤

"지금까지 언제나 이래 왔단다. 자리에 앉을 수 있는 것만으로도 만족해야지."

어머니께서는 두 손을 깍지 낀 채 이렇게 말씀하시고는 했습니다. ⑩

어머니께서는 사라보다 먼저 버스에서 내리셨습니다. 사라는 혼자서 학교로 가고, 어머니께서는 백인 가정의 부엌에서 일을 하셨습니다. 어머니를 생각하면 사라는 마음이 아팠습니다. 어머니께서는 주말도 없이 하루 종일 일하셨지만, 신발 한 켤레, ⑮ 옷 한 벌 사 입으실 형편이 못 되었습니다.

어느 날 아침, 사라는 버스 앞쪽 자리가 얼마나 좋은 곳인지 알아보기로 마음먹었습니다. 사라는 자리에서 일어나 좁은 통로

로 걸어 나갔습니다. 별다른 것은 없어 보였습니다. 창문은 똑같이 지저분했고, 버스의 시끄러운 소리도 똑같았습니다. 앞쪽 자리가 뭐가 그리 대단하다는 것일까요?

한 백인 아주머니께서 물으셨습니다.

"왜 그리 두리번거리니, 꼬마야?"

"뭐 특별한 게 있는지 알아보고 싶어서요."

아주머니께서 말씀하셨습니다.

"네 자리로 돌아가는 게 좋겠구나."

모두가 사라를 쳐다보았습니다.

사라는 계속 나아갔습니다. 앞쪽 끝까지 가서 운전사 옆자리에 앉았습니다. 사라는 운전사가 기어를 바꾸고 두 손으로 커다란 핸들을 돌리는 것을 지켜보았습니다. 운전사가 성난 얼굴로 사라를 쏘아보았습니다.

"꼬마 아가씨, 뒤로 가서 앉아라. 너도 알다시피 늘 그래 왔잖니?"

1 이야기를 읽기 전에 제목을 먼저 살펴봐야 해. '사라, 버스를 타다'라는 제목을 보면 '사라'라는 인물과 '버스'에 관련된 내용이라는 것을 짐작할 수 있어.

2 이야기를 읽을 때는 인물뿐 아니라 사건, 배경에 대해서도 알아야 해. 백인들이 앉는 자리가 따로 있다는 것을 보고 이 이야기의 시간적 배경이 현재가 아닌 것을 짐작할 수 있어.

3 사라의 말과 행동에 밑줄을 그어 표시해 봐. 백인들만 앉을 수 있는 버스 앞자리가 무엇이 특별한지 알아보기 위해 주변 사람들이 말려도 계속해서 앞으로 나아갔어.

인물, 사건, 배경을 생각하며 이야기를 읽어야 해.

인물이란 이야기에서 어떤 일을 겪는 사람이나 사물을 뜻하고, 사건이란 이야기에서 일어나는 일을 의미해. 배경이란 이야기가 펼쳐지는 시간과 장소야. '언제'에 해당하는 것을 시간적 배경, '어디에서'에 해당하는 것을 공간적 배경이라고 해. 인물, 사건, 배경을 파악하며 이야기를 읽으면 이야기를 더 깊이 있게 파악하고 감상할 수 있어.

사라의 말과 행동에 밑줄을 그어 표시해 봐. 뒷자리로 돌아갈 이유가 없다고 생각하며 기사 아저씨께 당당하게 자기 생각을 이야기했어.

사라는 어떤 마음으로 이런 행동을 한 것일까? 매일 고생하시는 어머니를 생각하면 마음이 아프고, 흑인은 버스 뒷자리에만 앉아야 한다는 것을 이해할 수 없는 마음이었을 거야.

사라는 그대로 앉은 채 마음속으로 말했습니다.

'뒷자리로 돌아갈 아무런 이유가 없어!'

운전사는 뭐라고 중얼거리더니 브레이크를 밟았습니다. 버스가 '끼익' 소리를 내며 갑자기 멈춰 섰습니다.

"규칙을 따르지 못하겠다면 이제부터는 걸어가거라."

운전사가 '덜컹' 소리를 내며 문을 당겨 열었습니다. 사라는 외롭고 무서웠습니다. 사라 생각에 버스에서 내리는 것도, 학교까지 걸어가는 것도 그리 어려운 일은 아니었습니다. 하지만 걷기에는 꽤 먼 길이었습니다.

사라는 작지만 당당한 목소리로 말했습니다. ⑩

"문 닫으셔도 돼요. 저는 학교까지 타고 가겠어요."

운전사는 자리에서 일어나 쿵쾅거리며 버스 계단을 내려갔습니다. 버스 안에 있던 백인들이 화를 내며 소리쳤습니다.

"빨리 가자고! 이러다 지각하겠어."

잠시 뒤, 운전사는 경찰관과 함께 돌아왔습니다. ⑮

사라의 말과 행동을 통해 사라의 성격을 짐작해 볼 수도 있어. 주변 사람들의 말에도 불구하고 자신의 권리를 찾기 위해 당당하게 행동한 것을 미루어 볼 때 사라는 용감한 성격이야.

사라와 비슷한 경험을 떠올려 봐. 나의 권리를 찾기 위해 사라처럼 용감하게 행동했던 적이 있니? 또는 내가 사라였다면 어떻게 했을지 생각해 봐.

2학기 1. 작품 속 인물과 나

마지막 숨바꼭질

글: 백승자

"이쪽이야, 이쪽! 빨리빨리!"

아버지의 잠꼬대가 오늘따라 유난스러웠다. 전에도 가쁜 숨을 몰아쉬며 손짓까지 섞어 잠꼬대를 하시는 바람에 어머니와 경민이가 깜빡 속은 적이 있었다.

목이 마르다고 손사랫짓까지 하시기에 마실 물을 가지고 와 보니 드르렁거리며 코를 골고 계셨던 것이다.

"아버지는 오늘 꿈속에서도 불을 끄시나……?"

경민이는 아버지가 깨지 않게 어깨를 슬며시 밀어 숨을 편안히 쉬도록 했다.

"끄응……."

지난달에 소방 호스에 부딪힌 왼쪽 어깨가 아직도 아픈지 돌아눕는 아버지의 입에서 앓는 소리가 새어 나왔다.

---

① 이야기를 읽기 전에 제목을 먼저 살펴봐야 해. '마지막 숨바꼭질'이라는 제목을 보면 '숨바꼭질'과 관련된 이야기가 전개되리라는 것을 짐작할 수 있어. 또, '마지막'이라는 단어를 보니 이야기의 내용이 슬프거나 감동적일 것 같아.

② 이야기에 실린 그림을 함께 보는 것도 이야기의 흐름을 파악하는 데 도움이 돼. 소방복을 보면 이야기의 내용이 소방관과 관련이 있다는 것을 알 수 있어.

"후유……."

이번에는 경민이가 한숨을 내쉬었다. 모처럼 아버지와 함께 맞은 일요일인데, 아침 밥상을 물리고 잠깐만 쉬겠다던 아버지가 한나절이 다 지나도록 잠에 취하신 탓이다.

잠든 아버지 곁에 엎드려 동화책을 읽고 있지만 경민이 머릿속은 온통 다른 생각뿐이었다.

"경민아, 엄마랑 둘이 바람 쐬러 나갈까?"

어머니는 경민이 마음을 언제나 꿰뚫고 계시니까 지금 경민이가 원하는 것도 훤히 아실 터였다.

아니, 이번에는 경민이가 먼저 어머니의 마음을 읽었는지도 모르겠다. 늘 고단하신 아버지의 낮잠을 위해 자리를 피해 주자는 게 어머니의 마음일 테니까 말이다.

어머니와 경민이는 살그머니 집을 나섰다.

"쉬는 날이면 놀아 주지도 않고 낮잠만 주무시는 아버지가 야속하고 밉니?"

"아니에요. 전 아무래도 괜찮다니까요!"

대답은 그렇게 했지만 아무래도 경민이의 대답에는 뾰로통한 기색이 담겨 있었다.

아들의 손을 끌어 길가의 벤치에 앉힌 어머니는 경민이의 어깨를 끌어안았다.

---

③ 경민이의 말과 행동에 밑줄을 그어 표시해 봐. 주말이면 주무시기만 하는 아버지를 이해하기 위해 노력했지만, 서운한 경민이의 마음을 알 수 있어.

2학기 1. 작품 속 인물과 나

문틈으로 나오는 검은 연기와 매캐한 냄새, 사람들의 비명…….

소방관 세 명이 들기에도 벅찰 정도로 소방 호스는 쉴 새 없이 강한 물줄기를 뿜어내고, 네 아버지를 비롯한 두 팀의 구조대가 그 속을 파고들었단다.

'무엇보다 먼저 사람의 목숨을 구한다!'

소방관들은 눈길이 마주칠 때마다 말 없는 약속을 확인하고 힘을 내곤 한다지. 그래서 한순간에 온몸을 집어삼킬 듯한 불길을 이리저리 피해 가며 연기에 질식한 사람을 업고 나올 때는 죽음조차 두렵지 않을 만큼 다급하단다.

어제도 네 아버지는 건물에 갇혀 울부짖는 두 사람을 업어 내왔단다. 온몸이 땀으로 범벅이 된 몸으로 또 한 번 들어가려는 순간, 시뻘건 불길이 혀를 날름거리며 건물의 입구를 막아 버린 거야.

"위험해, 더는 도저히 안 되겠어!"

④ 어머니가 아버지의 이야기를 들려주시는 장면에서 이야기의 시간적 배경이 현재에서 과거로 바뀌었다는 것을 파악하고 이야기를 읽어야 해.

⑤ 불길을 두려워하지 않고 사람을 구하기 위해 몸 바치시는 아버지의 말과 행동을 통해 용기와 봉사 정신을 느낄 수 있어.

소방관들은 구조를 중단하고 온몸이 오그라드는 듯한 열기 속에서 빠져나오기 시작했대.

"먼저 나가. 내가 한 번만 더……."

그때 말릴 새도 없이 깨진 창문 사이로 뛰어 들어간 한 사람의 구조 대원이 있었단다.

너도 한번 생각해 보렴. 소방관에게도 지켜야 할 소중한 목숨이 있고, 우리처럼 애타게 기도하며 기다리는 가족이 있을 거 아니겠니?

아, 어쩌면 그렇게 짧고도 기막힌 순간이 또 있을까?

네 아버지가 빠져나오고 뒤를 돌아보았을 때, 불길에 무너지는 커다란 기둥이 그 구조 대원의 몸을 휩싸 안고 바닥으로 꺼져 버렸단다.

자기 목숨보다 남의 목숨을 먼저 생각한 용감한 소방관 아저씨의 최후…….

그 이야기를 하시면서 아버지는 정말 뜨거운 눈물을 쏟으셨단다.

"만약에 빠져나오는 차례가 나와 바뀌었더라면 그가 살고 나는 지금 이 자리에 없는 거야……."

그 말 끝에 나도 얼마나 울었는지 몰라. 마치 네 아버지가 다시 태어난 것처럼 반갑고 고맙더라니까!

⑥ 동료를 잃고 뜨거운 눈물을 쏟으며 안타까워하는 아버지의 말과 행동을 통해 동료를 사랑하는 마음을 느낄 수 있어.

어머니의 이야기에 경민이 마음이 한결 풀렸다. 덕분에 집에 돌아오는 발걸음도 햇살처럼 가벼웠다.

아버지를 위한 특별한 장보기를 마치고 집에 돌아오니, 아버지는 언제 잠꼬대까지 하며 낮잠을 잤느냐는 듯 환한 웃음으로 경민이를 맞으셨다.

"허허, 미안하다. 아빠가 우리 아들과의 약속도 못 지킬 만큼 곯아떨어졌었구나!"

그사이 아버지는 내려앉은 경민이의 책상 서랍도 말짱하게 고쳐 놓으시고, 이제 막 현관문의 헐렁해진 손잡이를 고치시는 중이었다.

"아버지, 일은 그만하시고 이리 와서 앉으세요. 빨리요!"

경민이는 어머니와 찡긋 눈 맞춤을 하고는 거실에 멋진 생일상을 차리기 시작했다.

인물의 말과 행동을 통해 인물의 삶과 관련 있는 가치를 찾을 수 있어.

작품 속의 인물이 추구하는 가치는 다양해. 아버지의 말과 행동을 통해 알 수 있는 용기, 봉사 정신, 사랑은 아버지의 삶과 관련 있는 가치라고 할 수 있어. 인물이 추구하는 가치와 나의 삶을 비교해 보고, 바람직하다고 생각하는 가치를 실천할 수 있도록 노력해 봐.

2학기 1. 작품 속 인물과 나

"옳지, 요 녀석이 엄마를 졸라서 맛있는 케이크까지 사 왔구나."

아버지는 여느 때보다도 기분 좋은 표정이셨다.

세 식구가 단출하게 둘러앉아서 케이크에 촛불을 켰다. 큰 초 네 개와 작은 초 두 개에서 무지갯빛 환한 불이 살아났다. 고개를 갸웃하신 건 역시 아버지다.

"어? 이게 누구 나이만큼 촛불을 켠 거냐?"

경민이는 대답 대신 예쁘게 포장해 온 선물을 아버지께 내밀었다.

"아버지, 생신을 축하합니다. 그리고 위험 속에서 살아나 주셔서 고맙고, 또 사랑합니다!"

어쩐지 쑥스러워서 마지막에 혀를 날름 내밀기는 했지만, 늘 개구쟁이 노릇만 하던 경민이로서는 제법 의젓한 인사말이었다. 눈이 휘둥그레진 아버지께 어머니가 다가앉으며 말했다.

"경민이에게 당신이 어제 화재 현장에서 고생하신 얘기를 들려주었어요. 그랬더니 글쎄, 우리 아버지가 다시 태어나신 거나 마찬가지라고 저렇게 야단이랍니다."

❼ 낮에는 아버지에게 서운함을 느꼈던 경민이가 아버지를 위한 케이크와 선물을 준비해 축하 인사를 드렸어. 아버지를 이해하고 사랑하는 경민이의 마음을 알 수 있어. 또, 경민이가 중요하게 생각하는 가치는 이해와 사랑임을 알 수 있어.

경민이는 아버지의 잔과 자기의 콜라 잔을 부딪치며 힘차게 "브라보!"를 외쳤다.

"우리 아들, 고맙고 기특하구나. 이 아빠가 막 눈물이 날 것 같아."

화재 현장에 갈 때마다 얼마나 많은 위기를 맞았던가!

5 화재 진압을 마치고 나서 동료들끼리 늘 하는 말이 "우리는 오늘도 다시 태어났다."였는데…….

이렇게 사랑하고 이해하는 가족이 있기에, 남들이 다 위험하다지만 그만큼 큰 자부심을 얻는다고 큰소리를 칠 수 있는 것이었다.

그 자리에서 아버지는 경민이에게 자기가 처음으로 소방관이 되고자

10 결심한 어린 시절의 사건 하나를 들려주었다.

> 아버지는 가족에게 케이크를 받고 무슨 생각을 했나요?

❽ 이야기의 시간적 배경과 공간적 배경이 다시 바뀌었다는 것을 파악하고 이야기를 읽어야 해.

아, 그러니까 이 아빠가 꼭 너만 한 나이 때의 일이구나.

그해 여름, 아마 장마가 막 시작될 무렵이었을 거야.

그날은 부모님이 먼 친척 집에 가셔서 두 살 아래의 동생과 나 둘이서만 하룻밤을 지내야 했단다.

15 어머니가 해 놓으신 저녁밥을 일찌감치 먹고 난 우리는 뭔가 재미있는 일을 찾기 시작했지.

숨바꼭질, 예나 지금이나 그보다 더 재미있는 놀이가 있을까?

그날따라 정전이 되어 우린 마루에 촛불 하나를 켠 상태였어. 우리는 서로서로 술래를 해 가며 이불장이고 장이고 다 헤집고 숨어들었지. 내가

20 술래가 되어 마루의 기둥에서 오십까지 세기로 했을 때, 갑자기 동생을 놀리고 싶은 생각이 드는 게 아니겠니?

그래서 동생을 찾아다니지 않고 오히려 술래인 내가 마당의 장독 뒤에 숨어 버렸지.

이미 날은 어둡고 으스스한 기분을 꾹꾹 참으며, 시간이 얼마나 지났을

25 까……!

문득 번갯불처럼 환한 기운에 나는 소스라쳐 뛰어나왔지. 아, 그 순간의 놀라움이란!

우리 집 안방이 온통 불바다가 되어 버린 거야.

"불이야! 불이야! 누가 좀 도와주세요!"

나는 뜨거운 불기운을 피해 달아나며 정말 목이 터지도록 소리쳤단다.

아아, 어둠 속 메아리밖에 돌아오지 않던 그때의 막막함이란…….

산골 마을이라 집들이 띄엄띄엄 있는 데다가 우리 집은 산모퉁이를 돌아 앉은 외딴집이었거든.

"경수야! 어디 있니? 빨리 나와야지……."

어린 마음에도 동생을 찾아야 한다는 마음 하나로 불꽃이 널름거리는 방문 앞까지 몇 번이나 다가갔다가 물러 나왔는지 모른다.

지금부터 삼십여 년 전이니 전화는커녕 불자동차는 장난감으로조차 본 적이 없는 시절이었단다.

공포의 시간이 얼마나 지났을까.

후둑후둑 빗방울이 떨어지기 시작할 때 언덕 너머 사시는 아저씨 두 분이 손전등을 비추며 쇠스랑과 낫을 가지고 달려오셨어. 나의 애타는 목소리가 들린 게 아니라, 벌건 불기운이 노을처럼 비쳐 보였다는 거야.

꼭 전쟁을 겪은 것 같던 하룻밤이 어떻게 지났는지 몰라.

사람들은 웅성웅성 달려왔지만, 나는 놀라고 지친 끝이라 불이고 동생이고 잊은 채 헛간 구석에서 죽음같이 깊은 잠을 잤단다.

"아이고, 내 강아지야! 어떻게 이런 일이 다 있단 말이냐……!"

불타 버린 옷장 안에서 발견된 동생을 끌어안고 몇 번이나 혼절하시는 어머니, 핏발 선 눈빛으로 하늘만 보시는 아버지…….

동생은 위험하게도 촛불을 들고 안방 옷장 안으로 숨었던 거야. 씩씩한 사람으로 자라서 어려운 사람을 다 구하겠다던 녀석이 그렇게 어리석은 짓을 할 줄이야!

그렇게 동생이 하늘나라로 간 뒤부터 내 가슴속에는 확실한 꿈 하나가 자리 잡았단다.

반드시 내 동생 경수를 삼켜 버린 불길과 싸워 이기겠다는 결심이었지. 나중에서야 불길은 싸울 대상이 아니라 잘 다스려야 이긴다는 걸 알게 되었지만 말이다.

불이라는 말만 들어도 가슴이 미어진다는 부모님의 반대를 무릅쓰고

나는 기어이 소방관의 꿈을 이루어 냈단다. 그리고 늘 기도하는 마음으로 맡은 일을 하지.

빨간 불자동차에 올라타고 다급한 사이렌을 울리며 화재 현장에 나갈 때마다, 나는 어린 시절 무서운 불길 속에서 구해 내지 못한 동생의 목소리를 떠올린다. 그리고 주먹을 불끈 쥐며 두려움을 잊곤 하지. 동생과 나의 마지막 숨바꼭질처럼 소중한 추억을 영원히 잊지 않기 위해서 말이다.

아득한 그리움을 섞은 아버지의 긴 이야기가 끝났을 때는 어느덧 해 질 무렵이었다. 창밖 멀리 보이는 서쪽 하늘에 주홍색 노을이 물들어 있었다.

"어이쿠, 빨갛기도 해라! 난 저렇게 붉은 노을만 봐도 어디서 불이 났나 싶어 가슴이 철렁한다니까!"

아버지는 자기도 모르게 축축해진 눈가를 훔치며 애써 웃음을 보이셨다. 경민이는 얼른 아버지의 허리를 끌어안고 얼굴을 비볐다.

"우주의 전사보다 훨씬 더 멋진 우리 아버지! 아버지가 정말 자랑스러워요."

경민이는 오늘 하루 사이에 어쩐지 마음이 성큼 자란 것 같았다.

---

9 뜨거운 불길에 달아나는 와중에도 동생을 생각하는 아버지의 마음을 알 수 있어.

10 동생을 삼켜 버린 불길과 싸워 이기겠다는 결심을 한 후 부모님의 반대를 무릅쓰고 소방관이 된 아버지의 모습에서 도전과 용기라는 가치를 엿볼 수 있어. 또, 화재 현장에 나갈 때마다 동생을 떠올리는 아버지의 삶과 관련된 가치는 동생에 대한 사랑, 용기, 봉사 정신이야.

11 아버지와 비슷한 경험을 떠올려 봐. 다른 사람을 위해 봉사했던 경험이 있니? 또, 아버지가 추구하는 삶의 가치 중 본받고 싶은 가치가 있는지 생각하며 글을 읽어 봐.

글쓴이의 의견을 파악하며 읽어요

교과서의 글을 읽다 보면, 어떤 주제에 관한 글쓴이의 의견이 드러나 있는 글을 볼 수 있습니다. 이를 주장하는 글 또는 논설문이라고 합니다. 의견이란 '어떤 대상에 대해 가지는 생각'을 말합니다. 의견은 사람마다 모두 다르므로, 글쓴이의 의견을 파악하며 글을 읽다 보면 내 의견과 비교하여 창의적으로 생각하는 힘을 기를 수 있습니다.

글쓴이의 의견을 파악하는 방법을 함께 살펴볼까요?

첫째, 글의 제목을 확인합니다.

제목은 글의 내용을 대표해서 붙이는 이름입니다. 따라서 제목을 읽으면 글쓴이의 생각을 파악하는 데 도움이 됩니다. 글을 읽기 전에 꼭 제목을 읽고 글의 내용을 예상해 보세요. 또는 글을 다 읽은 후 글쓴이의 의견을 생각하며 새로운 제목을 직접 지어 보아도 좋습니다.

둘째, 중심 문장을 파악합니다.

문단의 내용을 대표하는 문장을 중심 문장이라고 합니다. 중심 문장을 찾는 방법을 지난 읽기의 기술에서 살펴보았지요? 글쓴이의 의견이 드러난 글에서도 중심 문장을 찾는 것이 중요합니다. 중심 문장을 확인하면 글쓴이가 글을 쓴 목적을 쉽게 파악할 수 있기 때문입니다. 중심 문장을 찾으며 글에서 글쓴이가 여러 번 강조하여 쓴 단어를 확인하는 것도 좋은 방법입니다.

셋째, 의견이나 뒷받침 내용이 적절한지 판단하며 읽습니다.

주장하는 글은 글쓴이의 의견과 이를 뒷받침해 주는 뒷받침 내용으로 이루어져 있습니다. 글을 읽으며 글쓴이의 의견이나 뒷받침 내용이 적절한지 확인해야 합니다. 글쓴이의 의견이 타당한지 판단하는 과정에서 비판적이고 논리적으로 생각하는 능력을 키울 수 있습니다.

주장하는 글을 읽을 때는 글의 제목을
먼저 확인하는 것이 중요해. 글쓴이가
글의 제목을 왜 이렇게 지었을까?

글쓴이의 의견을 파악하는 방법 알기

국어 활동 68~70쪽

1. 글쓴이의 의견이 무엇인지 생각하며 「지구를 깨끗이 가꾸자」를 읽어
봅시다.

지구를 깨끗이 가꾸자

① 우리는 지구를 깨끗이 하려고 노력해야 합니다. 왜냐하면 지구는
앞으로도 우리가 살아갈 터전이기 때문입니다. 그런데 우리가 한 번
쓰고 난 뒤에 무심코 버리는 일회용품은 지구를 병들게 합니다. 일회
용품은 평소에 사람들이 자주 쓰는 비닐봉지, 일회용 컵, 일회용 나
무젓가락 따위를 말합니다. 그러므로 일회용품을 덜 쓰려면 다음과
같은 일을 실천해야 합니다.

② 첫째, 비닐봉지를 적게 써야 합니다. 왜냐하면 전 세계에서 매년
사용하고 버리는 비닐봉지 양이 매우 많기 때문입니다. 이것을 처리
하려면 돈이 많이 듭니다. 그냥 두면 없어지는 데 500년이 넘게 걸립
니다. 그러므로 물건을 사거나 담을 때에는 여러 번 쓸 수 있는 가방
이나 장바구니를 활용해야 합니다.

③ 둘째, 일회용 컵을 적게 써야 합니다. 왜냐하면 일회용 컵은 쓰기는
간편하지만 낭비하기 쉽기 때문입니다. 이렇게 낭비하면 일회용 컵
재료가 되는 나무나 플라스틱이 많이 필요하기 때문에 환경을 더 파
괴할 수 있습니다. 그러므로 일회용 컵 대신에 여러 번 쓸 수 있는 컵
을 사용해야 합니다.

② 중심 문장을 파악하기 위해서는 먼저 문단을 나누어야
하는 것을 기억하지? 줄이 바뀌는 부분을 생각하며 글이
몇 개의 문단으로 이루어져 있는지 확인해 봐. 각 문단
앞에 번호를 표시하면 문단을 구분하기 좋아.

문단을 나눈 후에는 중심 문장을 찾아 표시해 봐. 중심 문장을 확인하면 글쓴이가 글을 쓴 목적을 쉽게 파악할 수 있어.

3

8

4 셋째, 일회용 나무젓가락을 적게 써야 합니다. 왜냐하면 나무젓가락을 만들려면 나무를 많이 베어야 하기 때문입니다. 일회용 나무젓가락은 나무로 만들기 때문에 환경에 피해를 주지 않을 것이라고 생각하기 쉽습니다. 그러나 일회용 나무젓가락을 만들 때 잘 썩지 않도

5 록 약품 처리를 하기 때문에 그냥 두면 20년쯤 지나야만 자연으로 돌아간다고 합니다. 그러므로 여러 번 쓸 수 있는 젓가락을 사용해야 합니다.

5 우리는 일회용품을 덜 써서 깨끗한 지구를 만들어야 합니다. 지금까지 살펴본 것은 우리가 생활 속에서 실천할 수 있는 일입니다. 이

10 밖에도 우리가 할 수 있는 일을 찾아보면 여러 가지가 있습니다. 지구를 가꾸는 것은 우리 모두가 해야 할 일입니다. 우리가 함께 노력한다면 깨끗한 지구를 만들 수 있습니다.

4

중심 문장을 다시 한번 읽어 볼까? 글 전체에서 반복되어 나타나는 단어를 살펴봐도 좋아. '일회용', '적게'라는 단어가 계속 반복되고 있어. 글쓴이의 의견은 일회용품을 적게 써서 지구를 깨끗하게 만들자는 것이구나.

글의 제목이 없는 경우에는 활동을 안내하는 문장을 읽고 글의 주제를 파악해 봐. 이 글은 '문화재 개방'에 대한 주제를 다루고 있겠구나. 글을 다 읽은 후 새로운 제목을 직접 지어 봐도 좋아.

①

글을 읽고 글쓴이의 의견 평가하기

국어 활동 72~73쪽

1. 문화재를 관람한 경험을 말해 봅시다.

▲ 익산 미륵사지 금동 향로

▲ 경주 첨성대

2. 다음은 '문화재를 개방해야 하는가'를 주제로 쓴 글입니다. 글쓴이의 의견이 적절한지 생각하며 글을 읽어 봅시다.

> ① 문화재를 개방해야 합니다. 문화재를 직접 관람하면 옛 조상이 살았던 때를 생생하게 느낄 수 있습니다. 저는 가족과 함께 고인돌 유적지를 보러 갔습니다. 거대한 고인돌이 생생하게 기억에 남았습니다. 누리집에서 고인돌에 대한 정보를 찾아보았고, 학교 도서관에서 고인돌에 대한 책을 빌려 읽기도 했습니다.
>
>
>
> ▲ 다양한 형태의 고인돌

262

② 문단에서 중심 문장을 찾아 표시해 봐. 중심 문장이 문화재를 개방하면 좋은 점에 관한 내용으로 이루어져 있구나. 또, 글에 '문화재', '개방'이라는 단어가 반복되는 것을 보아 글쓴이의 의견은 문화재를 개방해야 한다는 것이구나.

8

> 뒷받침 내용이 적절한지 살피며 글쓴이의 의견을 평가해 봐. 신문 기사나 뉴스 등의 자료가 근거로 제시된다면 더 믿을 만한 글이 되겠지?

3

② 또 문화재를 개방해야만 문화재 훼손을 막을 수 있습니다. 20○○년 7월 ○○일 신문 기사를 보니 고궁 가운데 한 곳인 ○○궁에 곰팡이가 번식했다는 내용이 있었습니다. 장마인데 문을 닫고만 있어서 바람이 통하지 않아 곰팡이가 궁궐 안으로 퍼진 것입니다. 사람들이 드나들면서 바람이 통하게 하면 이와 같은 문제는 해결될 것입니다.

③ 문화재를 개방하면 자신이 체험한 문화재를 보호하려고 노력하는 사람이 늘어날 것입니다. 어디에 있는지도 모르는 유물이 아니라 우리 곁에 있는 문화재가 되어야 합니다. 우리가 함께 가꾸고 보존해 나간다고 생각한 뒤에 힘을 모으면 '살아 있는' 문화재가 될 것입니다.

> 내 의견과 글쓴이의 의견을 비교하며 읽는 것도 좋은 방법이야. 문화재 개방을 주장하는 글쓴이의 의견에 대해 어떻게 생각하니?

4

3. 2의 글을 읽고 물음에 답해 봅시다.

(1) 글쓴이의 의견은 무엇인가요?

(2) 글쓴이의 의견을 뒷받침하는 내용을 정리해 보세요.

- 옛 조상이 살았던 때를 생생하게 느낄 수 있다.

- 여름 장마철에 생기는 문화재 훼손을 막을 수 있다.

- _____

263

주장하는 글을 읽을 때는 글의 제목을 먼저 확인하는 것이 중요해. 이 글의 주제는 무엇일까? 글쓴이가 글의 제목을 왜 이렇게 지었을까?

1

글을 쓸 때에도 지켜야 할 윤리가 있다

① 일상생활에서 규칙과 질서를 잘 지키는 일이 중요한 것처럼, 글을 쓸 때에도 다른 사람에게 피해를 주지 않으려면 규범을 지켜야 한다. 글을 쓸 때 남의 글을 베껴 자신이 쓴 글인 양 속이는 사람이 있다. 그리고 진실이 아닌 내용을 진실인 것처럼 거짓으로 꾸며 글을 쓰는 사람도 있다. 또 읽는 사람이 크게 상처를 받을 수 있는 내용의 글을 함부로 쓰는 사람도 있다. 이것은 모두 글쓰기 과정에서 지켜야 할 규범과 예의를 지키지 않은 경우이다. 이처럼 글을 쓰는 과정에서 지켜야 하는 여러 가지 규범을 쓰기 윤리라고 한다. 글을 쓸 때 흔히 글만 잘 쓰면 된다고 생각하기 쉽지만 아무리 잘 쓴 글이라고 하더라도 쓰기 윤리에 벗어난 글이라면 아무 소용이 없다. 쓰기 윤리를 지켜야 하는 까닭을 살펴보자.

② 첫째, 쓰기 윤리를 지키지 않는 것은 법을 어기는 일이다. 무엇보다 진실이 아닌 내용을 진실인 것처럼 쓰는 경우, 법으로 처벌을 받을 수도 있다. 예를 들어 어떤 과학자가 자신이 연구한 결과를 돋보이게 하려고 내용을 조작하거나 결과를 부풀려서 쓴 보고서를 발표했다고 하자. 이것은 과학자 자신뿐만 아니라 그 보고서를 읽는 모든 사람을 속이는 일로, 법의 심판을 피할 수 없다. 이렇듯 쓰기 윤리의 시작은 스스로에게 떳떳하고 진실하게 쓰는 것이며 이를 어길 경우 처벌을 받을 수도 있음을 유념해야 한다.

③ 둘째, 쓰기 윤리를 지키지 않으면 다른 사람에게 물질이나 정신 피해를 줄 수 있다. 글을 쓰려고 어떤 자료를 이용하는 경우, 자신이 직접 쓴 부분과 자료에서 인용한 부분을 명확하게 구분하지 않으면 표절이 될 수 있다. 너무도 뚜렷하게 의도가 있는 표절이면 저작권자에게 피해를 준다. 예를 들어 어떤 작가가 오랜 시간 힘들여 쓴 이야기책이 유명해졌는데, 어떤 사람이 비슷한 내용으로 다른 책을 만들어서 판다면 어떻게 될까? 이야기책의 원래 작가는 그만큼 돈을 못 벌게 되고, 또 마음에 큰 상처를 받게 될 것이다. 만약 친구

2

글의 내용이 바뀌는 부분을 생각하며 문단을 나누고, 중심 문장을 찾아 표시해 봐.

3

중심 문장을 다시 한번 읽어 볼까? 글 전체에서 반복되어 나타나는 단어를 살펴봐도 좋아. '쓰기 윤리', '지키다'라는 단어가 계속 반복되고 있어. 글쓴이의 의견은 쓰기 윤리를 지키자는 것이구나.

가 내가 쓴 글을 읽고 내 글과 비슷하게 써서 상을 받았다고 생각해 본다면 저작권을 존중해 쓰기 윤리를 지키는 일이 중요하다는 것을 알게 될 것이다. 또 나쁜 마음으로 다른 사람에게 있지도 않은 사실을 글로 써서 퍼뜨리거나, 다른 사람 글을 함부로 헐뜯어 쓰기 윤리를 어기는 행동도 피해자에게 씻지 못할 상처를 남길 수 있다.

④ 셋째, 쓰기 윤리를 지키지 않는 것은 문화 발전을 막는 일이다. 글쓰기는 사람들이 생각을 함께 나누게 함으로써 문화 발전에 큰 역할을 한다. 그런데 자신이 조사한 내용을 거짓으로 꾸미거나 허위로 글을 쓰는 사람이 많다면 글을 읽는 사람들은 글의 내용을 믿을 수 없게 된다. 또 여러 사람이 새로운 창작물을 만들려고 노력하는 대신 다른 사람의 글을 베끼려고만 한다면 인류의 문화 발전은 이루어지기 어렵다. 이런 일들이 반복되면 사회 전체에 혼란이 커지고, 우리나라의 신뢰에도 문제가 생길 것이다. 다른 사람 글에 예의 있게 반응하는 것 또한 사람들에게 창작 욕구를 북돋워 문화 발전에 기여하는 일이다.

⑤ 지금까지 쓰기 윤리를 지켜야 하는 까닭을 알아보았다. 쓰기 윤리를 존중하는 것은 우리나라의 미래 발전에 영향을 미칠 정도로 중요하다. 우리가 쓰기 윤리를 존중하지 않으면 우리 스스로 피해를 보는 일이 생길 수도 있다. 그러므로 글을 쓸 때 출처를 정확히 밝히고, 자신을 속이지 않으며 거짓된 내용은 쓰지 않아야 한다. 또 다른 사람 글에도 예의 있게 반응하고 읽는 사람을 배려하며 글을 써야 한다.

4 근거가 적절한지 살피며 글쓴이의 주장을 살펴봐. 제시한 근거가 주장과 관련이 있는지, 제시한 근거가 주장을 더욱 설득력 있게 하는지, 근거가 믿을 만한지 생각하며 글을 읽어야 해.

주장과 근거를 생각하며 글을 읽자.

글에서 글쓴이가 내세우는 의견을 주장이라고 하고, 주장을 뒷받침하는 내용을 근거라고 해. 보통 근거는 글에서 '첫째', '둘째'처럼 순서를 매겨 표현해. 근거가 적절하지 않으면 글쓴이의 주장을 잘 뒷받침하지 못해.

주장하는 글을 읽을 때는 글의 제목을 먼저 확인하는 것이 중요해. 이 글의 주제는 무엇일까? 글쓴이가 글의 제목을 왜 이렇게 지었을까?

1

글의 내용이 바뀌는 부분을 생각하며 문단을 나누고, 중심 문장을 찾아 표시해 봐.

2

2. 근거가 알맞은지 생각하며 「공정 무역 제품을 사용합시다」를 읽어 봅시다.

공정 무역 제품을 사용합시다

① '공정 무역 도시', '공정 무역 커피' 이런 말을 들어 본 적이 있나요? 2017년에 ○○광역시가 국내 최초로 '공정 무역 도시'로 공식 인정을 받았다는 신문 기사를 접할 수 있었습니다. 공정 무역이란 생산자의 노동에 정당한 대가를 지불해 생산자가 경제적 자립과 발전을 하도록 돕는 무역입니다. ○○광역시는 공정 무역 상품을 사용하고 공정 무역을 확산하려는 활동을 지원해 실질적인 변화를 만들어 내는 도시가 되었습니다. 우리도 공정 무역 제품을 사용해 이러한 변화에 동참해야 합니다.

> '공정 무역 도시'란 무엇일까요?

⑤

② 공정 무역 제품을 사용해야 하는 까닭은 다음과 같습니다. 첫째, 생산자에게 돌아갈 정당한 이익을 지켜 줍니다. 흔히 볼 수 있는 과일 가운데 하나인 바나나의 경우, 우리가 3천 원짜리 바나나 한 송이를 산다면 약 45원만이 생산자인 농민에게 이익으로 돌아갑니다. 그 까닭은 바나나 생산국에서 우리 손에 오기까지 바나나 농장 주인, 수출하는 회사, 수입하는 회사, 슈퍼마켓 등이 총수익의 98.5퍼센트를 가져가기 때문입니다. 공정 무역에서는 생산자 조합과 공정 무역 회사를 만들어 이러한 중간 유통 단계를 줄이고 실제로 바나나를 재배하는 생산자의 이익을 보장해 주

10

15

> 공정 무역에서 중간 유통 단계를 줄이려는 까닭은 무엇인가요?

일반 무역 유통 단계와 공정 무역 유통 단계

일반 무역 유통 관계: 생산자　수출업자　중간 상인　수입업자　소비자

공정 무역 유통 관계: 생산자　생산자 조합　공정 무역 회사　소비자

■ 출처: 전국사회교사모임(2017), 『사회 선생님이 들려주는 공정 무역 이야기』.

3

근거가 적절한지 살피며 글쓴이의 주장을 살펴봐. 생산자에게 돌아갈 정당한 이익을 지켜준다는 근거는 공정 무역 제품을 사용하자는 주장과 관련이 있어.

③

출처가 분명하고 믿을 만한 동영상 자료를 근거로 하여 주장을 뒷받침하고 있어.

④

었습니다.

③ 둘째, 아이들을 위험에서 보호할 수 있습니다. 일부 다국적 기업들은 물건의 생산 비용을 낮추려고 임금이 상대적으로 낮은 어린이를 고용하기도 합니다. 예를 들어 우리가 좋아하는 초콜릿은 열대 과일인 카카오를

5 주재료로 해서 만듭니다. 카카오는 열대 지방에서만 자라는 식물로 아래의 「초콜릿 감옥」 동영상 자료에서처럼 그 지방 어린이들이 학교도 가지 못하고 카카오를 재배하고 수확하는 경우가 많습니다. 하지만 공정 무역은 "안전하고 노동력 착취 없는 노동 환경이 유지되어야 한다."라는 조건을 지켜야 하기 때문에 아이들의 노동력 착취를 막을 수 있습니다.

일부 다국적 기업들이 어린이를 고용하는 까닭은 무엇인가요?

초콜릿 감옥

하루 10시간 이상 일하는 카카오 농장 아이들

■ 출처: 한국교육방송공사, 2012.

10 ④ 셋째, 자연을 보호하고 생산자의 건강을 지키는 방법이 됩니다. 공정 무역에서는 지구 환경을 보호하는 친환경 농사법을 권장합니다. 일반적으로 카카오나 바나나, 목화 같은 것은 재배할 때 많은 양을 싸고 빠르게 수확하려고 농약과 화학 비료를 사용합니다. 생산지에서는 농약 회사에서 권장하는 장갑과 마스크를 살 여유가 없기 때문에 해마다 가난한 나라

15 의 농민 2만 명 이상이 작물 재배용 농약에 노출되어 여러 가지 질병을 앓고 있습니다. 『인간의 얼굴을 한 시장 경제, 공정 무역』이라는 책에 따르면 바나나를 재배하는 대부분의 대농장은 원가를 절감하느라 위험한 농약을 대량으로 살포합니다. 대농장 가까이에 사는 노동자들의 음식과 식수는 이 독극물로 오염됩니다. 한 코스타리카 농장을 대상으로 한 연구

공정 무역에서 친환경 농사법을 권장하는 까닭은 무엇인가요?

⑤

책과 연구 결과를 근거 자료로 하여 주장에 대한 신뢰감을 주고 있어.

6

공정 무역 제품을 사용해야 하는 까닭이 아니라 공정 무역 인증 표시에 대한 설명을 하고 있어. 이렇게 주장을 직접적으로 뒷받침하지 않는 것은 타당한 근거라고 할 수 없어.

에서 남성 노동자 가운데 20퍼센트가 그런 화학 물질을 다룬 뒤 불임이◆ 되었다고 합니다. 또 바나나를 채취해서 나르는 여성 노동자들은 백혈병에 걸릴 확률이 평균 발병률보다 두 배나 높게 나타난다고 합니다. 하지만 공정 무역은 농민들이 농약과 화학 비료를 적게 쓰고 유기농으로 농사를 짓게 하여 이러한 문제를 해결하려고 노력하고 있습니다. ⑤

⑤ 넷째, 공정 무역 인증 표시는 국제기구가 생산지에서 공정 무역의 주요 원칙이 잘 지켜졌는지를 점검한 물건들에 붙일 수 있습니다. 국제공정무역기구의 조사원들은 농장과 관련 기관들을 찾아가서, 그들이 공정 무역의 규칙에 맞게 생산 활동을 하는지 평가합니다. 소비자들은 이 인증 표시를 보고 윤리적인 소비를 할 수 있습니다. 하지만 요즘은 공정 무역의 ⑩ 조건을 지키지 않고 공정 무역을 흉내 낸 인증 표시를 만들어 소비자들에게 혼란을 주는 기업들도 있습니다.

공정 무역 인증 표시는 어떻게 받을 수 있나요?

⑥ 여러분은 달콤한 초콜릿을 살 때 무엇을 보고 고르나요? 겉으로 보기에는 모두 똑같아 보이지만 그 초콜릿이 우리 손에 들어오기까지의 과정은 제품에 따라 매우 다를 수 있습니다. 그것을 만들려고 노력한 사람들 ⑮ 이 학교도 못 다니고 음식도 제대로 먹지 못한, 여러분보다 어린 동생들이라면 그 초콜릿을 정말 맛있게 먹을 수 있을까요? 가난한 나라에 일시적인 원조를 제공하는 데 그치지 않고 자립하도록 도와주는 방법이자 우리 환경을 보호할 수 있는 공정 무역 제품, 이제는 우리가 관심을 기울이고 사용할 때입니다. ⑳

◆ 불임: 임신하지 못하는 일.

7

중심 문장을 다시 한번 읽어 볼까? 글 전체에서 반복되어 나타나는 단어를 살펴봐도 좋아. '공정 무역', '보호', '지키다'라는 단어가 계속 반복되고 있어. 글쓴이는 공정 무역 제품을 사용하자고 주장하고 있구나.

논설문은 서론, 본론, 결론으로 이루어져 있어. 서론에서는 읽는 사람의 관심을 끌 수 있는 내용과 주장, 본론에서는 주장에 대한 근거, 결론에서는 내용을 요약하고 주장을 다시 강조해. 앞에서 찾았던 중심 문장을 논설문의 짜임에 맞게 정리해 봐.

8

제품을 사용합시다.」를 읽고 물음에 답해 봅시다.

무역이란 무엇인가요?

무역 제품을 사용하면 생산지의 아이들을 보호할 수 있는 까닭은
가요?

4. 「공정 무역 제품을 사용합시다」의 내용을 논설문의 짜임에 맞게 정리해 봅시다.

(1) 논설문의 짜임에 맞게 내용을 정리해 보세요.

서론 ─ 우리나라에도 공정 무역 도시가 생기는 변화에 동참해 우리도 공정 무역 제품을 사용하자.

본론
- 근거 1: 생산자에게 돌아갈 정당한 이익을 지켜준다.
- 근거 2: 아이들을 위험에서 보호할 수 있다.
- 근거 3: 자연을 보호하고 생산자의 건강을 지키는 방법이 된다.
- 근거 4: 공정 무역 인증 표시는 국제기구가 생산지에서 공정 무역의 주요 원칙이 ~(후략)

결론 ─ 공정 무역 제품에 관심을 기울이고 공정 무역 제품을 사용하자.

(2) 이 글에서 주장하는 내용을 써 보세요.

근거를 뒷받침하기 위해 활용된 다양한 자료를 읽을 줄 알아야 해.

논설문에서 근거를 뒷받침하기 위해 활용할 수 있는 자료는 다양해. '공정 무역 제품을 사용합니다'에서는 어떤 종류의 자료를 활용했는지 찾아볼까? 일반 무역 유통 단계와 공정 무역 유통 단계를 비교한 그림, 카카오 농장에서 일하는 아이들 동영상, 공정 무역과 관련된 내용의 책, 연구 결과를 활용했어. 이밖에도 사진, 신문 기사, 뉴스 등의 자료로 근거를 뒷받침할 수 있어. 이러한 자료가 왜 등장했는지, 어떻게 주장을 뒷받침하고 있는지 생각하며 글을 읽으면 글쓴이의 주장을 더 잘 이해하고 판단할 수 있어.

글, 그림, 도형, 기호, 표를 읽는 능력이 중요한 수학 영역

수학 개념은 글, 수, 그림, 도형, 표 등의 요소를 활용해서 이해해야 하기 때문에 각 요소들을 연결해서 읽어야 합니다. 하지만 많은 학생이 수학 교과서를 읽기보다는 계산하는 방법이 나온 부분만 읽고 문제를 풀기 바쁩니다. 예를 들어 글과 그림을 연결해서 읽어야 하는 데 글과 그림을 따로 읽고 서로 나누어진 개념으로 이해합니다. 그래서 문제를 풀 때 그림에 있는 개념을 파악하지 못하고 오로지 글에 나와 있는 내용만 생각하며 문제를 풉니다. 따라서 수학 교과서를 읽고 이해하는 방법을 익혀 수학을 공부하는 것이 중요합니다.

수학 교과서, 어떻게 읽어야 할까요?

수학 교과서는 다른 교과와 달리 글, 그림, 도형, 기호, 표 등의 다양한 요소가 있습니다. 한 가지 요소만 읽어서는 수학 개념을 이해할 수 없습니다. 그러나 많은 학생이 수학 교과서를 읽을 때 네모 상자에 정리된 개념만 읽고 문제를 해결합니다. 글을 읽고 이해하는 과정이 어렵고 귀찮기 때문입니다. 하지만 수학 교과서를 읽고 이해하기 위해서는 개념을 이해하는 과정이 반드시 필요합니다. 이제 수학 교과서를 읽고 이해하는 방법을 살펴볼까요?

① 그림, 도형, 기호, 표 이해하기
교과서의 글만 읽어서는 수학 개념을 100% 이해하지 못합니다. 교과서에서 수학 개념을 설명할 때 사용한 그림, 표, 도형, 기호를 글과 연결해서 수학 개념을 이해해야 합니다. 문제를 해결할 때 식으로만 해결하기보다는 수학 개념과 그림, 도형, 기호, 표 등을 활용해서 문제를 해결하는 연습을 하는 것이 무엇보다 중요합니다.

② 이전에 배운 내용 연결하기
수학 개념은 서로 연결되어 있습니다. 그러므로 오늘 내가 공부할 수학 개념이 이전에 내가 공부한 어떤 개념과 연결되어 있는지 생각해야 합니다. 이전에 공부한 개념을 활용해 오늘 공부할 개념을 어떻게 이해해야 하고, 어떻게 연결해야 할지를 고민하는 것이 교과서 읽기의 핵심입니다.

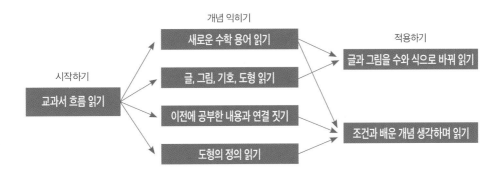

수학 읽기의 기술! 어떤 것들이 있을까요?

01 교과서의 흐름을 파악하고 읽어요
02 새로운 수학 용어를 이해하며 읽어요
03 개념을 설명할 때 사용한 그림, 기호, 도형 등을 함께 이해하여 읽어요
04 이전에 공부한 내용과 연결 지어 읽어요
05 글과 그림을 수와 식으로 바꿔 읽어요
06 도형의 정의를 이해하며 읽어요
07 조건과 배운 개념을 생각하며 읽어요

교과서의 흐름을 파악하고 읽어요

초등학교 수학 교과서는 일반적으로 3~5개 활동을 한 차시로 구성합니다. 각 활동은 연결되어 있기 때문에 활동1 → 활동2 → 활동3과 같은 흐름으로 학습해야 합니다. 활동3을 학습한 후 활동1을 학습하는 건 공부 흐름에 맞지 않습니다. 학생들은 교과서를 읽을 때 활동의 흐름을 생각하지 않습니다. 각 활동에 나온 발문(해당 내용을 잘 알고 있는지 질문하여 다양한 측면에서 생각해 보도록 하는 것)이 왜 나왔는지, 이 발문이 다음 발문 또는 그림, 식과 어떻게 연결되어 있는지 생각하지 않고 글만 읽습니다. 생각하는 글 읽기를 위해서는 교과서에 나온 다양한 요소를 파악하고 연결해야 합니다. 이때 가장 중요한 건 교과서의 흐름을 파악하고 읽음으로써, 발문과 발문을 연결하고 이번 차시에서 꼭 알아야 하는 수학 개념을 이해하는 것입니다.

교과서의 흐름을 파악하며 읽기 위해서는 어떻게 읽어야 할까요?

첫째, 학습활동을 순서대로 읽습니다.

활동1을 이해해야 활동2를 이해할 수 있습니다. 또 활동1과 활동2를 이해해야 활동3을 이해할 수 있습니다. 만약 활동3에 나온 계산 방법만 암기하고 활동1과 활동2를 이해하지 않는다면 반복 계산 문제만 해결할 수 있을 뿐 응용문제는 해결하지 못할 가능성이 큽니다.

둘째, 발문과 발문을 연결합니다.

왜 이런 발문이 있는지, 왜 교과서에 활동1~5과 그림이 있는지 스스로에게 질문하고 답하며 읽어야 합니다. 수학 교과서에 있는 글, 그림, 기호 등이 모두 중요하기 때문에 하나도 빠짐없이 읽고 서로를 연결하는 연습을 해야 합니다.

셋째, 공통점과 차이점을 발견하여 읽습니다.

분명 같은 학습 내용인데 사용하는 그림 또는 식, 기호가 다른 경우가 있습니다. 왜이런 차이가 생겼는지 알아야 합니다. 교과서는 단순한 식(그림)에서 출발해서 복잡한 식(그림)으로 흐름을 이어가기 때문에 단순함과 복잡함 사이의 공통점과 차이점을 발견하기 위해 노력해야 합니다.

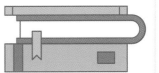

① 학습문제를 보고 무엇을 배울지 생각해 봐.

④ 곱셈의 계산 방법을 설명하는 그림이 가장 중요해. 그림과 수를 연결해서 이해하고 계산 원리를 설명할 수 있어야 해.

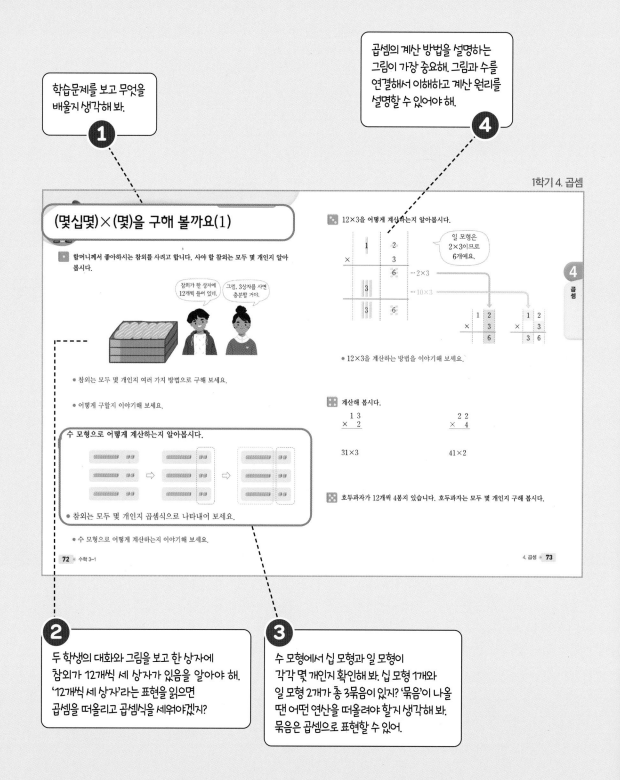

② 두 학생의 대화와 그림을 보고 한 상자에 참외가 12개씩 세 상자가 있음을 알아야 해. '12개씩 세 상자'라는 표현을 읽으면 곱셈을 떠올리고 곱셈식을 세워야겠지?

③ 수 모형에서 십 모형과 일 모형이 각각 몇 개인지 확인해 봐. 십 모형 1개와 일 모형 2개가 총 3묶음이 있지? '묶음'이 나올 땐 어떤 연산을 떠올려야 할지 생각해 봐. 묶음은 곱셈으로 표현할 수 있어.

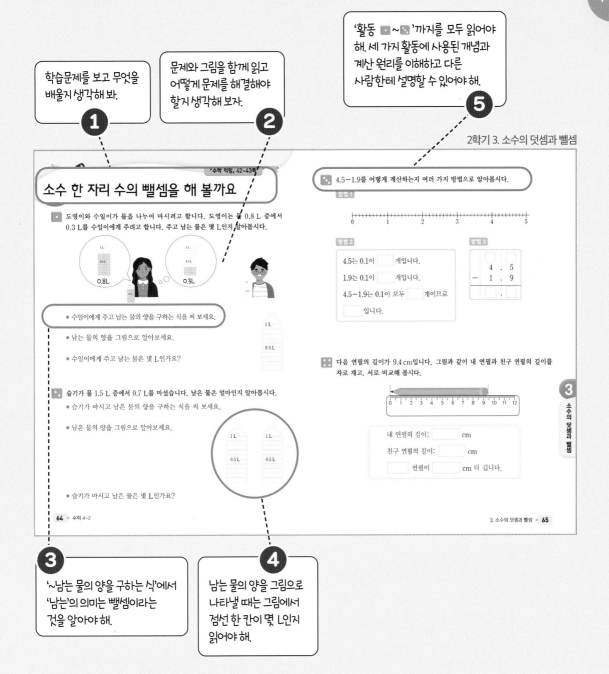

① 학습문제를 보고 무엇을 배울지 생각해 봐.

② 문제와 그림을 함께 읽고 어떻게 문제를 해결해야 할지 생각해 보자.

⑤ '활동 █~█'까지를 모두 읽어야 해. 세 가지 활동에 사용된 개념과 계산 원리를 이해하고 다른 사람한테 설명할 수 있어야 해.

수학 익힘, 42~43쪽

소수 한 자리 수의 뺄셈을 해 볼까요

█ 도영이와 수일이가 물을 나누어 마시려고 합니다. 도영이는 물 0.8 L 중에서 0.3 L를 수일이에게 주려고 합니다. 주고 남는 물은 몇 L인지 알아봅시다.

0.8L   0.3L

* 수일이에게 주고 남는 물의 양을 구하는 식을 써 보세요.

* 남는 물의 양을 그림으로 알아보세요.

* 수일이에게 주고 남는 물은 몇 L인가요?

█ 슬기가 물 1.5 L 중에서 0.7 L를 마셨습니다. 남은 물은 얼마인지 알아봅시다.

* 슬기가 마시고 남은 물의 양을 구하는 식을 써 보세요.

* 남은 물의 양을 그림으로 알아보세요.

* 슬기가 마시고 남은 물은 몇 L인가요?

64 ● 수학 4-2

█ 4.5−1.9를 어떻게 계산하는지 여러 가지 방법으로 알아봅시다.

방법 1

방법 2

4.5는 0.1이 ☐ 개입니다.

1.9는 0.1이 ☐ 개입니다.

4.5−1.9는 0.1이 모두 ☐ 개이므로 ☐ 입니다.

방법 3

$$\begin{array}{r} 4\ .\ 5 \\ -\ 1\ .\ 9 \\ \hline \end{array}$$

█ 다음 연필의 길이가 9.4 cm입니다. 그림과 같이 내 연필과 친구 연필의 길이를 자로 재고, 서로 비교해 봅시다.

내 연필의 길이: ☐ cm

친구 연필의 길이: ☐ cm

☐ 연필이 ☐ cm 더 깁니다.

3. 소수의 덧셈과 뺄셈 ● 65

③ '~남는 물의 양을 구하는 식'에서 '남는'의 의미는 뺄셈이라는 것을 알아야 해.

④ 남는 물의 양을 그림으로 나타낼 때는 그림에서 점선 한 칸이 몇 L인지 읽어야 해.

교과서는 흐름에 맞춰 읽어야 해.

교과서는 일반적으로 3~5개 정도의 활동으로 구성되어 있어. 활동 █에서는 문제 상황을 글과 그림 등으로 제시해. 그리고 활동 █에서는 어떻게 문제를 해결해야 할지 질문을 통해 설명해. 활동 █은 계산 원리를 교과서 흐름 속에서 파악할 수 있게 글, 그림, 기호 등을 활용해서 자세히 설명해 줘. 한 번 읽고 이해했다고 넘어가지 말고 내가 이해한 내용을 다른 사람에게 설명하는 연습을 해야 해.

학습문제를 보고 무엇을 배울지 생각해 봐야 해. '정다각형', '둘레'의 뜻도 생각해 봐.

1

표의 가로(한 변의 길이, 변의 수, 둘레), 세로(정삼각형, 정사각형, 정오각형)에 나온 내용을 읽고 둘레를 구하기 위해 필요한 요소(한 변의 길이, 변의 수)의 값을 표에 채운 후 둘레를 구하는 법을 생각해 보자.

3

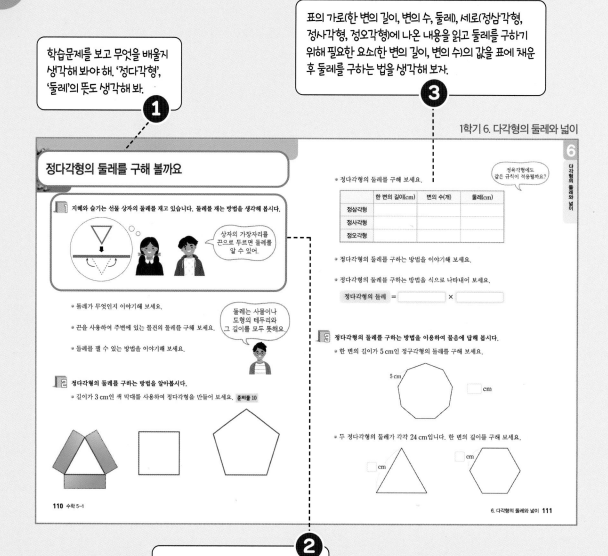

1학기 6. 다각형의 둘레와 넓이

6 다각형의 둘레와 넓이

정다각형의 둘레를 구해 볼까요

지혜와 슬기는 선물 상자의 둘레를 재고 있습니다. 둘레를 재는 방법을 생각해 봅시다.

상자의 가장자리를 끈으로 두르면 둘레를 알 수 있어.

• 둘레가 무엇인지 이야기해 보세요.

• 끈을 사용하여 주변에 있는 물건의 둘레를 구해 보세요.

둘레는 사물이나 도형의 테두리와 그 길이를 모두 뜻해요.

• 둘레를 잴 수 있는 방법을 이야기해 보세요.

정다각형의 둘레를 구하는 방법을 알아봅시다.

• 길이가 3 cm인 색 막대를 사용하여 정다각형을 만들어 보세요. 준비물 10

110 수학 5-1

• 정다각형의 둘레를 구해 보세요.

정육각형에도 같은 규칙이 적용될까요?

	한 변의 길이(cm)	변의 수(개)	둘레(cm)
정삼각형			
정사각형			
정오각형			

• 정다각형의 둘레를 구하는 방법을 이야기해 보세요.

• 정다각형의 둘레를 구하는 방법을 식으로 나타내어 보세요.

정다각형의 둘레 = [ ] × [ ]

정다각형의 둘레를 구하는 방법을 이용하여 물음에 답해 봅시다.

• 한 변의 길이가 5 cm인 정구각형의 둘레를 구해 보세요.

5 cm

[ ] cm

• 두 정다각형의 둘레가 각각 24 cm입니다. 한 변의 길이를 구해 보세요.

[ ] cm

[ ] cm

6. 다각형의 둘레와 넓이 111

왼쪽 학생이 생각한 '삼각형의 둘레를 구하는 방법'과 오른쪽 학생이 생각한 '도구를 활용하는 법'이 무엇인지 파악하고 읽어야 해.

2

교과서의 흐름을 읽고 계산 원리를 파악할 수 있어야 해.
활동 1 에서 둘레를 구하는 방법에는 무엇이 있는지 읽고 파악하자. 활동 2 에 나온 표는 계산 원리를 이해하고 정리할 수 있게 도와줘. 표를 읽는 방법은 가로와 세로에 있는 내용을 파악하고 연결해야 해. 가로 또는 세로만 보지 말고 가로와 세로를 함께 연결해서 읽어야 둘레를 구하는 방법을 파악할 수 있어.

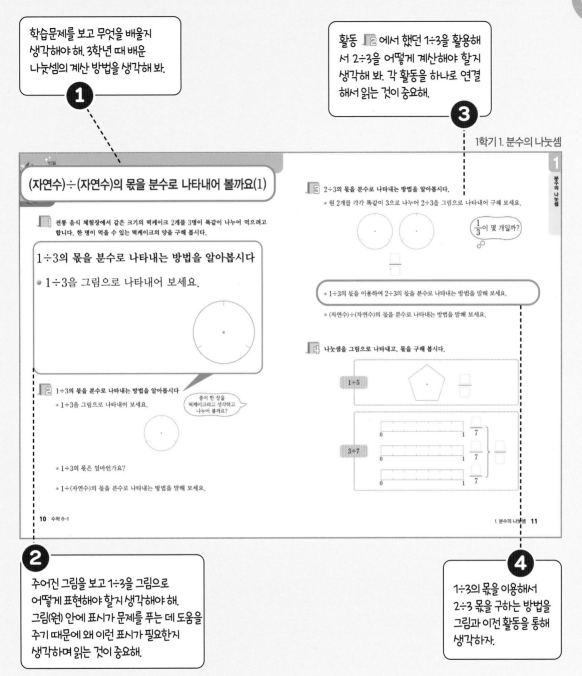

① 학습문제를 보고 무엇을 배울지 생각해야 해. 3학년 때 배운 나눗셈의 계산 방법을 생각해 봐.

③ 활동 ②에서 했던 1÷3을 활용해서 2÷3을 어떻게 계산해야 할지 생각해 봐. 각 활동을 하나로 연결해서 읽는 것이 중요해.

1학기 1. 분수의 나눗셈

(자연수)÷(자연수)의 몫을 분수로 나타내어 볼까요(1)

① 전통 음식 체험장에서 같은 크기의 떡케이크 2개를 3명이 똑같이 나누어 먹으려고 합니다. 한 명이 먹을 수 있는 떡케이크의 양을 구해 봅시다.

1÷3의 몫을 분수로 나타내는 방법을 알아봅시다

● 1÷3을 그림으로 나타내어 보세요.

② 1÷3의 몫을 분수로 나타내는 방법을 알아봅시다
  ● 1÷3을 그림으로 나타내어 보세요.
  종이 한 장을 떡케이크라고 생각하고 나누어 볼까요?
  ● 1÷3의 몫은 얼마인가요?
  ● 1÷(자연수)의 몫을 분수로 나타내는 방법을 말해 보세요.

③ 2÷3의 몫을 분수로 나타내는 방법을 알아봅시다.
  ● 원 2개를 각각 똑같이 3으로 나누어 2÷3을 그림으로 나타내어 구해 보세요.
  $\frac{1}{3}$이 몇 개일까?
  ● 1÷3의 몫을 이용하여 2÷3의 몫을 분수로 나타내는 방법을 말해 보세요.
  ● (자연수)÷(자연수)의 몫을 분수로 나타내는 방법을 말해 보세요.

④ 나눗셈을 그림으로 나타내고, 몫을 구해 봅시다.
  1÷5
  3÷7

10 수학 6-1

1. 분수의 나눗셈 11

② 주어진 그림을 보고 1÷3을 그림으로 어떻게 표현해야 할지 생각해야 해. 그림(원) 안에 표시가 문제를 푸는 데 도움을 주기 때문에 왜 이런 표시가 필요한지 생각하며 읽는 것이 중요해.

④ 1÷3의 몫을 이용해서 2÷3 몫을 구하는 방법을 그림과 이전 활동을 통해 생각하자.

1÷3의 계산 원리를 통해 2÷3을 이해해야 해.

먼저 1÷3의 몫을 분수로 나타내는 방법을 공부했지? 1÷3의 계산 원리를 이해해야 나누는 수가 3일 때 몫의 나눗셈을 이해할 수 있어. 분수에서 단위 분수가 중요하듯, (자연수) ÷ (자연수) 의 몫을 분수로 나타내는 문제에서는 1 ÷ (자연수) 계산 원리를 활용하는 것이 가장 중요해.

새로운 수학 용어를 이해하며 읽어요

교과서에 처음 보는 수학 용어가 등장하면 한 번에 이해하기 쉽지 않습니다. 여러 번 반복해서 읽으면 잠깐 이해가 되는 것 같다가도, 정작 문제를 풀 때는 기억이 나질 않습니다. 문제를 풀기 위해서는 수학 용어를 반드시 이해하고 넘어가야 합니다. 또, 기존에 알고 있는 수학 용어를 정확하게 이해하고 있어야 새로운 수학 용어를 이해할 수 있습니다. 그러므로 교과서에 나온 수학 용어의 뜻을 정확하게 파악해서 읽어야 합니다. 그렇다면 수학 용어를 어떻게 읽으면 좋을까요?

첫째, 수학 용어를 설명하는 앞과 뒤 용어와 문장을 파악합니다.

국어 교과서를 보면 모르는 낱말이 나왔을 때 앞과 뒤 맥락과 낱말을 활용해서 낱말의 의미를 추론해야 한다고 알려줍니다. 수학도 같습니다. 모르는 수학 용어가 나오면 앞과 뒤에 있는 수학 용어를 활용해서 모르는 수학 용어를 파악해야 합니다.

둘째, 수학 용어를 설명할 때 사용된 그림, 선, 기호 등을 용어의 뜻과 연결합니다.

수학은 글로만 개념과 용어를 설명하지 않습니다. 그림, 선, 기호 등을 사용합니다. 그러므로 이 요소들을 수학 용어의 뜻과 연결해서 이해하는 연습을 해야 합니다.

셋째, 교과서를 읽을 때 수학 용어를 문제 상황에 적용하는 연습이 필요합니다.

예를 들어 '삼각형'이라는 수학 용어를 학습할 때 '삼각형'이라고 적힌 글자만 보는 게 아니라 삼각형의 정의와 그림을 떠올린 후 문제 상황에 적용하는 연습을 해야 합니다.

6학년 1학기 4. 비와 비율에는 '기준량을 100으로 할 때의 비율을 백분율이라고 합니다.'라는 설명이 나옵니다. 백분율을 설명하기 위해 사용된 수학 용어를 정리하면 다음과 같습니다.

수학 용어	뜻
기준량	어떤 수나 양에 대해 다른 수나 양을 비교할 때, 기준이 되는 양, 비에서 뒤에 오는 수
100	수의 크기 100
비율	어떤 수량(비교하는 양)의 다른 수량(기준량)에 대한 비의 값을 분수 혹은 소수 등으로 나타낸 것

용어 출처 : 두산백과

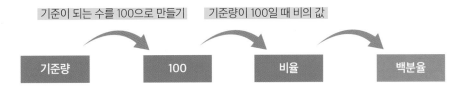

기준량과 100, 비율 순으로 읽어야 백분율을 정확히 이해하며 읽을 수 있습니다. 하나의 수학 용어에 다양한 개념이 들어 있기 때문에 각각의 수학 용어를 제대로 이해하고 있어야 합니다.

『수학 익힘』 64~65쪽

'1초'라는 수학 용어를 설명하기 위해 사용된 '초바늘', '작은 눈금 한 칸' 그림을 활용해서 수학 용어 '1초'를 이해해 보자.

①

1분보다 작은 단위는 무엇일까요

■ 1분보다 작은 단위를 알아봅시다.

손을 벌써 다 씻었어? 30초 동안은 씻어야지.

30초가 얼마만큼의 시간이야?

● 1분 동안 시계를 관찰하고, 관찰한 내용을 이야기해 보세요.

초바늘이 작은 눈금 한 칸을 가는 동안 걸리는 시간을 1초라고 합니다.

'60초'를 이해할 때는 '1초'라는 수학 용어의 뜻을 생각해야 해. 교과서는 '1초'를 초바늘과 작은 눈금 한 칸으로 설명하고 있어.

②

작은 눈금 한 칸=1초

초바늘이 시계를 한 바퀴 도는 데 걸리는 시간은 60초입니다.

60초=1분

시계에는 작은 눈금이 60칸 있지? 초바늘이 시계 한 바퀴를 돌려면 눈금 60칸을 돌아야 하므로 60초가 걸려.

③

④

시계의 노란색 배경색을 보면 시계 그림이 하나씩 생길 때마다 20초씩 흐른 걸 알 수 있어. 또 60초가 지나면 분침이 1칸 이동했기 때문에 60초=1분이라는 것도 알 수 있어. 그림의 시침, 분침, 초바늘을 꼭 확인해.

'예각'을 읽기 위해서는 각도와 직각의 의미를 알고 있어야 해. 즉 예각은 0° < 예각 < 90° 로 이해하자.

1

각도가 0°보다 크고 직각보다 작은 각을 예각이라고 합니다.
각도가 직각보다 크고 180°보다 작은 각을 둔각이라고 합니다.

2

'예각'과 '둔각'의 차이점을 생각하며 읽자. 둔각은 90° < 둔각 < 180° 이야. 즉 '예각'과 '둔각'을 파악할 때는 90° 를 기준으로 생각하면 돼.

각을 보고 예각, 둔각 중 어느 것인지 □ 안에 써넣어 봅시다.

3

'예각'과 '둔각'을 파악하는 기준은 90° 라는 것을 기억하고 문제를 풀어야 해. 비교가 가능한 수학 용어가 나오면 비교 기준을 생각해야 해.

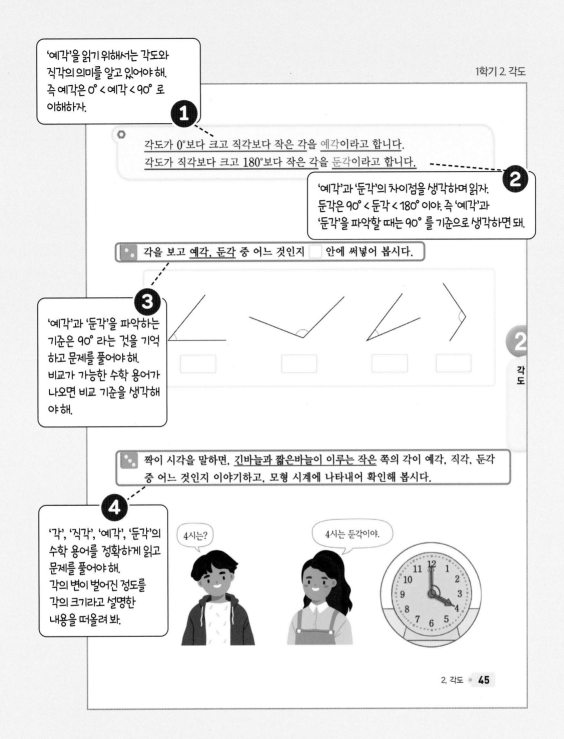

2 각도

짝이 시각을 말하면, 긴바늘과 짧은바늘이 이루는 작은 쪽의 각이 예각, 직각, 둔각 중 어느 것인지 이야기하고, 모형 시계에 나타내어 확인해 봅시다.

4

'각', '직각', '예각', '둔각'의 수학 용어를 정확하게 읽고 문제를 풀어야 해. 각의 변이 벌어진 정도를 각의 크기라고 설명한 내용을 떠올려 봐.

4시는?

4시는 둔각이야.

2. 각도 • **45**

예각, 둔각과 같은 수학 용어를 학습할 때는 기준을 잡자.

예각과 둔각과 같은 수학 용어를 학습할 때는 두 수학 용어를 구분하는 기준(직각)을 잡는 것이 무엇보다 중요해. 각의 뜻을 먼저 이해하고, 각의 크기, 직각, 예각, 둔각을 차례대로 이해해야 해.

수학 용어 '대응점', '대응변', '대응각'의 조건은 무엇일까? '서로 합동인 두 도형을 포개었을 때 완전히 겹치는'이라는 정의를 기억하고 있어야 해.

①

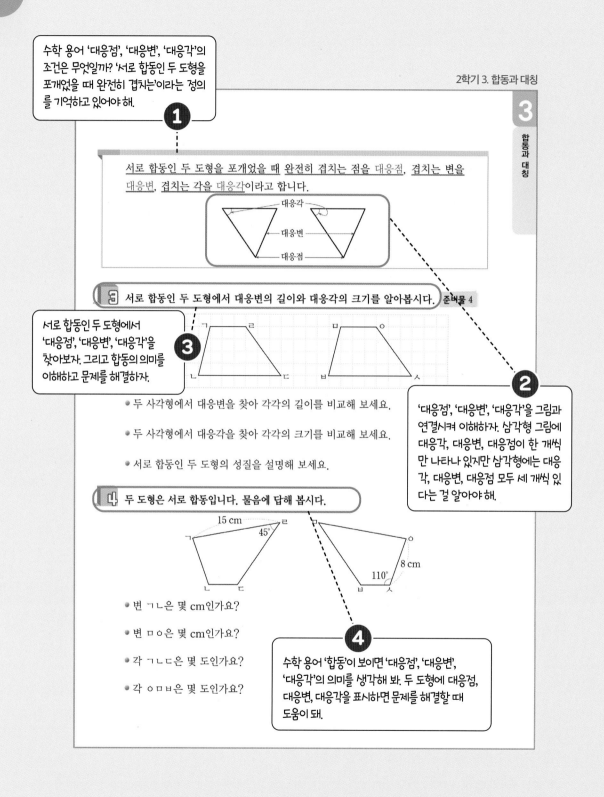

서로 합동인 두 도형을 포개었을 때 완전히 겹치는 점을 대응점, 겹치는 변을 대응변, 겹치는 각을 대응각이라고 합니다.

대응각
대응변
대응점

③ 서로 합동인 두 도형에서 대응변의 길이와 대응각의 크기를 알아봅시다. 준비물 4

서로 합동인 두 도형에서 '대응점', '대응변', '대응각'을 찾아보자. 그리고 합동의 의미를 이해하고 문제를 해결하자.

③

② '대응점', '대응변', '대응각'을 그림과 연결시켜 이해하자. 삼각형 그림에 대응각, 대응변, 대응점이 한 개씩만 나타나 있지만 삼각형에는 대응각, 대응변, 대응점 모두 세 개씩 있다는 걸 알아야 해.

● 두 사각형에서 대응변을 찾아 각각의 길이를 비교해 보세요.

● 두 사각형에서 대응각을 찾아 각각의 크기를 비교해 보세요.

● 서로 합동인 두 도형의 성질을 설명해 보세요.

④ 두 도형은 서로 합동입니다. 물음에 답해 봅시다.

15 cm
45°
110°
8 cm

● 변 ㄱㄴ은 몇 cm인가요?

● 변 ㅁㅇ은 몇 cm인가요?

● 각 ㄱㄴㄷ은 몇 도인가요?

● 각 ㅇㅁㅂ은 몇 도인가요?

④ 수학 용어 '합동'이 보이면 '대응점', '대응변', '대응각'의 의미를 생각해 봐. 두 도형에 대응점, 대응변, 대응각을 표시하면 문제를 해결할 때 도움이 돼.

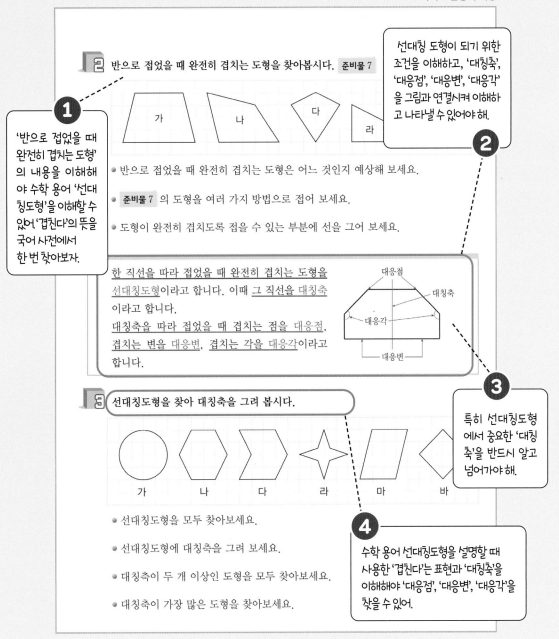

2 반으로 접었을 때 완전히 겹치는 도형을 찾아봅시다. 준비물 7

① '반으로 접었을 때 완전히 겹치는 도형'의 내용을 이해해야 수학 용어 '선대칭도형'을 이해할 수 있어 '겹친다'의 뜻을 국어 사전에서 한 번 찾아보자.

② 선대칭 도형이 되기 위한 조건을 이해하고, '대칭축', '대응점', '대응변', '대응각'을 그림과 연결시켜 이해하고 나타낼 수 있어야 해.

- 반으로 접었을 때 완전히 겹치는 도형은 어느 것인지 예상해 보세요.
- 준비물 7 의 도형을 여러 가지 방법으로 접어 보세요.
- 도형이 완전히 겹치도록 접을 수 있는 부분에 선을 그어 보세요.

한 직선을 따라 접었을 때 완전히 겹치는 도형을 선대칭도형이라고 합니다. 이때 그 직선을 대칭축이라고 합니다.
대칭축을 따라 접었을 때 겹치는 점을 대응점, 겹치는 변을 대응변, 겹치는 각을 대응각이라고 합니다.

③ 특히 선대칭도형에서 중요한 '대칭축'을 반드시 알고 넘어가야 해.

3 선대칭도형을 찾아 대칭축을 그려 봅시다.

- 선대칭도형을 모두 찾아보세요.
- 선대칭도형에 대칭축을 그려 보세요.
- 대칭축이 두 개 이상인 도형을 모두 찾아보세요.
- 대칭축이 가장 많은 도형을 찾아보세요.

④ 수학 용어 선대칭도형을 설명할 때 사용한 '겹친다'는 표현과 '대칭축'을 이해해야 '대응점', '대응변', '대응각'을 찾을 수 있어.

내가 알아야 하는 수학 용어를 설명하는 수학 용어도 알아야 해.

이번 차시에서 꼭 알아야 하는 수학 용어를 설명하기 위해 사용된 다른 수학 용어의 뜻을 찾아보고 이해하는 것은 매우 중요해! 선대칭도형이라는 새로운 용어를 설명할 때 가장 중요한 수학 용어는 대칭축이야. 왜냐하면 대칭축을 따라 접었을 때 겹치는 점, 변, 각을 대응점, 대응변, 대응각이라고 하기 때문이야. 그러므로 대칭축을 이해하고 그릴 수 있어야겠지?

수학 용어 '각기둥'의 뜻을 다시 한 번 떠올려 봐.

※ 각기둥
아래에 있는 면이 서로 평행이고 합동인 다각형으로 이루어진 입체도형

1

2 여러 가지 각기둥을 살펴보고 각기둥의 구성 요소를 알아봅시다.

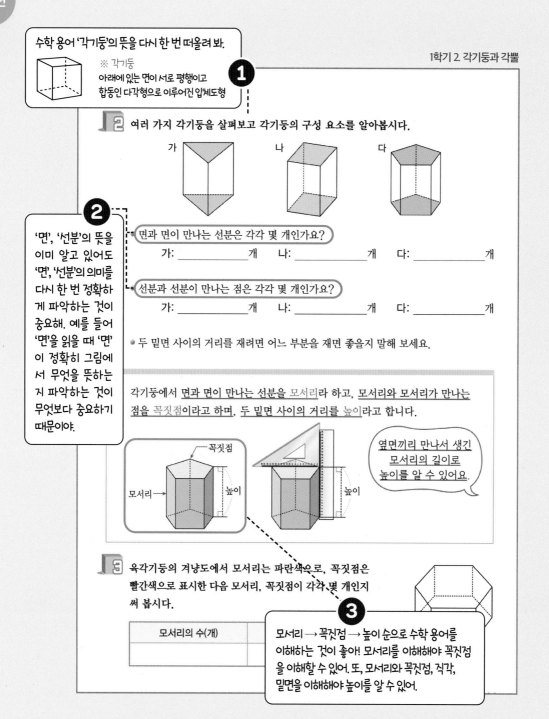

가   나   다

2

'면', '선분'의 뜻을 이미 알고 있어도 '면', '선분'의 의미를 다시 한 번 정확하게 파악하는 것이 중요해. 예를 들어 '면'을 읽을 때 '면'이 정확히 그림에서 무엇을 뜻하는지 파악하는 것이 무엇보다 중요하기 때문이야.

• 면과 면이 만나는 선분은 각각 몇 개인가요?

가: _____ 개   나: _____ 개   다: _____ 개

• 선분과 선분이 만나는 점은 각각 몇 개인가요?

가: _____ 개   나: _____ 개   다: _____ 개

● 두 밑면 사이의 거리를 재려면 어느 부분을 재면 좋을지 말해 보세요.

각기둥에서 면과 면이 만나는 선분을 <u>모서리</u>라 하고, 모서리와 모서리가 만나는 점을 <u>꼭짓점</u>이라고 하며, 두 밑면 사이의 거리를 <u>높이</u>라고 합니다.

꼭짓점

모서리→   높이   높이

옆면끼리 만나서 생긴 모서리의 길이로 높이를 알 수 있어요.

3 육각기둥의 겨냥도에서 모서리는 파란색으로, 꼭짓점은 빨간색으로 표시한 다음 모서리, 꼭짓점이 각각 몇 개인지 써 봅시다.

3

모서리 → 꼭짓점 → 높이 순으로 수학 용어를 이해하는 것이 좋아! 모서리를 이해해야 꼭짓점을 이해할 수 있어. 또, 모서리와 꼭짓점, 직각, 밑면을 이해해야 높이를 알 수 있어.

모서리의 수(개)	

수학 용어는 글과 그림을 연결시켜야 해.

글로만 수학 용어를 이해하기는 쉽지 않아. 교과서에 글과 그림을 함께 제시하는 경우가 많기 때문에 반드시 글과 그림을 연결시켜서 수학 용어를 이해하고 적용해야 해.

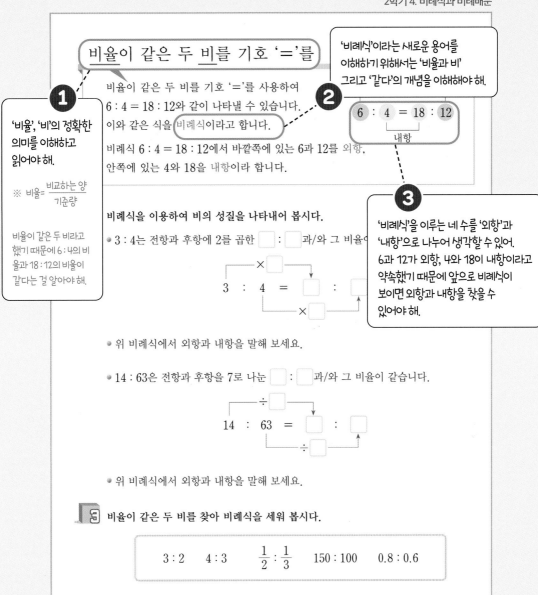

비율이 같은 두 비를 기호 '='를

'비례식'이라는 새로운 용어를
이해하기 위해서는 '비율과 비'
그리고 '같다'의 개념을 이해해야 해.

비율이 같은 두 비를 기호 '='를 사용하여
6 : 4 = 18 : 12와 같이 나타낼 수 있습니다.
이와 같은 식을 비례식이라고 합니다.

비례식 6 : 4 = 18 : 12에서 바깥쪽에 있는 6과 12를 외항,
안쪽에 있는 4와 18을 내항이라 합니다.

1 '비율', '비'의 정확한
의미를 이해하고
읽어야 해.

※ 비율= $\dfrac{\text{비교하는 양}}{\text{기준량}}$

비율이 같은 두 비라고
했기 때문에 6 : 4의 비
율과 18 : 12의 비율이
같다는 걸 알아야 해.

2 $\underset{\text{내항}}{6 : 4 = 18 : 12}$

3 '비례식'을 이루는 네 수를 '외항'과
'내항'으로 나누어 생각할 수 있어.
6과 12가 외항, 4와 18이 내항이라고
약속했기 때문에 앞으로 비례식이
보이면 외항과 내항을 찾을 수
있어야 해.

비례식을 이용하여 비의 성질을 나타내어 봅시다.

● 3 : 4는 전항과 후항에 2를 곱한 ☐ : ☐ 과/와 그 비율이

$$3 : 4 = \boxed{} : \boxed{}$$

● 위 비례식에서 외항과 내항을 말해 보세요.

● 14 : 63은 전항과 후항을 7로 나눈 ☐ : ☐ 과/와 그 비율이 같습니다.

$$14 : 63 = \boxed{} : \boxed{}$$

● 위 비례식에서 외항과 내항을 말해 보세요.

비율이 같은 두 비를 찾아 비례식을 세워 봅시다.

$$3 : 2 \qquad 4 : 3 \qquad \dfrac{1}{2} : \dfrac{1}{3} \qquad 150 : 100 \qquad 0.8 : 0.6$$

비례식 _____

수학 용어 사전을 만들어야 해.

나만의 수학 용어 사전을 만들면 좋아. 예를 들어 '비례식'이라는 수학 용어를 이해할 때 필요한 수학 용어
(비, 비율, 전항, 후항 등)를 정확하게 알고 있다면 새로운 수학 용어가 나오더라도 쉽게 이해할 수 있거든!

개념을 설명할 때 사용한 그림, 기호, 도형 등을 함께 이해하며 읽어요

수학 교과서에는 글, 그림, 기호, 도형 등 다양한 읽기 요소가 있습니다. 글에 익숙한 학생은 글만 보고, 그림에 익숙한 학생은 그림만 봅니다. 이 과정에서 개념을 읽지 못하기 때문에 수학을 어렵고 암기해야 하는 과목으로 생각합니다. 아무리 복잡하고 어렵더라도, 수학 개념을 제대로 읽기 위해서는 글, 그림, 기호, 도형을 서로 연결 지어야 합니다. 내가 읽은 수학 개념이 글, 그림, 기호, 도형으로 어떻게 표현됐는지 이해해야 합니다. 예를 들어 곱셈과 나눗셈의 연산 방법을 설명할 때 수 모형과 같은 그림을 어떻게 이해해야 하는지, 화살표 기호의 역할은 무엇인지, 도형을 읽는 방법은 무엇인지를 생각하며 읽어야 합니다.

교과서에 나온 수학 개념을 읽을 때 꼭 기억해야 할 것은 아래와 같습니다.

첫째, 내가 읽고 있는 글을 교과서에서 그림, 기호, 도형으로 어떻게 설명하는지 파악합니다.

수학 교과서가 제시하는 글, 그림, 기호, 도형 중에서 하나의 요소만을 읽으면 안 됩니다. 주어진 요소 간의 연결 관계를 생각하며 읽는 것이 무엇보다 중요합니다.

둘째, 그림을 보고 내가 알고 있는 수학 개념을 설명할 수 있는지 확인합니다.

주어진 그림을 활용해 내가 배운 개념을 설명할 수 있는지 확인해야 합니다. 내가 제대로 수학 개념을 읽고 이해했는지 확인하는 것은 매우 중요합니다.

셋째, 부분이 모여 전체가 되므로 전체를 파악하기 위해서는 부분을 꼼꼼히 봅니다.

학생들은 부분을 보지 않고 전체만 보려고 합니다. 하지만 수학 개념을 이해하기 위해서는 전체를 이루는 부분을 하나씩 봐야 합니다. 예를 들어 나눗셈식을 보고, '나누어지는 수', '나누는 수', '몫', 그리고 '12개의 사과를 4명에게 나누어 주면 한 명이 몇 개씩 갖게 될까요?'와 같은 문장식 문제, '사과 12개를 그린 후 4개씩 나누는 그림' 등을 떠올려야 합니다.

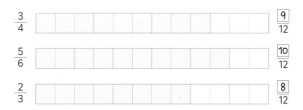

분수를 읽고, 읽은 분수를 그림으로 어떻게 표현했는지 알아야 합니다. 0부터 1까지 크기가 같은 막대를 서로 다른 크기로 등분했습니다. 서로 다른 크기로 등분한 이유가 무엇인지, 실선과 점선은 그림 안에서 어떤 역할을 하고 있는지 파악하는 것이 수학 읽기의 기본입니다.

300÷4를 이용하여 3÷4를 계산하는 방법을 알아보세요.

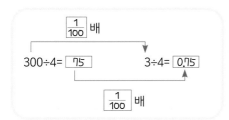

화살표는 식을 어떤 순서로 읽어야 하는지 알려줍니다. 화살표에 따르면, 먼저 300이 3이 되려면 몇 배가 되어야 하는지 파악해야 합니다. 그리고 300과 3의 관계를 이용해서 두 식의 계산 결과를 추론할 수 있습니다.

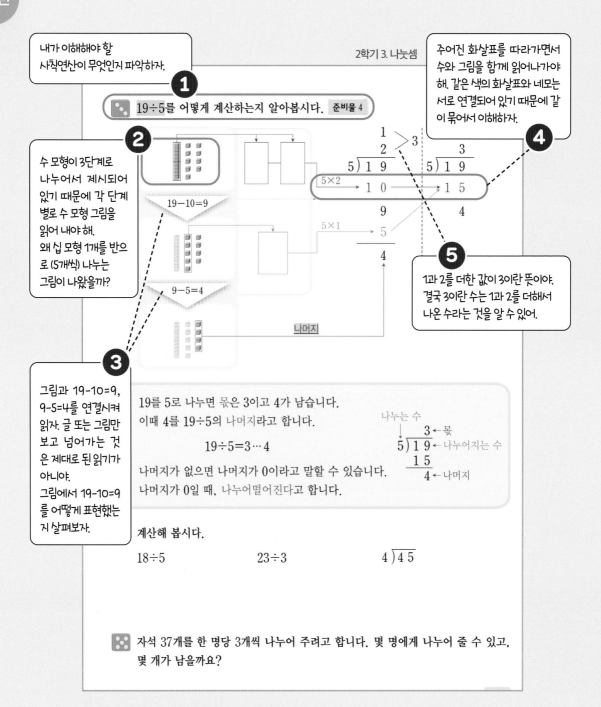

내가 이해해야 할 사칙연산이 무엇인지 파악하자.

2학기 3. 나눗셈

주어진 화살표를 따라가면서 수와 그림을 함께 읽어나가야 해. 같은 색의 화살표와 네모는 서로 연결되어 있기 때문에 같이 묶어서 이해하자.

① 19÷5를 어떻게 계산하는지 알아봅시다. 준비물 4

② 수 모형이 3단계로 나누어서 제시되어 있기 때문에 각 단계별로 수 모형 그림을 읽어 내야 해. 왜 십 모형 1개를 반으로 (5개씩) 나누는 그림이 나왔을까?

19−10=9

9−5=4

③ 그림과 19−10=9, 9−5=4를 연결시켜 읽자. 글 또는 그림만 보고 넘어가는 것은 제대로 된 읽기가 아니야. 그림에서 19−10=9를 어떻게 표현했는지 살펴보자.

④

⑤ 1과 2를 더한 값이 3이란 뜻이야. 결국 3이란 수는 1과 2를 더해서 나온 수라는 것을 알 수 있어.

나머지

19를 5로 나누면 몫은 3이고 4가 남습니다.
이때 4를 19÷5의 나머지라고 합니다.

$$19÷5=3 \cdots 4$$

나머지가 없으면 나머지가 0이라고 말할 수 있습니다.
나머지가 0일 때, 나누어떨어진다고 합니다.

계산해 봅시다.

18÷5   23÷3   4)45

자석 37개를 한 명당 3개씩 나누어 주려고 합니다. 몇 명에게 나누어 줄 수 있고, 몇 개가 남을까요?

글(수)과 그림, 기호(화살표)를 연결해서 읽어야 해.
나눗셈 계산 설명 방법을 한 번 보고 넘어가면 안 돼! 수와 그림, 기호를 연결하지 않고 읽으면 왜 이렇게 계산해야 하는지, 어디서 이 수가 나왔는지 알기 어려워. 그래서 교과서에 나온 그림과 기호를 천천히 보면서 이해해야 해.

『수학 익힘』 14~15쪽

분수의 뺄셈을 해 볼까요(3)

슬기와 도영이가 함께 물 2 L를 가지고 등산을 갔습니다. 도중에 쉬면서 보니 물이 $\frac{3}{5}$ L 남았습니다. 마신 물의 양을 알아 봅시다.

1 그림, 기호, 표 등을 이용해 개념을 이해하기 위해서는 교과서의 도입 부분의 문제 상황을 반드시 읽고 이해해야 해.

● 슬기와 도영이가 마신 물이 몇 L인지 구하는 식을 써 보세요.

2 사각형 그림을 읽을 때는 왜 2 L가 최대인지와 0부터 2 L까지 몇 등분 됐는지 알아야 해. 남은 물 양의 분모가 5이기 때문에 5등분한 그림이 있어야 이해하기 좋겠지?

그림과 수직선으로 알아보세요.

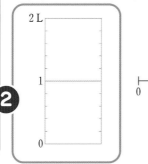

3 그림과 수직선을 함께 비교하며 읽어보고 공통점이 무엇인지 찾아봐! 공통점을 파악하면 분수의 덧셈과 뺄셈을 그림과 수직선을 이용해 풀 수 있어.

● 슬기와 도영이가 마신 물은 몇 L인가요?

● 어떻게 구했는지 말해 보세요.

글을 그림과 수직선으로 바꿔 표현하는 연습을 해야 해.

위 그림과 수직선의 공통점은 무엇일까? 가장 큰 수가 2이고, 0부터 1까지, 1부터 2까지 5등분 되어 있다는 거야. 분수에서 등분*은 매우 중요한 개념이기 때문에 $\frac{3}{5}$ 의 분모 5를 보고 5등분을 기준(한 칸이 $\frac{1}{5}$)으로 잡아야 해. 또, '물 2 L를 갖고 있다'는 내용에서 2 L가 전체를 뜻하므로 2 L를 최대로 하는 그림으로 표현해야 해.

등분: 같은 양(크기)으로 나누는 것

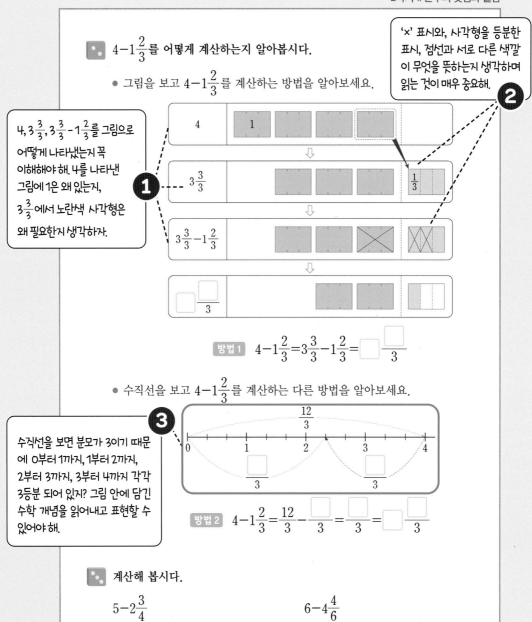

∴ $4-1\frac{2}{3}$ 를 어떻게 계산하는지 알아봅시다.

● 그림을 보고 $4-1\frac{2}{3}$ 를 계산하는 방법을 알아보세요.

'×' 표시와, 사각형을 등분한 표시, 점선과 서로 다른 색깔이 무엇을 뜻하는지 생각하며 읽는 것이 매우 중요해.

②

① 4, $3\frac{3}{3}$, $3\frac{3}{3}-1\frac{2}{3}$ 를 그림으로 어떻게 나타냈는지 꼭 이해해야 해. 4를 나타낸 그림에 1은 왜 있는지, $3\frac{3}{3}$ 에서 노란색 사각형은 왜 필요한지 생각하자.

방법 1 $4-1\frac{2}{3}=3\frac{3}{3}-1\frac{2}{3}=\boxed{}\frac{\boxed{}}{3}$

● 수직선을 보고 $4-1\frac{2}{3}$ 를 계산하는 다른 방법을 알아보세요.

③ 수직선을 보면 분모가 3이기 때문에 0부터 1까지, 1부터 2까지, 2부터 3까지, 3부터 4까지 각각 3등분 되어 있지? 그림 안에 담긴 수학 개념을 읽어내고 표현할 수 있어야 해.

방법 2 $4-1\frac{2}{3}=\frac{12}{3}-\frac{\boxed{}}{3}=\frac{\boxed{}}{3}=\boxed{}\frac{\boxed{}}{3}$

∴ 계산해 봅시다.

$5-2\frac{3}{4}$ $\qquad\qquad\qquad$ $6-4\frac{4}{6}$

글뿐만 아니라 수, 그림, 기호, 표 등을 읽어야 해.

수학은 글로만 개념을 설명하지 않기 때문에 수, 그림, 기호, 표 등을 읽는 것이 중요해. 그러므로 수학 읽기를 제대로 하기 위해서는 그림 등을 꼼꼼히 보고 수와 글을 어떻게 그림으로 표현했는지 생각하며 읽는 연습을 해야 해.

1학기 5. 분수의 덧셈과 뺄셈

『수학 익힘』 58~59쪽

분수의 덧셈을 해 볼까요(2)

검은깨 $\frac{1}{3}$컵과 검은깨 $\frac{4}{5}$컵을 합한 양이 얼마나 될지 알아봅시다.

$\frac{1}{3}$은 전체를 3등분한 것 중 한 개를 뜻해.

전체=컵(1)

점선은 전체를 3등분한 표시로 읽어야 해.

우리가 가진 검은깨를 합하면 몇 컵이 될까?

$\frac{4}{5}$도 왼쪽 $\frac{1}{3}$ 그림을 읽은 것과 같은 방법으로 읽어야 해. 가장 중요한 건 분모 5라는 걸 잊지 마! 컵 안의 점선이 무엇을 뜻하는지 생각하고 읽자.

1 두 친구가 가지고 있는 검은깨의 양을 각각 그림에 나타내어 보세요.

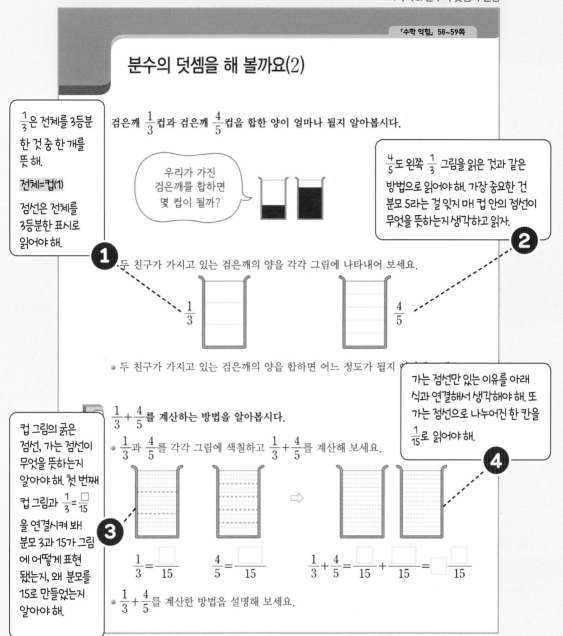

$\frac{1}{3}$ $\frac{4}{5}$

● 두 친구가 가지고 있는 검은깨의 양을 합하면 어느 정도가 될지

$\frac{1}{3}+\frac{4}{5}$를 계산하는 방법을 알아봅시다.

컵 그림의 굵은 점선, 가는 점선이 무엇을 뜻하는지 알아야 해. 첫 번째 컵 그림과 $\frac{1}{3}=\frac{\square}{15}$을 연결시켜 봐! 분모 3과 15가 그림에 어떻게 표현됐는지, 왜 분모를 15로 만들었는지 알아야 해.

가는 점선만 있는 이유를 아래 식과 연결해서 생각해야 해. 또 가는 점선으로 나누어진 한 칸을 $\frac{1}{15}$로 읽어야 해.

● $\frac{1}{3}$과 $\frac{4}{5}$를 각각 그림에 색칠하고 $\frac{1}{3}+\frac{4}{5}$를 계산해 보세요.

$\frac{1}{3}=\frac{\square}{15}$ $\frac{4}{5}=\frac{\square}{15}$ $\frac{1}{3}+\frac{4}{5}=\frac{\square}{15}+\frac{\square}{15}=\frac{\square}{15}$

● $\frac{1}{3}+\frac{4}{5}$를 계산한 방법을 설명해 보세요.

그림을 이루는 작은 요소들을 살펴봐야 해.

컵(전체) 그림의 굵은 선, 가는 선을 보고 오늘 배운 수학 개념과 연결시켜야 해. 예를 들어 서로 다른 굵은 선의 위치를 통일시키기 위해 통분을 하고, 통분한 결과가 가는 선이라는 걸 읽어야 해. 분수의 덧셈을 계산하기 위해서는 '분모가 같아야 한다'를 이해해야 한다는 것 잊지 마!

(분수)÷(자연수)를 알아볼까요

$\frac{6}{8}$ m를 3등분한 그림을 어떻게 나타냈는지 살펴보자. 매듭실의 길이와 작품의 수를 수직선으로 어떻게 나타냈는지 확인해야 해.

①

지혜는 공예실에서 매듭실 $\frac{6}{8}$ m를 3등분하여 똑같은 작품 3개를 만들었습니다. 작품 하나에 사용된 매듭실의 길이를 구해 봅시다.

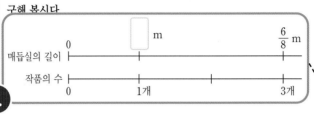

- 작품 하나에 사용된 매듭실의 길이를 구하는 식을 써 보세요.

- 계산 결과를 어림해 보고, 실이나 끈 등을 사용하여 구해 보세요.

②

수직선을 읽어 봐! 작품 3개를 만들 때 몇 m의 실이 필요하지? 작품 2개 또는 1개를 만들려면 각각 실이 얼마나 필요할까? 그리고 '작품의 수' 수직선이 몇 등분 됐는지 확인해야 해.

2 $\frac{6}{8} \div 3$을 계산하는 방법을 알아봅시다.

- $\frac{6}{8} \div 3$을 그림으로 나타내어 구해 보세요. 몫은 얼마인가요?

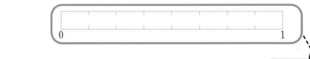

- 작품 하나에 사용된 매듭실은 몇 m인가요?

③

왜 0부터 1일까? 또 0부터 1까지를 몇 등분했는지 확인하자. 분수에서 가장 중요한 건 분모라는 걸 잊지 마! 그림을 보고 계산하는 방법을 읽어낼 수 있어야 해.

- $6 \div 3$을 이용하여 $\frac{6}{8} \div 3$을 계산하는 방법을 말해 보세요.

$$\frac{6}{8} \div 3 = \frac{\boxed{} \div \boxed{}}{8} = \boxed{}$$

'왜'라는 질문을 해야 해.

'교과서는 왜 분수의 나눗셈을 설명하기 위해 두 개의 수직선을 사용했을까?', '왜 $\frac{6}{8}$ 을 나타내기 위해 0부터 1까지의 그림을 8등분했을까?'와 같은 질문을 하며 읽어야 해. 질문을 통해 내가 읽는 내용을 확인하고 내가 이해한 개념을 정교화 할 수 있기 때문에 질문을 하는 습관을 기르는 것은 중요해.

3÷2를 계산하면 나머지가 생기기 때문에 계산하기가 쉽지 않겠지? 2로 나누었을 때 나누어떨어지게 할 수 있는 방법을 생각해 봐야 해. **1**

📖 $\frac{3}{4} \div 2$를 계산하는 방법을 알아봅시다.

● 준기가 $\frac{3}{4} \div 2$를 계산하는 방법을 고민하고 있습니다. 준기에게 어떤 도움을 줄 수 있을까요?

$\frac{3}{4} \div 2$를 $\frac{3 \div 2}{4}$로 계산하려고 하는데 어떻게 할까?

● 준기는 $\frac{3}{4} \div 2$를 다음과 같이 그림으로 나타내어 계산했습니다. ☐ 안에 알맞은 수를 써넣으세요.

가로로 4등분, 세로로 2등분한 그림을 읽을 수 있어야 해. 왜 $\frac{3}{4} = \frac{6}{8}$을 이용해야 하는지 그림을 잘 보고 생각해봐. **1**

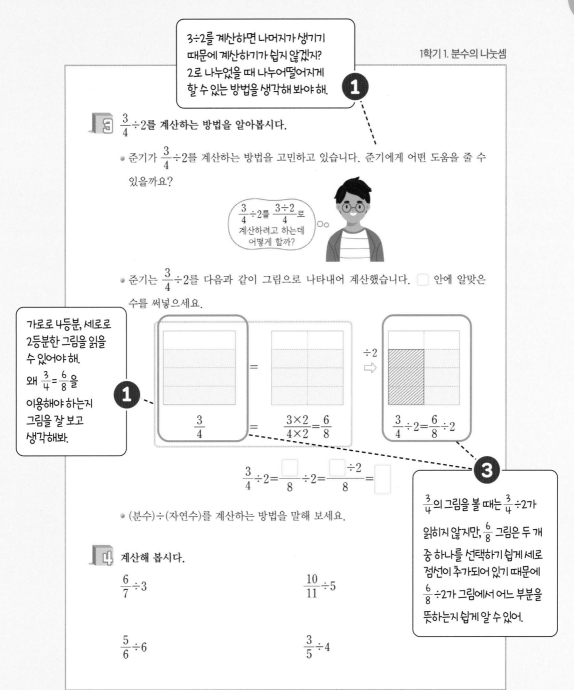

$$\frac{3}{4} = \frac{3 \times 2}{4 \times 2} = \frac{6}{8}$$

$$\frac{3}{4} \div 2 = \frac{6}{8} \div 2$$

$$\frac{3}{4} \div 2 = \frac{\boxed{}}{8} \div 2 = \frac{\boxed{} \div 2}{8} = \boxed{}$$

3 $\frac{3}{4}$의 그림을 볼 때는 $\frac{3}{4} \div 2$가 읽히지 않지만, $\frac{6}{8}$ 그림은 두 개 중 하나를 선택하기 쉽게 세로 점선이 추가되어 있기 때문에 $\frac{6}{8} \div 2$가 그림에서 어느 부분을 뜻하는지 쉽게 알 수 있어.

● (분수)÷(자연수)를 계산하는 방법을 말해 보세요.

📖 계산해 봅시다.

$\frac{6}{7} \div 3$ $\frac{10}{11} \div 5$

$\frac{5}{6} \div 6$ $\frac{3}{5} \div 4$

읽기 편한 방법을 찾아야 해.
$\frac{3}{4} \div 2$를 그림으로 읽기는 쉽지 않아. 그래서 $\frac{3}{4} = \frac{6}{8}$을 이용해서 $\frac{6}{8} \div 2$로 식을 바꾸어 표현해서 읽어야 해. 이처럼 아무리 읽어도 이해가 안 될 때는 읽기 편하게 식 또는 그림을 바꾸는 것이 필요해. 이때 가장 중요한 건 문제의 조건은 그대로 둔 채 내가 읽기 편한 식과 그림으로 바꾸는 거야.

이전에 공부한 내용과 연결 지어 읽어요

수학은 개념이 서로 연결되어 있습니다. 예를 들어 덧셈 개념을 이해하지 못하면 곱셈을 이해하기가 어렵습니다. 또 뺄셈을 이해하지 못하면 나눗셈의 개념을 이해하는 데 어려움이 따릅니다. 이처럼 수학은 하나의 개념을 놓치면 다음 개념을 이해하지 못하기 때문에 앞뒤 관계를 연결하지 못하면 수학을 포기할 가능성이 높아지고, 내가 오늘 공부할 내용을 이해하는 데 어려움을 겪습니다.

이전에 공부한 내용과 연결 지어 읽으려면 어떻게 해야 할까요?

첫째, 내가 알고 있는 수학 개념을 점검합니다.

각 단원의 도입을 보면 오늘 배울 수학 개념이 이전에 공부한 수학 개념과 어떻게 연결되는지 보여주는 그림이 있습니다.

출처 : 5학년 1학기 2. 약수와 배수

출처 : 5학년 1학기 4. 약분과 통분

교과서의 각 단원 도입에는 배운 내용과 배울 내용이 정리되어 있습니다. 배운 내용에 나온 개념만큼은 반드시 알고 넘어가야 합니다. 배운 내용에 해당하는 교과서를 펼쳐서 개념을 점검해야 합니다. 요약된 내용만을 읽기보다는 단원 전체를 훑어보는 시간이 무엇보다 중요합니다.

둘째, 오늘 배울 내용을 이해할 때 이전에 공부한 내용을 어떻게 활용해야 할지 생각하며 읽습니다.

예를 들어 5학년 1학기 분수의 덧셈과 뺄셈 단원은 분모를 통분하는 방법을 활용해 분수의 덧셈과 뺄셈을 계산하는 방법을 배웁니다. 통분이라는 개념과 이전에 공부한 공배수와 최소공배수의 개념이 어떻게 연결되는지 생각해야 합니다. 또 이전에 공부한 공배수와 최소공배수의 내용을 읽으면서 오늘 배울 내용에 어떻게 적용됐는지 점검해야 합니다. 통분을 하기 위해서 사용할 수 있는 방법에 무엇이 있는지, 이 방법을 활용하기 위해 공배수와 최소공배수가 어떻게 활용되는지 알아야 합니다.

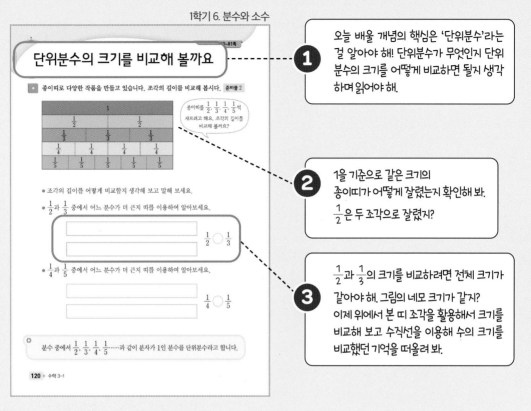

1학기 6. 분수와 소수

단위분수의 크기를 비교해 볼까요

종이띠로 다양한 작품을 만들고 있습니다. 조각의 길이를 비교해 봅시다. 준비물 2

종이띠를 $\frac{1}{2}$, $\frac{1}{3}$, $\frac{1}{4}$, $\frac{1}{5}$씩 잘르려고 해요. 조각의 길이를 비교해 볼까요?

● 조각의 길이를 어떻게 비교할지 생각해 보고 말해 보세요.

● $\frac{1}{2}$과 $\frac{1}{3}$ 중에서 어느 분수가 더 큰지 띠를 이용하여 알아보세요.

$\frac{1}{2}$ ◯ $\frac{1}{3}$

● $\frac{1}{4}$과 $\frac{1}{5}$ 중에서 어느 분수가 더 큰지 띠를 이용하여 알아보세요.

$\frac{1}{4}$ ◯ $\frac{1}{5}$

분수 중에서 $\frac{1}{2}$, $\frac{1}{3}$, $\frac{1}{4}$, $\frac{1}{5}$……과 같이 분자가 1인 분수를 단위분수라고 합니다.

120 ● 수학 3-1

1 오늘 배울 개념의 핵심은 '단위분수'라는 걸 알아야 해! 단위분수가 무엇인지 단위분수의 크기를 어떻게 비교하면 될지 생각하며 읽어야 해.

2 1을 기준으로 같은 크기의 종이띠가 어떻게 잘렸는지 확인해 봐. $\frac{1}{2}$은 두 조각으로 잘렸지?

3 $\frac{1}{2}$과 $\frac{1}{3}$의 크기를 비교하려면 전체 크기가 같아야 해. 그림의 네모 크기가 같지? 이제 위에서 본 띠 조각을 활용해서 크기를 비교해 보고 수직선을 이용해 수의 크기를 비교했던 기억을 떠올려 봐.

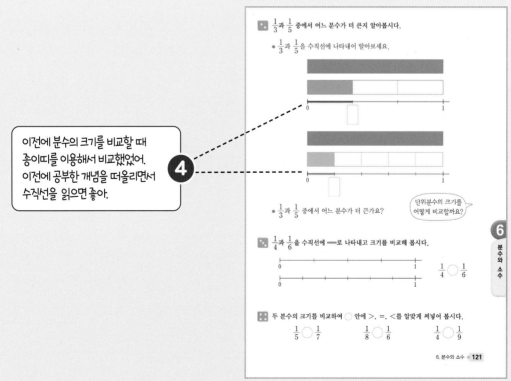

● $\frac{1}{3}$과 $\frac{1}{5}$ 중에서 어느 분수가 더 큰지 알아봅시다.

● $\frac{1}{3}$과 $\frac{1}{5}$을 수직선에 나타내어 알아보세요.

0   1

0   1

● $\frac{1}{3}$과 $\frac{1}{5}$ 중에서 어느 분수가 더 큰가요?

단위분수의 크기를 어떻게 비교할까요?

$\frac{1}{4}$과 $\frac{1}{6}$을 수직선에 ━ 로 나타내고 크기를 비교해 봅시다.

0   1

0   1

$\frac{1}{4}$ ◯ $\frac{1}{6}$

두 분수의 크기를 비교하여 ◯ 안에 >, =, <를 알맞게 써넣어 봅시다.

$\frac{1}{5}$ ◯ $\frac{1}{7}$ $\frac{1}{8}$ ◯ $\frac{1}{6}$ $\frac{1}{4}$ ◯ $\frac{1}{9}$

6. 분수와 소수 ● 121

6 분수와 소수

4 이전에 분수의 크기를 비교할 때 종이띠를 이용해서 비교했었어. 이전에 공부한 개념을 떠올리면서 수직선을 읽으면 좋아.

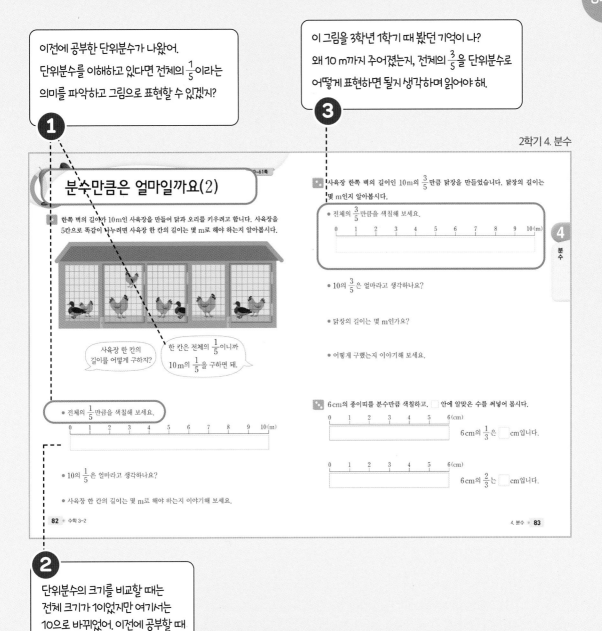

이전에 공부한 단위분수가 나왔어.
단위분수를 이해하고 있다면 전체의 $\frac{1}{5}$이라는
의미를 파악하고 그림으로 표현할 수 있겠지?

1

이 그림을 3학년 1학기 때 봤던 기억이 나?
왜 10 m까지 주어졌는지, 전체의 $\frac{3}{5}$을 단위분수로
어떻게 표현하면 될지 생각하며 읽어야 해.

3

2학기 4. 분수

분수만큼은 얼마일까요(2)

한쪽 벽의 길이가 10m인 사육장을 만들어 닭과 오리를 키우려고 합니다. 사육장을 5칸으로 똑같이 나누려면 사육장 한 칸의 길이를 몇 m로 해야 하는지 알아봅시다.

사육장 한 칸의 길이를 어떻게 구하지?

한 칸은 전체의 $\frac{1}{5}$이니까 10 m의 $\frac{1}{5}$을 구하면 돼.

● 전체의 $\frac{1}{5}$만큼을 색칠해 보세요.

0   1   2   3   4   5   6   7   8   9   10(m)

● 10의 $\frac{1}{5}$은 얼마라고 생각하나요?

● 사육장 한 칸의 길이는 몇 m로 해야 하는지 이야기해 보세요.

82 ● 수학 3-2

사육장 한쪽 벽의 길이인 10m의 $\frac{3}{5}$만큼 닭장을 만들었습니다. 닭장의 길이는 몇 m인지 알아봅시다.

● 전체의 $\frac{3}{5}$만큼을 색칠해 보세요.

0   1   2   3   4   5   6   7   8   9   10(m)

4
분수

● 10의 $\frac{3}{5}$은 얼마라고 생각하나요?

● 닭장의 길이는 몇 m인가요?

● 어떻게 구했는지 이야기해 보세요.

6cm의 종이띠를 분수만큼 색칠하고, □ 안에 알맞은 수를 써넣어 봅시다.

0   1   2   3   4   5   6(cm)

6cm의 $\frac{1}{3}$은 □cm입니다.

0   1   2   3   4   5   6(cm)

6cm의 $\frac{2}{3}$는 □cm입니다.

4. 분수 ● 83

2

단위분수의 크기를 비교할 때는
전체 크기가 1이었지만 여기서는
10으로 바뀌었어. 이전에 공부할 때
사용한 띠를 생각해 봐!

이전에 배운 내용을 떠올리면서 읽어야 해.

3학년 1학기 6. 분수와 소수에서 공부한 그림이 3학년 2학기 4. 분수에 또 나왔지? 3학년 1학기와 3학년 2학기 그림의 공통점과 차이점을 찾아봐. 공통점을 이용해서 새로운 개념을 이해하고, 차이점을 이용해서 내가 알아야 할 것을 확인할 수 있어.

4학년 1학기 때 공부한 예각, 직각, 둔각의 개념을 떠올려 봐. 정의와 예각, 직각, 둔각을 나타내는 그림을 같이 떠올리는 것이 중요해. 이전에 공부한 내용과 정의를 활용해서 오늘 배울 내용을 읽으면 이해하는 데 큰 도움이 돼.

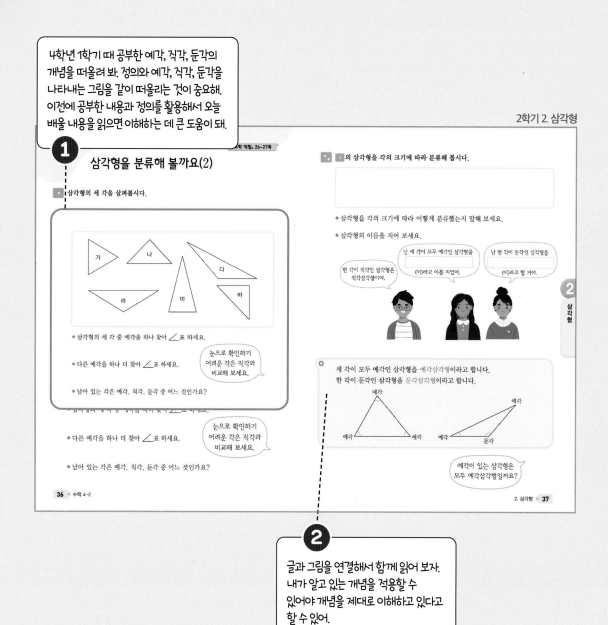

글과 그림을 연결해서 함께 읽어 보자. 내가 알고 있는 개념을 적용할 수 있어야 개념을 제대로 이해하고 있다고 할 수 있어.

그림과 글을 함께 읽어야 해.

각과 관련한 개념을 설명할 때는 글과 그림이 함께 나와. 이때 글 따로, 그림 따로 읽는 건 수학 읽기에 도움이 안 돼. 그림과 글을 함께 읽으면서 수학 개념과 정의를 이해하고 적용하는 습관을 길러야 해. 이전에 배운 개념과 정의를 활용해서 새로운 개념과 정의를 이해하는 연습을 해야 해.

1 크기가 같은 분수를 공부할 때 수직선은 자주 나오는 표현이야. 수직선을 보고 전체가 몇 등분 됐는지 파악해야 해. 이전에 공부했던 단위분수의 크기를 떠올려 봐.

2 서로 다른 3개의 수직선의 공통점과 차이점은 무엇일까? 수직선을 공부했던 이전 경험을 떠올려 봐. 분모의 크기에 따라 등분한 크기가 다르다는 걸 알 수 있어.

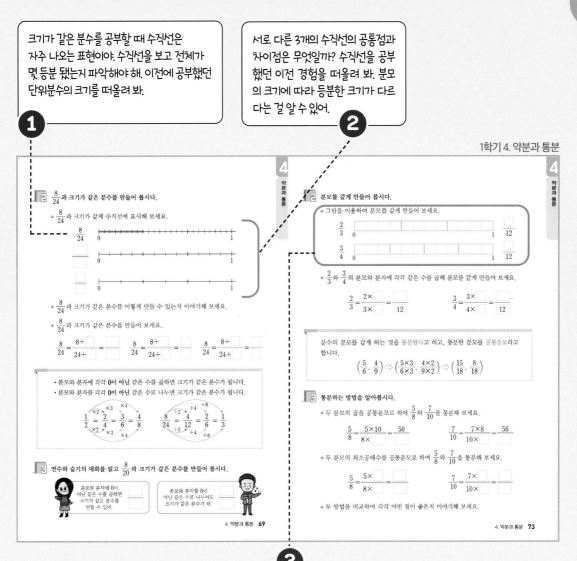

3 어떻게 $\frac{2}{3}$와 $\frac{3}{4}$의 분모를 12로 같게 만들 수 있는지를 그림으로 읽어야겠지? 먼저, 통분하기 위해서는 분모를 같게 만들어야 해. 전체(1)를 굵은 점선으로 3등분한 것과 굵은 점선으로 4등분한 것을 크기가 같은 분모로 만들기 위해서는 그림 속 가는 점선을 찾고 읽어 봐. 즉 전체(1)를 같은 크기의 단위분수 $\frac{1}{12}$로 만들어야 해.

그림은 새로운 개념을 이해할 때 꼭 이해해야 해.

분수를 공부할 때 그림은 빠질 수 없는 요소야. 그러므로 분수를 이해할 때는 반드시 그림과 연결해서 이해해야 해. $\frac{2}{3}$와 $\frac{3}{4}$의 분모 3과 4를 같게 만들기 위해서는 통분이라는 개념이 필요해. 통분이라는 새로운 개념에는 우리가 이전에 공부한 분수 개념과 최소공배수 개념이 들어가 있어. 새로운 개념을 그대로 받아들이기보다는 이전에 배운 개념을 활용해서 새로운 개념을 생각하는 게 무엇보다 중요해.

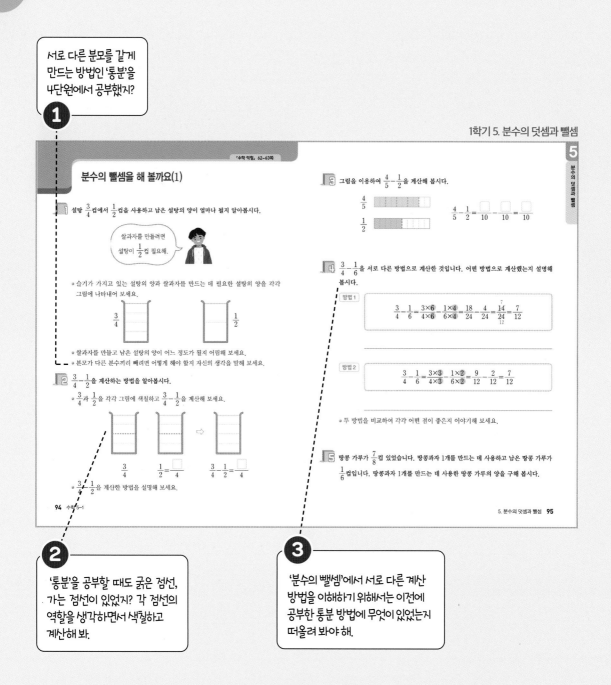

서로 다른 분모를 같게 만드는 방법인 '통분'을 4단원에서 공부했지?

1

'통분'을 공부할 때도 굵은 점선, 가는 점선이 있었지? 각 점선의 역할을 생각하면서 색칠하고 계산해 봐.

2

'분수의 뺄셈'에서 서로 다른 계산 방법을 이해하기 위해서는 이전에 공부한 통분 방법에 무엇이 있었는지 떠올려 봐야 해.

3

표현이 달라도 문제 해결에 사용하는 개념은 똑같다는 걸 알아야 해.

분모를 같게 만드는 방법은 두 가지가 있어. 두 분모를 곱하는 방법과 두 분모의 최소공배수를 활용하는 방법이야. 두 방법의 표현이 달라도, '분모를 같게 만든다'는 문제 해결의 핵심 개념을 잊지 말고 활용해야 해.

'나누어 담다'와 '$\frac{3}{4}$은 $\frac{1}{4}$이 몇 개인가요?', '몇 번 덜어 낼 수 있나요'와 같은 표현은 3학년 때 공부한 나눗셈에 많이 나오는 표현이야.

1

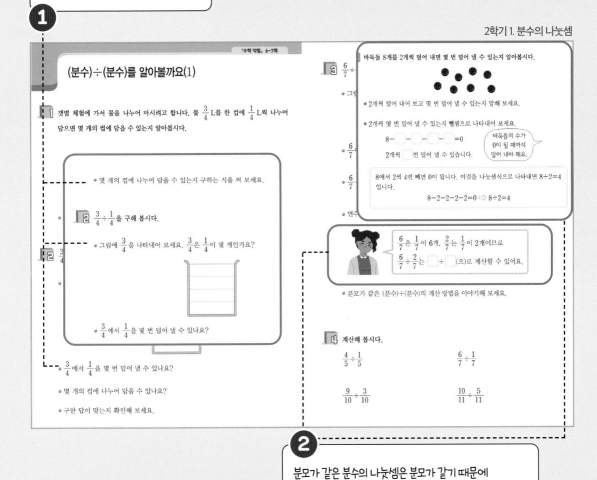

2

분모가 같은 분수의 나눗셈은 분모가 같기 때문에 분자끼리 나누면 돼. 이 개념을 이해하기 위해서는 3학년 때 공부한 (한 자리 수)÷(한 자리 수)를 떠올려야 해. 이제 '덜어 낸다는 표현'이 나눗셈과 연결되는 게 보이지?

분모가 같은 분수의 나눗셈은 그림 → 원리 → 이해의 순으로 공부해야 해.

분모가 같은 분수의 나눗셈을 읽을 때 그림 → 원리 → 이해의 순으로 공부하지 않고 계산 방법만 암기하는 것은 조심해야 해. 단순 계산 문제는 해결이 가능하지만 개념을 응용해야 하는 문제가 나오면 해결하지 못할 수 있어. 그림을 보고 이전에 공부한 나눗셈의 원리를 어떻게 적용할지 생각해야 분수의 나눗셈 개념을 이해할 수 있어. 이 과정을 통해서 분모가 같은 분수의 나눗셈 계산 원리를 이해해야 해.

글과 그림을 수와 식으로 바꿔 읽어요

단순 계산 문제는 답을 구하기 쉽습니다. 하지만 문장제 문제는 내용을 읽고 숨어 있는 수와 연산을 활용해 식을 세워야 합니다. 그래서 많은 학생들이 문장제 문제를 어려워합니다. 단순 계산은 잘하는데 문장제 문제를 제대로 읽지 못해서 틀리는 경우가 많다는 것은 수학 읽기를 하지 못한다는 말과 같습니다. 문장제 문제는 글과 그림 안에 식이 숨어 있습니다. 식을 세우기 위해서는 글과 그림을 이용해 문장 안에 숨어 있는 수와 식을 찾아야 합니다. 숨어 있는 수와 식을 찾기 위해서 사칙연산(+, −, ×, ÷)을 나타내는 대표적인 표현을 알아두면 좋습니다.

① 덧셈: '모두 얼마일까요?', '더 들어오면 몇 개가 될까요?' 등
② 뺄셈: '~개가 남으면', '~보다 ~개가 더 많은지', '차이는 얼마일까요?' 등
③ 곱셈: '~배가 되려면', '~씩 ~묶음을 만들면', '모두 얼마일까요?' 등
④ 나눗셈: '똑같이 나누면', '한 명이 몇 개씩 나누어 가지면', '~개를 ~개씩 묶으면 몇 묶음일까요?' 등
※ 사칙연산의 대표 표현을 노트 등에 정리해 두면 좋습니다.

예를 들어 문제에 '똑같이 나누면'이라는 문장이 있으면 나눗셈 연산을 생각할 필요가 있습니다. 즉 교과서의 글을 책을 읽듯이 읽으면, 글은 읽었지만 식을 세울 수 없습니다. 수학 교과서를 읽을 때는 숨겨진 수학 개념을 생각해야 합니다. 어떤 사칙연산이 숨어 있는지, 글을 어떻게 식으로 바꿔 표현할지를 생각하면서 읽는 것이 무엇보다 중요합니다. 글과 그림을 수와 식으로 바꿔 읽는 방법 네 가지를 소개합니다.

첫째, 사칙연산을 나타내는 대표적인 표현을 알고 있어야 합니다.

'모두', '남다', '몇 배', '몇 묶음', '한 명이 몇 개씩' 등의 대표적인 표현을 통해서 내가 읽은 내용을 사칙연산과 연결해야 합니다.

둘째, 글과 그림을 이용해 문장을 식으로 나타내는 연습을 반복 합니다.

문장제 문제 안에는 식이 숨어 있습니다. 이 식을 찾기 위해서는 글과 그림을 활용해야 합니다. 글에서 사칙연산을 찾고 그림을 통해 내가 알고 있는 수학 개념을 찾는 연습을 반복해야 합니다.

셋째, 중요한 문장에 형광펜, 밑줄 등의 표시를 하고 이 문장에 숨겨진 수학 개념, 연산을 찾아 기록하는 습관을 들여야 합니다.

문장을 읽고 머리로만 기억한다면 생각이 나지 않을 수 있습니다. 그러므로 표시하고 기록해야 합니다.

넷째, 이전에 학습했던 내용을 떠올리며 읽는 연습을 합니다.

수학의 개념은 연결되어 있습니다. 그러므로 이전에 학습했던 내용을 활용해서 지금 공부하는 수학 개념을 이해해야 합니다.

'똑같이 나눈다'를 본 기억이 나지?
3학년 1학기 3. 나눗셈에서 학습한 나눗셈을 떠올려 봐.
47과 3이 나눗셈에서 무엇을 뜻할까?
47은 나누어지는 수,
3은 나누는 수야.

1

2학기. 3. 나눗셈

『수학 익힘』 34~35쪽

나머지가 있는 (몇십몇)÷(몇)을 구해 볼까요(2)

콩 주머니 47개를 3명이 똑같이 나누어 가지려고 합니다. 한 명이 몇 개씩 가질 수 있고, 몇 개가 남는지 생각해 봅시다.

> 콩 주머니 47개를 3명이 똑같이 나누어 가지려고 합니다. 한 명이 몇 개씩 가질 수 있고, 몇 개가 남는지 생각해 봅시다.

문제에서 '한 명이 몇 개씩 가질 수 있다'는 건 나눗셈 식의 몫을 뜻해.

3

2
47÷3의 몫과 나머지의 의미를 생각하며 읽어 보자.
나눗셈은 몫과 나머지가 중요해.

● 한 명이 콩 주머니를 몇 개씩 가질 수 있을지 어림해 보세요.

● 어떻게 구하면 되는지 식으로 나타내어 보세요.

47÷3을 수 모형으로 알아봅시다.

4
수 모형을 세 묶음으로 나눌 때 '세 묶음'은 식 47÷3에서 나누는 수 3을 뜻해. 글과 그림이 무엇을 나타내는지 파악하면서 읽는 습관을 길러야 해.

● 수 모형을 세 묶음으로 나누어 보세요.

● 47÷3의 몫과 나머지는 얼마인가요?

5
몫과 나머지의 개념을 떠올리고 주어진 수 모형을 활용해 몫과 나머지를 구해 봐.

1

『수학 익힘』 8~9쪽

분수의 뺄셈을 해 볼까요(1)

도영이는 수일이와 초콜릿 한 개를 나누어 먹었습니다. 초콜릿이 똑같이 8조각으로 나누어져 있습니다. 수일이에게 3조각을 주고 도영이는 5조각을 먹었습니다. **도영이가 더 먹은 초콜릿의 양을 알아봅시다.**

3

2

수일이와 도영이가 먹은 초콜릿은 각각 전체의 얼마인지 분수로 나타내어 보세요.

수일이와 도영이가 먹은 초콜릿의 양을 그림에 나타내어 보세요.

수일

도영

도영이가 더 먹은 초콜릿은 전체의 얼마인지 구하는 식을 써 보세요.

- $\frac{5}{8} - \frac{3}{8}$ 은 얼마인가요?

- $\frac{5}{8} - \frac{3}{8}$ 을 계산하는 방법을 말해 보세요.

$\frac{5}{8}$ 는 $\frac{3}{8}$ 보다 $\frac{1}{8}$ 이 몇 개 더 많나요?

$$\frac{5}{8} - \frac{3}{8} = \frac{\boxed{} - \boxed{}}{8} = \frac{\boxed{}}{8}$$

12 · 수학 4-2

글을 식으로 바꾸기가 어려울 때는 교과서의 그림을 이용해.
글을 식으로 어떻게 바꿔야 할지 모를 때는 교과서에 나온 그림과 표 등을 활용해 봐. 초콜릿 그림과 초콜릿의 양 그림을 내가 읽은 문장의 글과 수와 연결 지어 봐. 처음에는 어렵지만 연결 짓는 연습을 꾸준히 하면 식을 금방 세울 수 있어.

① '전체 600개를 ~ 나누어 준다'는 문장을 읽으면 나눗셈 개념을 떠올려야 해. 600÷3을 떠올린 후에, 600÷3의 몫 200은 하루(1일) 동안 나누어 줄 기념품 수라는 걸 알아야 해.

「수학 익힘」 14~15쪽

덧셈, 뺄셈, 곱셈, 나눗셈이 섞여 있는 식을 계산해 볼까요

1 전체 기념품 600개를 3일 동안 관람객에게 매일 똑같은 수만큼 나누어 주려고 합니다. 첫날 오전에 어른 26명과 어린이 50명에게 기념품을 2개씩 나누어 주었습니다. 첫날 오후에 나누어 줄 수 있는 기념품은 몇 개인지 알아봅시다.

② 첫날=오전+오후로 읽어야 해. '어른 26명과'에서 과는 어린이 50명을 연결하는 말이기 때문에 (26+50)이라는 식을 세워야 해. 그리고 뒤에 ~에게 라고 붙었기 때문에 괄호가 필요해.

③ (26+50)명의 사람에게 2개씩 줬기 때문에 사용한 기념품의 수는 늘어나겠지?
'~개씩'이란 표현은 곱셈에서 자주 쓰는 표현이야. 식을 세워 보면 (26+50)×2로 적을 수 있어.

나누어 줄 수 있는 기념품은 몇 개인지 구하는 식

● (　　　)를 사용하여 첫날 오전에 관람객에게 나누어 준 기념품은 몇 개인지 구하는 식을 써 보세요.

● 첫날 오후에 나누어 줄 수 있는 기념품은 몇 개인지 하나의 식으로 나타내어 보세요.

④ 첫날=오전+오후를 활용해서 '오후=첫날-오전'이라는 식을 세워 보자.
지금까지 구한 수를 식으로 나타내면
오후=600÷3-(26+50)×2
가 되겠네.

● 을 계산하는 순서를 말해 보세요.

문제를 읽고 문장을 쪼개어 읽으며 식을 파악해야 해.

문제를 읽은 후 내용을 파악해 봐. 무엇을 구해야 하는지, 주어진 조건은 무엇인지, 차근차근 정리해야 해. 위 교과서 문제는 총 네 부분으로 나누어져 있어. 그러므로 네 부분의 글과 수를 식으로 바꾼 후 하나로 연결하는 과정이 무엇보다 중요해.

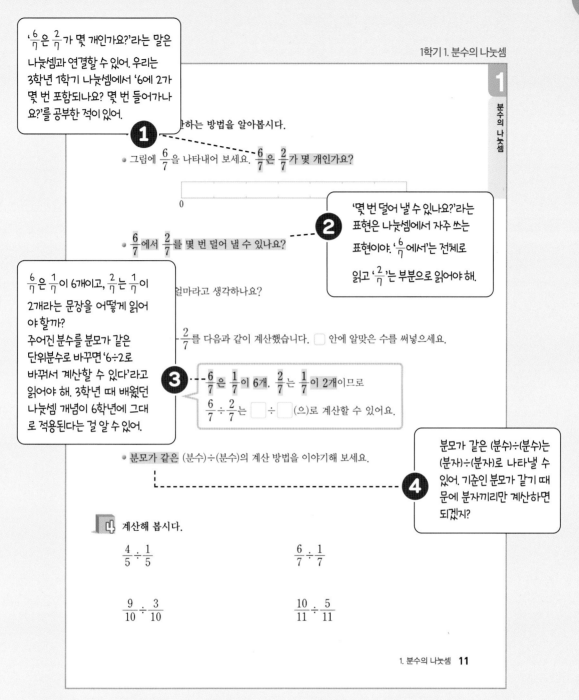

'$\frac{6}{7}$은 $\frac{2}{7}$가 몇 개인가요?'라는 말은 나눗셈과 연결할 수 있어. 우리는 3학년 1학기 나눗셈에서 '6에 2가 몇 번 포함되나요? 몇 번 들어가나요?'를 공부한 적이 있어.

1

하는 방법을 알아봅시다.

• 그림에 $\frac{6}{7}$을 나타내어 보세요. $\frac{6}{7}$은 $\frac{2}{7}$가 몇 개인가요?

0

'몇 번 덜어 낼 수 있나요?'라는 표현은 나눗셈에서 자주 쓰는 표현이야. '$\frac{6}{7}$에서'는 전체로 읽고 '$\frac{2}{7}$'는 부분으로 읽어야 해.

2

• $\frac{6}{7}$에서 $\frac{2}{7}$를 몇 번 덜어 낼 수 있나요?

$\frac{6}{7}$은 $\frac{1}{7}$이 6개이고, $\frac{2}{7}$는 $\frac{1}{7}$이 2개라는 문장을 어떻게 읽어야 할까?
주어진 분수를 분모가 같은 단위분수로 바꾸면 '6÷2로 바꿔서 계산할 수 있다'라고 읽어야 해. 3학년 때 배웠던 나눗셈 개념이 6학년에 그대로 적용된다는 걸 알 수 있어.

얼마라고 생각하나요?

$\frac{2}{7}$를 다음과 같이 계산했습니다. ☐ 안에 알맞은 수를 써넣으세요.

3

$\frac{6}{7}$은 $\frac{1}{7}$이 6개, $\frac{2}{7}$는 $\frac{1}{7}$이 2개이므로

$\frac{6}{7} \div \frac{2}{7}$는 ☐ ÷ ☐ (으)로 계산할 수 있어요.

분모가 같은 (분수)÷(분수)는 (분자)÷(분자)로 나타낼 수 있어. 기준인 분모가 같기 때문에 분자끼리만 계산하면 되겠지?

• 분모가 같은 (분수)÷(분수)의 계산 방법을 이야기해 보세요.

4

🚪 계산해 봅시다.

$$\frac{4}{5} \div \frac{1}{5}$$

$$\frac{6}{7} \div \frac{1}{7}$$

$$\frac{9}{10} \div \frac{3}{10}$$

$$\frac{10}{11} \div \frac{5}{11}$$

1. 분수의 나눗셈 **11**

이전에 공부한 내용을 연결 짓기 해야 해.

교과서의 글과 수를 읽을 때는 이전에 공부한 내용과 연결 지으면 식을 세우는 데 큰 도움이 돼. 지금 내가 읽고 있는 내용만 생각하지 말고 이전에 공부한 내용과 어떤 관련이 있는지 생각하면서 읽으면 수학 개념을 이해하는 읽기를 할 수 있어.

도형의 정의를 이해하며 읽어요

수학은 개념, 원리, 법칙을 이해해야 하는 과목 중 하나입니다. 개념, 원리, 법칙을 이해하기 위해서는 교과서에 나온 정의를 알아야 합니다. 도형의 정의는 어떻게 이해하며 읽어야 할까요?

교과서에는 도형의 정의를 이해할 때 도움이 되는 다양한 예와 그림 등이 함께 나옵니다. 다양한 예를 통해서 내가 알아야 하는 정의와 도형의 성질을 생각할 수 있습니다. 또 정의를 설명할 때 나온 글과 그림을 연결해서 읽고 이해하는 연습이 필요합니다.

정의는 수학의 여러 영역 중 도형 영역에서 많이 나옵니다. 정의를 이해하며 읽기 위한 방법을 알아볼까요?

첫째, 도형의 정의를 설명할 때 사용한 수학 용어를 이해 합니다.

하나의 정의를 이해하기 위해서는 여러 수학 용어를 먼저 이해해야 합니다. 예를 들어 '사다리꼴'의 정의를 이해하기 위해서는 '변', '평행', '사각형' 등의 수학 용어를 이해하고 사다리꼴 정의를 이해해야 합니다.

마주보는 한 쌍의 변이 서로 평행인 사각형을 사다리꼴이라고 합니다.

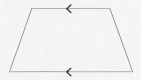

출처 : 4학년 2학기 4. 사각형

둘째, 정의는 글과 그림을 함께 읽습니다.

일반적으로 정의를 설명할 때는 글과 그림을 함께 사용해 정의를 이해하는 방법을 알려 줍니다. 그러므로 정의를 이해하고 읽기 위해서는 내가 알아야 하는 정의가 그림에 어떻게 적용됐는지 알고 있어야 합니다.

예를 들어 '평행사변형' 그림에서 '두 쌍의 변이 서로 평행하다'는 글의 내용이 어떻게 표현됐고, 그림은 어떻게 표현하고 있는지를 파악해 봅시다.

마주 보는 두 쌍의 변이 서로 평행한 사각형을 평행사변형이라고 합니다.

네 변의 길이가 모두 같은 사각형을 마름모라고 합니다.

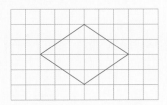

출처 : 4학년 2학기 4. 사각형

원의 정의와 원을 이루는
각 요소의 정의를 이해하기
위해서는 직접 원을 그려보고
알 수 있는 사실을 생각 해야 해.

1

⚃ 누름 못과 띠 종이를 이용하여 원을 그려 봅시다. 준비물 5

원 위에 3개의 점을 찍고, 누름 못이 꽂힌 점에서 원 위에 찍은 3개의 점까지의
길이를 각각 재어 보세요.

누름 못이 꽂힌 점에서 원 위에 찍은 3개의 점까지의 길이는 각각 어떠한가요?

원의 가장 중요한
성질을 읽고 '누름
못이 꽂힌 점에서
원 위의 한 점까지
의 길이'를 무엇이라
고 불러야 할지
생각해 봐.

2

누름 못이 꽂힌 점에서 원 위의 한 점까지의 길이는 모두 같습니다. 원을
그릴 때에 누름 못이 꽂혔던 점 ㅇ을 원의 중심이라고 합니다. 원의 중심
ㅇ과 원 위의 한 점을 이은 선분을 원의 반지름이라고 합니다. 또, 원 위의
두 점을 이은 선분이 원의 중심 ㅇ을 지날 때, 이 선분을 원의 지름이라고
합니다.

원의 중심

원의 지름

원의 반지름

선분 ㅇㄱ과 선분 ㅇㄴ은 원의 반지름이고, 선분 ㄱㄴ은 원의 지름입니다.

3

'원의 중심', '반지름', '지름'의 정의를 읽고
아래 원 그림을 봐야 해. '원의 중심',
'반지름', '지름'이 그림에 어떻게 나타났는지
파악하고 원 문제를 풀 때 내가 무엇을
먼저 찾고 생각해야 할지 알아야 해.

4

'원의 중심'이 먼저 나왔다는 건 모든
원의 문제를 풀 때는 원의 중심을 찾고
난 후 반지름과 지름을 찾아야 한다는
걸 말해.

학습문제를 보고 무엇을 배울지 생각해 봐야 해. 평행사변형의 정의를 떠올리고 평행사변형의 넓이를 구할 때 무엇이 필요한지 생각해 봐.

『수학 익힘』 80~83쪽

① 평행사변형의 넓이를 구해 볼까요

📖 준기와 연수는 계단 난간에서 평행사변형 모양을 찾았습니다. 준기와 연수가 찾은 평행사변형의 넓이를 구하는 방법을 생각해 봅시다.

② '평행한 두 변을 무엇이라고 부를까요?'라는 발문을 통해 평행한 두 변을 정의하는 내용이 나올 거라는 걸 예상할 수 있어.

- 평행사변형에서 평행한 두 변을 표시해 보세요. 두 변을 무엇이라고 부를까요?

- 평행한 두 변 사이의 거리를 표시해 보세요. 그 거리를 무엇이라고 부를까요?

③ '평행한 두 변 사이의 거리'라는 발문을 통해 거리를 무엇이라고 정의해야 할지 생각해야 해.

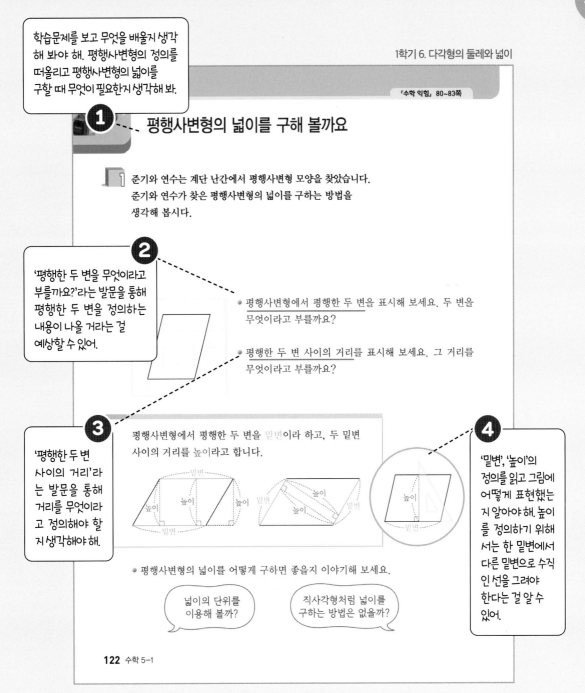

평행사변형에서 평행한 두 변을 밑변이라 하고, 두 밑변 사이의 거리를 높이라고 합니다.

④ '밑변', '높이'의 정의를 읽고 그림에 어떻게 표현했는지 알아야 해. 높이를 정의하기 위해서는 한 밑변에서 다른 밑변으로 수직인 선을 그려야 한다는 걸 알 수 있어.

- 평행사변형의 넓이를 어떻게 구하면 좋을지 이야기해 보세요.

넓이의 단위를 이용해 볼까?

직사각형처럼 넓이를 구하는 방법은 없을까?

122 수학 5-1

그림을 읽을 때는 그림에 표시되지 않은 부분도 잘 살펴봐.

그림을 읽을 때 학생들이 가장 많이 하는 실수는 그림에서 눈에 띄는 부분만 본다는 거야. 큰 글씨, 진하게 표시된 그림 또는 기호 등만 보고 넘어가지. 그래서 도형 문제를 풀 때 그림에 '밑변', '높이' 등의 표현이 나와 있지 않으면 어디가 밑변이고 높이인지 알지 못하는 경우가 있어. 도형의 그림에 나와 있는 모든 요소를 찾고 스스로 표현하는 연습을 반복해서 해야 해.

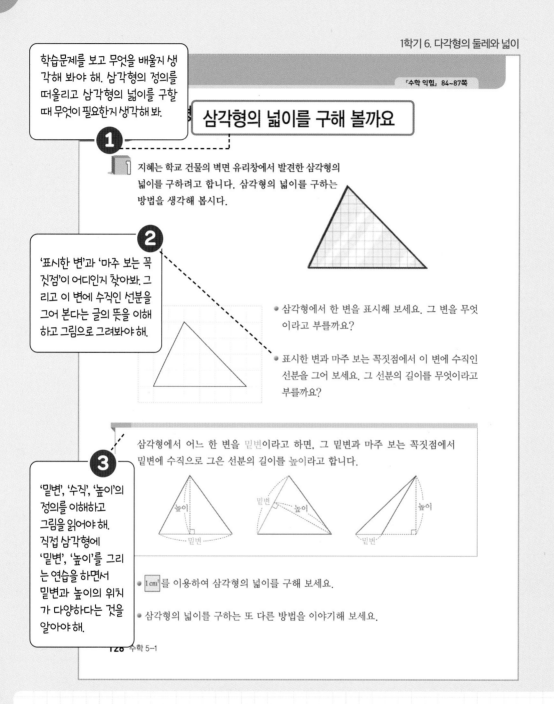

학습문제를 보고 무엇을 배울지 생각해 봐야 해. 삼각형의 정의를 떠올리고 삼각형의 넓이를 구할 때 무엇이 필요한지 생각해 봐.

『수학 익힘』 84~87쪽

삼각형의 넓이를 구해 볼까요

1 지혜는 학교 건물의 벽면 유리창에서 발견한 삼각형의 넓이를 구하려고 합니다. 삼각형의 넓이를 구하는 방법을 생각해 봅시다.

'표시한 변'과 '마주 보는 꼭짓점'이 어디인지 찾아봐. 그리고 이 변에 수직인 선분을 그어 본다는 글의 뜻을 이해하고 그림으로 그려봐야 해.

● 삼각형에서 한 변을 표시해 보세요. 그 변을 무엇이라고 부를까요?

● 표시한 변과 마주 보는 꼭짓점에서 이 변에 수직인 선분을 그어 보세요. 그 선분의 길이를 무엇이라고 부를까요?

'밑변', '수직', '높이'의 정의를 이해하고 그림을 읽어야 해. 직접 삼각형에 '밑변', '높이'를 그리는 연습을 하면서 밑변과 높이의 위치가 다양하다는 것을 알아야 해.

삼각형에서 어느 한 변을 밑변이라고 하면, 그 밑변과 마주 보는 꼭짓점에서 밑변에 수직으로 그은 선분의 길이를 높이라고 합니다.

● 1 cm 를 이용하여 삼각형의 넓이를 구해 보세요.

● 삼각형의 넓이를 구하는 또 다른 방법을 이야기해 보세요.

128 수학 5-1

교과서에 없는 예가 나와도 문제를 해결할 수 있어야 해.

많은 학생이 교과서에 없는 삼각형이 나오면 문제를 못 푸는 경우가 많아. 위 그림에 나온 세 삼각형 이외의 삼각형을 주고 밑변, 높이를 찾아서 나타내 보라고 하면 학생들은 '배우지 않았다'는 말을 해. 수학 교과서를 제대로 읽기 위해서는 내가 읽은 내용을 이해하고 이해한 내용을 바탕으로 표현하는 연습을 반복해야 해. 어떤 삼각형이 나오더라도 '밑변', '높이'의 정의에 맞게 그릴 수 있어야 문제를 해결할 수 있어.

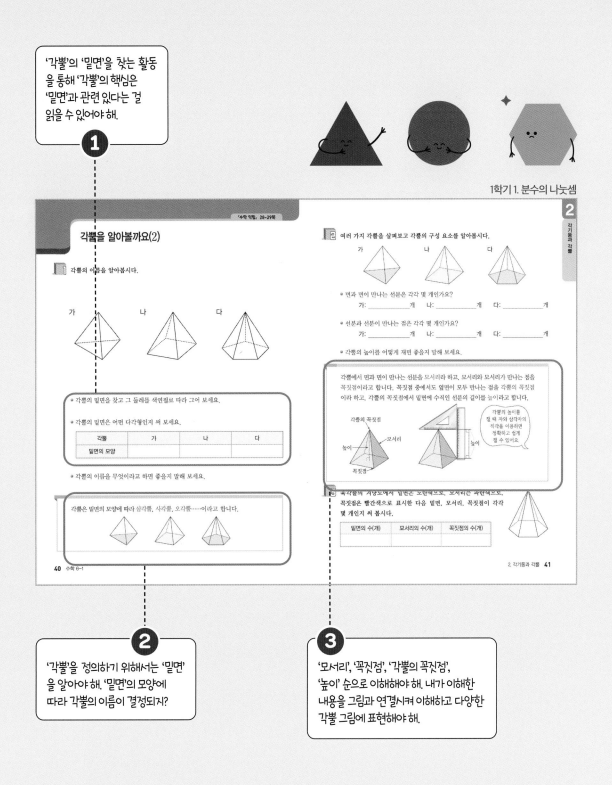

'각뿔'의 '밑면'을 찾는 활동을 통해 '각뿔'의 핵심은 '밑면'과 관련 있다는 걸 읽을 수 있어야 해.

1

2

'각뿔'을 정의하기 위해서는 '밑면'을 알아야 해. '밑면'의 모양에 따라 각뿔의 이름이 결정되지?

3

'모서리', '꼭짓점', '각뿔의 꼭짓점', '높이' 순으로 이해해야 해. 내가 이해한 내용을 그림과 연결시켜 이해하고 다양한 각뿔 그림에 표현해야 해.

조건과 배운 개념을 생각하며 읽어요

수학 교과서 각 단원 끝에는 이제까지 배운 개념을 활용하는 '탐구수학'이 나옵니다. '탐구수학'을 해결하기 위해서는 문제의 조건을 꼼꼼히 읽어야 합니다. 또 질문 순서에 따라 답을 하는 과정에서 문제를 푸는 데 필요한 수학 개념이 무엇인지, 어떤 조건을 활용해야 하는지 알아야 합니다. 수학을 어려워하는 학생들은 "분명 교과서에 나온 개념을 다 읽고 이해했다고 생각했는데 문제가 풀리지 않아요"라고 말합니다. 이런 말을 하는 학생은 수학 교과서 뒤에 나와 있는 '탐구수학'과 같은 활동을 해결할 때 어려움을 느낍니다. 질문을 이해하지 못하고, 문제에 주어진 조건과 숨어 있는 개념을 활용하지 못하기 때문입니다. 암기한 수학 개념을 활용하면 단순 계산 문제, 짧은 문장제 문제는 충분히 해결할 수 있지만 조건과 배운 개념을 생각하며 읽어야 하는 '탐구수학'과 같은 문제는 해결하기 어렵습니다 '탐구수학'과 같은 문제를 해결하기 위해서는 어떻게 읽어야 하는지 알아볼까요?

첫째, 주어진 조건을 확인합니다.

'탐구수학'에 나와 있는 글을 읽고 주어진 조건이 무엇인지 알아야 합니다. 어떤 모양을 그려야 하는지, 어떻게 계산해야 하는지, 선택할 수 있는 수는 무엇이 있는지 등을 알고 있어야 문제를 해결할 때 이용할 수 있습니다.

둘째, 내가 알고 있는 개념을 활용하는 방법을 알아야 합니다.

탐구수학은 단원의 끝 부분에 나옵니다. 그러므로 이제까지 학습한 내용을 바탕으로 이해해야 합니다. 공부한 개념을 다시 한 번 정리하고, 문제를 해결할 때 필요한 개념을 찾아야 합니다. '탐구수학'에 있는 질문, 그림, 표, 식 등을 통해 내가 공부한 개념을 문제에 적용하는 연습을 해야 합니다.

셋째, 문제 해결의 단서를 찾아야 합니다.

'탐구수학'에는 문제를 해결할 때 필요한 조건과 단서들이 나와 있습니다. 이 내용을 제대로 읽기 위해서는 이 내용 속에 숨겨져 있는 문제 해결 방법을 떠올리고 표현해야 합니다. '색칠한 부분의 넓이는 얼마일까?'와 '색칠하지 않은 부분의 넓이는 얼마일까?'를 통해서 전체는 '색칠한 부분+색칠하지 않은 부분'으로 나누어져 있다는 것을 그림과 대화를 통해 확인해야 합니다. 주어진 글을 있는 그대로 읽는 것도 중요하지만, 숨겨진 단서를 찾기 위해서는 글 안에 숨겨진 개념과 응용할 수 있는 내용을 찾아야 합니다.

분수의 곱셈을 이용하여 그림을 그려 봅시다.

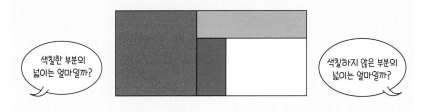

① '비닐봉지는 탄소발자국 11 g', '장바구니는 0 g'을 읽고 비닐봉지를 사용하지 않으면 11 g의 탄소 발자국을 줄일 수 있다는 것을 읽어야 해.

③ 61×42를 어떤 순서로 쓰는지 살펴봐. 각 칸의 가로, 세로에 해당하는 수를 곱한 결과를 격자에 한 자리씩 쓸 때 어떻게 써야 하는지 확인해야 해.

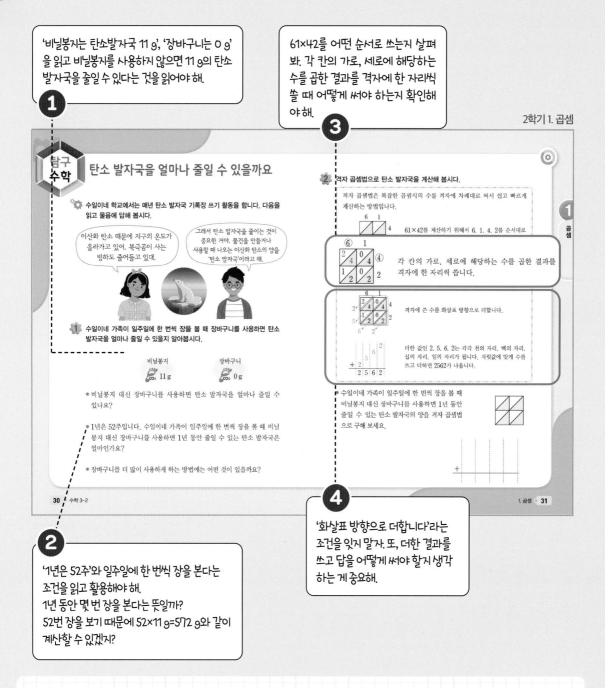

② '1년은 52주'와 일주일에 한 번씩 장을 본다는 조건을 읽고 활용해야 해.
1년 동안 몇 번 장을 본다는 뜻일까?
52번 장을 보기 때문에 52×11 g=572 g와 같이 계산할 수 있겠지?

④ '화살표 방향으로 더합니다'라는 조건을 잊지 말자. 또, 더한 결과를 쓰고 답을 어떻게 써야 할지 생각하는 게 중요해.

문제에 나온 그림과 조건을 꼼꼼히 읽어야 해.

'탐구수학'을 읽을 때는 그림과 조건을 꼼꼼히 읽는 습관이 필요해요. 조건을 제대로 읽지 않으면 문제를 해결할 수 있는 힌트를 얻지 못하기 때문이야. 주어진 격자 곱셈법 그림을 보면서 격자 곱셈법으로 곱셈을 계산하는 방법을 이해해야 해. 이해한 내용을 바탕으로 그림과 조건, 계산 방법 설명을 연결해서 이해하면 문제를 쉽게 해결할 수 있어.

①~③에 나온 계산 규칙 중 ②가 재미있는 수의 핵심 규칙이야.

1

11과 15의 우박수의 공통점과 차이점을 알아야 해. 공통점은 둘 다 홀수라는 것이고, 차이점은 1이 나올 때까지 계산한 횟수가 다르다는 거야.

3

1학기 6.규칙 찾기

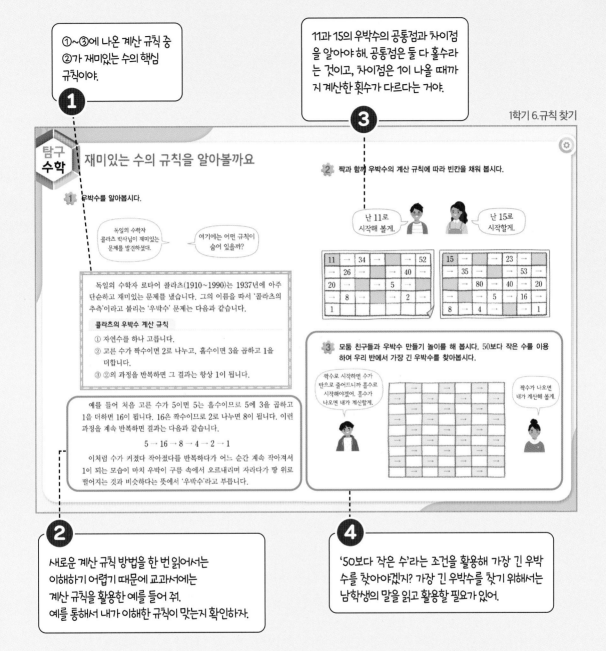

탐구 수학

재미있는 수의 규칙을 알아볼까요

1 우박수를 알아봅시다.

독일의 수학자 콜라츠 박사님이 재미있는 문제를 발견하셨대.

여기에는 어떤 규칙이 숨어 있을까?

독일의 수학자 로타어 콜라츠(1910~1990)는 1937년에 아주 단순하고 재미있는 문제를 냈습니다. 그의 이름을 따서 '콜라츠의 추측'이라고 불리는 '우박수' 문제는 다음과 같습니다.

콜라츠의 우박수 계산 규칙

① 자연수를 하나 고릅니다.
② 고른 수가 짝수이면 2로 나누고, 홀수이면 3을 곱하고 1을 더합니다.
③ ②의 과정을 반복하면 그 결과는 항상 1이 됩니다.

예를 들어 처음 고른 수가 5이면 5는 홀수이므로 5에 3을 곱하고 1을 더하면 16이 됩니다. 16은 짝수이므로 2로 나누면 8이 됩니다. 이런 과정을 계속 반복하면 결과는 다음과 같습니다.

$$5 \rightarrow 16 \rightarrow 8 \rightarrow 4 \rightarrow 2 \rightarrow 1$$

이처럼 수가 커졌다 작아졌다를 반복하다가 어느 순간 계속 작아져서 1이 되는 모습이 마치 우박이 구름 속에서 오르내리며 자라다가 땅 위로 떨어지는 것과 비슷하다는 뜻에서 '우박수'라고 부릅니다.

2 짝과 함께 우박수의 계산 규칙에 따라 빈칸을 채워 봅시다.

난 11로 시작해 볼게.

난 15로 시작할게.

11	→	34	→		→	52
	→	26	→		→	40	→
20	→		→		5	→	
	→	8	→		→		2
1

15	→		→	23	→	
	→	35	→		→	53	→
	→		80	→	40	→	20
	→		5	→	16	→	
1	→	8	→	4	→	1

3 모둠 친구들과 우박수 만들기 놀이를 해 봅시다. 50보다 작은 수를 이용하여 우리 반에서 가장 긴 우박수를 찾아봅시다.

짝수로 시작하면 수가 반으로 줄어드니까 홀수로 시작해야겠어. 홀수가 나오면 내가 계산할게.

짝수가 나오면 내가 계산해 볼게.

2

새로운 계산 규칙 방법을 한 번 읽어서는 이해하기 어렵기 때문에 교과서에는 계산 규칙을 활용한 예를 들어 줘. 예를 통해서 내가 이해한 규칙이 맞는지 확인하자.

4

'50보다 작은 수'라는 조건을 활용해 가장 긴 우박수를 찾아야겠지? 가장 긴 우박수를 찾기 위해서는 남학생의 말을 읽고 활용할 필요가 있어.

계산 규칙을 파악할 때는 '예'를 반드시 이해해야 해.

새로운 계산 규칙을 읽어도 이해가 안 될 때가 많지? 또 '어떻게 계산하라는 거지?' 하며 고개를 갸우뚱 거릴 때가 있지? 그래서 교과서는 계산 규칙을 설명한 후 예를 통해 계산 규칙을 자세히 설명해 줘. 이때 계산 규칙과 예를 비교하면서 계산 규칙을 이해하는 것이 중요해.

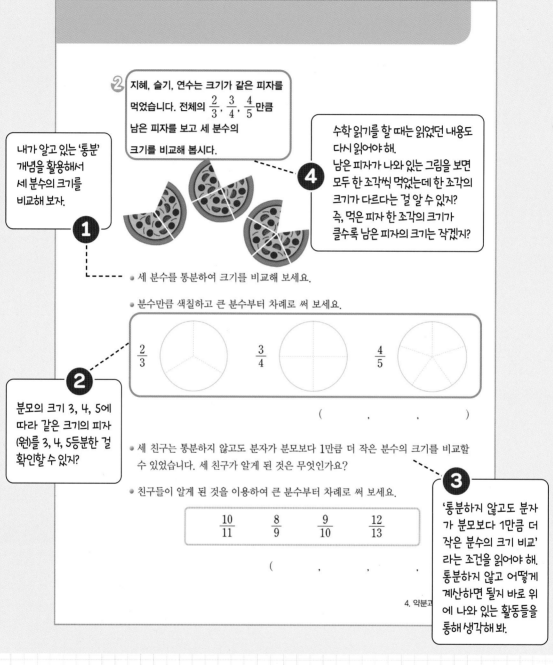

② 지혜, 슬기, 연수는 크기가 같은 피자를 먹었습니다. 전체의 $\frac{2}{3}$, $\frac{3}{4}$, $\frac{4}{5}$ 만큼 남은 피자를 보고 세 분수의 크기를 비교해 봅시다.

① 내가 알고 있는 '통분' 개념을 활용해서 세 분수의 크기를 비교해 보자.

④ 수학 읽기를 할 때는 읽었던 내용도 다시 읽어야 해. 남은 피자가 나와 있는 그림을 보면 모두 한 조각씩 먹었는데 한 조각의 크기가 다르다는 걸 알 수 있지? 즉, 먹은 피자 한 조각의 크기가 클수록 남은 피자의 크기는 작겠지?

● 세 분수를 통분하여 크기를 비교해 보세요.

● 분수만큼 색칠하고 큰 분수부터 차례로 써 보세요.

$\frac{2}{3}$ $\frac{3}{4}$ $\frac{4}{5}$

② 분모의 크기 3, 4, 5에 따라 같은 크기의 피자(원)를 3, 4, 5등분한 걸 확인할 수 있지?

(,   ,   )

● 세 친구는 통분하지 않고도 분자가 분모보다 1만큼 더 작은 분수의 크기를 비교할 수 있었습니다. 세 친구가 알게 된 것은 무엇인가요?

● 친구들이 알게 된 것을 이용하여 큰 분수부터 차례로 써 보세요.

$\frac{10}{11}$ $\frac{8}{9}$ $\frac{9}{10}$ $\frac{12}{13}$

(,   ,   ,   )

③ '통분하지 않고도 분자가 분모보다 1만큼 더 작은 분수의 크기 비교'라는 조건을 읽어야 해. 통분하지 않고 어떻게 계산하면 될지 바로 위에 나와 있는 활동들을 통해 생각해 봐.

4. 약분과

수학 읽기를 할 때는 읽었던 글도 다시 돌아가서 읽어야 해.

많은 학생이 수학 읽기를 할 때 이전에 읽었던 글은 잊은 채 앞으로 읽어야 할 또는 방금 읽은 내용만 생각하는 경우가 많아. 읽었던 글을 통해 문제 해결의 힌트를 얻는 경우가 많기 때문에 처음으로 돌아가서 내가 활용할 수 있는 조건과 개념이 무엇이 있는지 확인하며 읽을 필요가 있어.

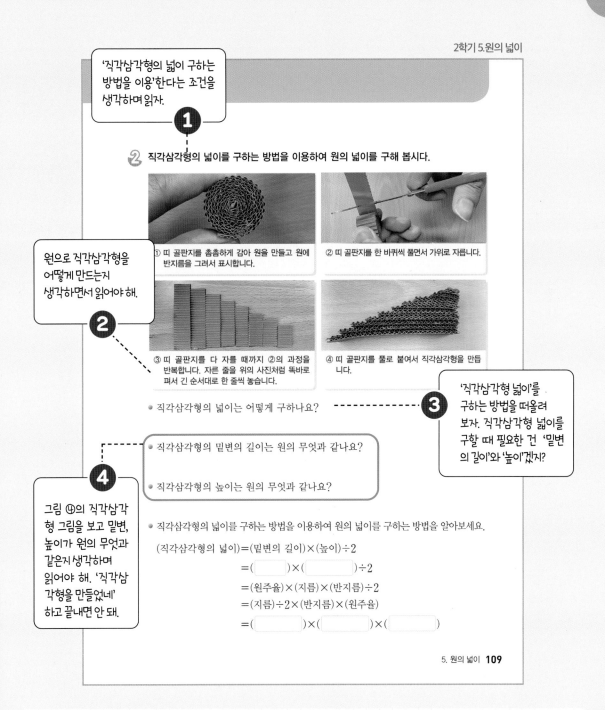

'직각삼각형의 넓이 구하는 방법을 이용'한다는 조건을 생각하며 읽자. **①**

② 직각삼각형의 넓이를 구하는 방법을 이용하여 원의 넓이를 구해 봅시다.

원으로 직각삼각형을 어떻게 만드는지 생각하면서 읽어야 해. **②**

① 띠 골판지를 촘촘하게 감아 원을 만들고 원에 반지름을 그려서 표시합니다.

② 띠 골판지를 한 바퀴씩 풀면서 가위로 자릅니다.

③ 띠 골판지를 다 자를 때까지 ②의 과정을 반복합니다. 자른 줄을 위의 사진처럼 똑바로 펴서 긴 순서대로 한 줄씩 놓습니다.

④ 띠 골판지를 풀로 붙여서 직각삼각형을 만듭니다.

③ '직각삼각형 넓이'를 구하는 방법을 떠올려 보자. 직각삼각형 넓이를 구할 때 필요한 건 '밑변의 길이'와 '높이'겠지?

● 직각삼각형의 넓이는 어떻게 구하나요?

④ 그림 ⊕의 직각삼각형 그림을 보고 밑변, 높이가 원의 무엇과 같은지 생각하며 읽어야 해. '직각삼각형을 만들었네' 하고 끝내면 안 돼.

● 직각삼각형의 밑변의 길이는 원의 무엇과 같나요?

● 직각삼각형의 높이는 원의 무엇과 같나요?

● 직각삼각형의 넓이를 구하는 방법을 이용하여 원의 넓이를 구하는 방법을 알아보세요.

(직각삼각형의 넓이)=(밑변의 길이)×(높이)÷2

=(　　　　)×(　　　　)÷2

=(원주율)×(지름)×(반지름)÷2

=(지름)÷2×(반지름)×(원주율)

=(　　　　)×(　　　　)×(　　　　)

5. 원의 넓이 **109**

직각삼각형, 원의 넓이를 구할 때 알아야 하는 게 무엇인지 생각하며 읽어야 해.

직각삼각형의 넓이를 구할 때는 '밑변의 길이', '높이'를 알아야 하고, 원의 넓이를 구할 때는 '반지름'을 알아야 해. 이처럼 우리가 넓이를 구할 때 필요한 게 무엇인지 알아야 서로 연결 지어 생각할 수 있게 돼. 직각삼각형의 밑변의 길이와 높이가 원과 어떤 관계가 있는지 그림과 조건을 통해 생각하자.

3

개념과 자료 파악이 중요한

사회 영역

사회 교과서에는 다양한 생활 모습이 담겨 있습니다. 그렇기 때문에 공감하며 읽을 수 있기도 하지만 직접 겪어보지 못한 모습도 담고 있어, 읽고 이해하는 데 어려움을 겪기도 합니다. 특히 낯선 개념과 복잡해 보이는 그래프, 표 등이 실려 있어 글씨만 읽고 내용을 이해하지 못한 채 넘어가기도 합니다. 사회 교과서를 어떻게 읽는지 알지 못하면 사회 개념을 제대로 이해하기 어렵습니다. 초등학교에서 배우는 사회 개념들은 중학교, 고등학교에서 배우는 여러 과목의 밑바탕이 되기 때문에 초등학교 사회 교과서를 어떻게 읽어야 하는지 알고 제대로 읽어야 합니다.

어떻게 읽으면 좋을까요?

사회 교과서의 내용을 살펴보면 정치, 법, 경제, 사회·문화, 지리, 역사 등 다양한 내용을 포함하고 있습니다. 또 학년을 중심으로 살펴보면 3학년에서 우리 고장에 대해 공부하는 것에 이어 4학년에서는 우리 지역, 5학년에서는 우리나라에 대해 배웁니다. 마지막으로 6학년에서는 세계 여러 나라와 지구촌까지 범위를 확장하여 공부합니다. 사회 교과서를 읽을 때에는 내가 읽고 있는 부분이 어떤 영역과 범위에 대한 내용인지 파악하는 것이 필요합니다.

① 교과서 내용의 영역 파악하기

사회 교과서의 내용을 크게 본다면 지역의 자연·인문 환경과 이에 따른 생활 모습을 알아보는 영역, 우리나라의 역사와 발전 과정을 살피는 영역, 이외 정치·경제·사회·문화 현상 등 사회생활에 대한 기본 원리가 나오는 영역으로 나눌 수 있습니다. 교과서의 내용이 어떤 영역의 내용인지 파악하기 위해서는 대단원과 소단원 제목을 살펴보는 것이 필요합니다. 영역을 파악한다면 교과서를 읽을 때 어디에 집중하여 읽어야 하는지 알 수 있습니다.

② 영역별로 집중해서 읽을 부분 찾기

지리 영역에서는 항상 지도가 등장합니다. 따라서 지도를 읽는 방법을 이해하고, 지도가 실린 이유를 파악해야 합니다. 역사 영역은 사건의 흐름을 파악하는 것이 중요합니다. 사건의 원인과 결과를 연결하여 사건의 흐름을 이어나갈 수 있어야 합니다. 기타 영역에서는 다양한 개념들이 등장하기 때문에 개념의 정의를 알고 정리할 수 있어야 합니다.

사회 교과서 내용 영역별 자세히 읽을 부분

지리 영역	지도 등 시각적으로 정리된 자료 살피기
역사 영역	사건의 흐름을 머릿속으로 정리하기
기타 영역	중요한 개념의 뜻 이해하기

⊕ 사회 읽기의 기술! 어떤 것들이 있을까요?

01 대단원과 소단원의 관계를 파악하며 읽어요
02 국어사전에서 뜻을 찾을 때 한자도 함께 읽어요
03 글과 그림을 함께 읽어요
04 그래프와 사회 개념을 연결 지어 읽어요
05 지도의 의미를 생각하며 읽어요
06 원인과 결과에 따른 순서를 생각하며 읽어요
07 씽킹맵을 그리며 읽어요
08 화살표를 읽어요

대단원과 소단원의 관계를 파악하며 읽어요

책을 구입하면 가장 먼저 어느 부분을 보나요? 표지를 보는 사람도 있고, 저자 소개를 보는 사람도 있을 것입니다. 이 중에서도 차례는 꼭 살펴야 합니다. 차례는 책에 실려 있는 내용에 대한 예고편이라고 할 수 있습니다. 이 예고편이 교과서에도 있다는 것을 알고 있나요? 사회 교과서에도 차례가 있습니다.

차례를 보면 대단원의 제목과 소단원의 제목을 알 수 있습니다. 생각보다 많은 학생들이 단원명을 제대로 확인하지 않고 교과서의 본문부터 읽는 경우가 많습니다. 내가 무엇을 배우게 될지 살피지 않고 무작정 공부를 시작하는 것입니다. 무엇을 배우게 될지 살피지 않고 공부를 시작하면 머릿속에 단원의 내용을 정리하기 어려워집니다 *교사용 지도서에서는 대단원 대신에 '단원', 소단원 대신에 '주제'라고 되어 있습니다.

대단원과 소단원의 관계를 파악하며 읽는 방법을 알아볼까요?

1. 지역의 위치와 특성 ·················· 대단원(단원)

❶ 지도로 본 우리 지역
❷ 우리 지역의 중심지 ·················· 소단원(주제)

지도를 보면 우리 지역의 위치를 알 수 있고,
지도에 나타난 정보로 우리 지역의 특징을 알 수 있습니다.
우리 지역에는 사람들이 많이 모이는 곳이 있습니다.
사람들이 많이 모이는 곳은 어디에 있으며
그곳의 특징은 무엇일까요?

출처 : 4학년 1학기 1. 지역의 위치와 특성

첫째, 교과서에서 대단원과 소단원이 함께 등장하는 단원 도입 쪽을 봅니다.

예시로 **4학년 1학기 1. 지역의 위치와 특성**을 살펴보겠습니다.

대단원 (단원)	소단원 (주제)
1. 지역의 위치와 특성	① 지도로 본 우리 지역 ② 우리 지역의 중심지

둘째, 단원의 제목을 보고 뜻을 모르는 개념이 있다면 국어사전에서 찾아봅니다.

특성: 일정한 사물에만 있는 특수한 성질   출처: 표준국어대사전

비슷한 뜻을 가진 다른 단어를 찾아볼 수도 있습니다.

특징: 다른 것에 비하여 특별히 눈에 뜨이는 점   출처: 표준국어대사전

셋째, 단원의 제목을 다시 살펴봅니다.

대단원 제목을 보면 이번 단원에서는 우리 지역이 어디에 있는지, 그리고 우리 지역이 가지고 있는 특수한 점은 무엇인지 배운다는 것을 알 수 있습니다. 또 소단원 제목을 보면 우리 지역이 어디 있는지 알기 위해, 첫 번째 소단원에서는 지도를 살펴보고, 다음 소단원에서 우리 지역에서 사람들이 많이 모이는 곳이 어딘지 배운다는 것을 알 수 있습니다. 이를 통해 우리 지역이 어떤 곳인지 알면 우리 지역의 특성에 대해 알 수 있게 됩니다.

이렇게 단원 제목을 통해 어떤 내용을 공부하게 될지 미리 파악하면 교과서의 내용을 더 쉽게 이해할 수 있습니다.

환경이란 우리 주위의 자연이나 모습을 말해. 이 단원에서는 주위의 모습에 따라 다른 삶의 모습을 살펴보자.

①

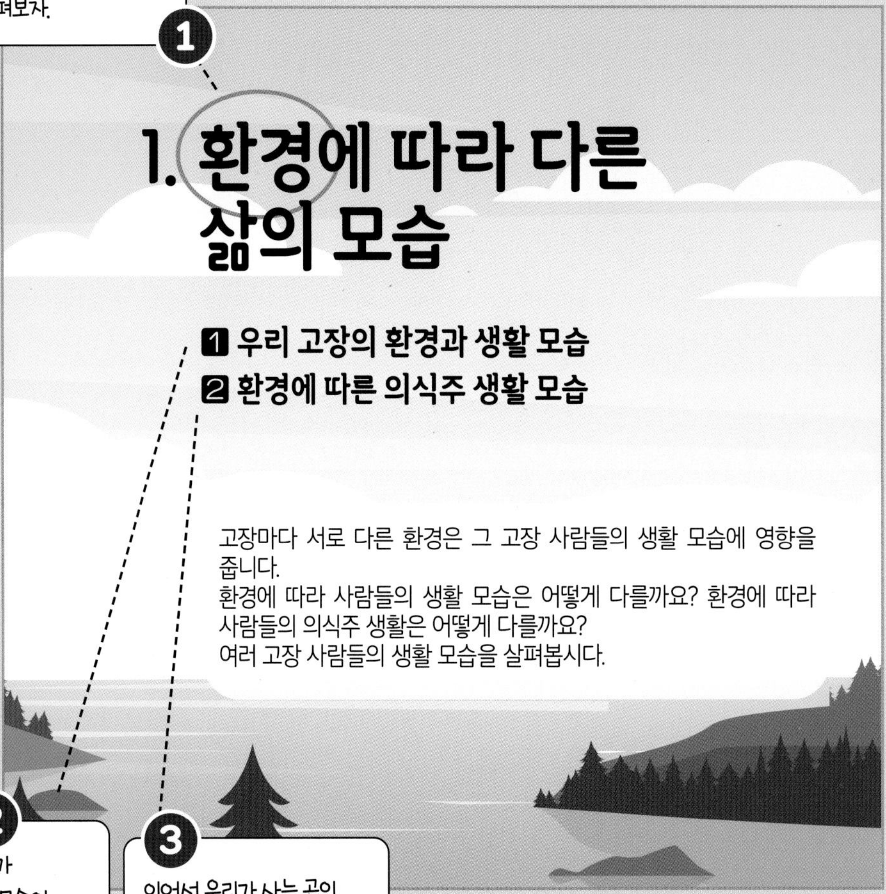

1. 환경에 따라 다른 삶의 모습

❶ 우리 고장의 환경과 생활 모습
❷ 환경에 따른 의식주 생활 모습

고장마다 서로 다른 환경은 그 고장 사람들의 생활 모습에 영향을 줍니다.
환경에 따라 사람들의 생활 모습은 어떻게 다를까요? 환경에 따라 사람들의 의식주 생활은 어떻게 다를까요?
여러 고장 사람들의 생활 모습을 살펴봅시다.

②
먼저 우리가 사는 곳의 모습이 어떤지 살펴보겠네.

③
이어서 우리가 사는 곳의 모습과 다른 고장의 사람들이 사는 곳의 모습을 비교해 보는 내용을 공부할 거야.

단원의 첫 페이지에 모르는 개념이 등장하면 국어사전에서 찾아봐야 해.

뜻을 이해하기 어려운 개념이 있다면 국어사전에서 찾아보자.
• 고장: 사람이 많이 사는 지방이나 지역.
• 의식주: 옷과 음식과 집을 통틀어 이르는 말. 인간 생활의 세 가지 기본 요소이다.

출처: 표준국어대사전

우리 지역에는 주민들의 생활에 도움을 주는 공공 기관들이 있어. 이번 단원에서는 이 공공 기관들과 지역의 문제를 해결하기 위한 주민들의 모습을 공부해.

3. 지역의 공공 기관과 주민 참여

1 우리 지역의 공공 기관
2 지역 문제와 주민 참여

우리 지역에는 지역 주민의 생활에 도움을 주는 공공 기관이 많습니다.
공공 기관과 지역 주민들은 우리 지역에서 일어나는 크고 작은 문제를 함께 해결하고 있습니다.
공공 기관에서 하는 일과 주민 참여의 바람직한 태도를 살펴봅시다.

2 먼저 우리 지역에 어떤 공공 기관이 있는지 공부하겠지?

3 다음으로 공공 기관과 주민들이 지역의 문제를 해결하는 모습을 살펴볼 거야.

뜻을 이해하기 어려운 개념이 있다면 국어사전에서 찾아보자.
• 기관: 사회생활의 영역에서 일정한 역할과 목적을 위하여 설치한 기구나 조직.
• 주민: 일정한 지역에 살고 있는 사람.

출처: 표준국어대사전

'인권', '존중', '정의롭다' 세 개의 개념을 국어사전에서 찾아봐. 사람이 당연히 가지고 누려야 할 것을 중요하고 귀하게 여기는 것 그리고 바른 사회에 대해 공부하는 단원이야.

1

인권 존중과 정의로운 사회

인권이 무너지면 전부가 무너집니다

인 권 기 술 문 화 정 치 경 제 사 회

1 인권을 존중하는 삶
2 법의 의미와 역할
3 헌법과 인권 보장

86

 학습 내용

» 인권이란 무엇이며 왜 중요할까요?
» 법이란 무엇이며 우리 생활에서 어떤 역할을 할까요?
» 인권을 보장하기 위해 헌법이 하는 역할은 무엇일까요?
» 헌법에서 규정하는 기본권과 의무는 무엇일까요?

2

3개의 소단원 중 첫 번째 소단원에서는 인권이 존중받는 모습에 대해 볼 수 있을 거야. 두 번째, 세 번째 소단원을 보니 인권이 존중받고 정의로운 사회를 만들기 위해 필요한 법에 대해 공부한다는 것을 예상할 수 있어.

3

대단원과 소단원 이름뿐만 아니라 학습 내용 질문에도 '인권', '법'이라는 개념이 여러 번 등장하네.

단원의 첫 페이지에 모르는 개념이 등장하면 국어사전에서 찾아봐야 해.

인권 존중과 정의로운 사회 단원에서 '인권', '존중', '정의롭다'라는 개념의 뜻을 찾으면 단원에서 공부할 내용을 더 쉽게 예상할 수 있어.

• 인권: 인간으로서 당연히 가지는 기본적 권리.
• 존중: 높이어 귀중하게 대함.　• 정의롭다: 정의에 벗어남이 없이 올바르다.

출처: 표준국어대사전

우리나라의 경제에 대해 공부하는
단원이야. 우리나라가 어떻게 해서
지금의 모습이 되었는지 살펴볼 것 같지?

1

우리나라의
경제 발전

1 우리나라 경제 체제의 특징

2 우리나라의 경제 성장

3 세계 속의 우리나라 경제

🌐 학습 내용

» 우리나라 경제 체제의 특징은 무엇일까요?

» 우리나라 경제는 어떤 과정을 거쳐 발전해 왔을까요?

» 우리나라는 세계 여러 나라와 어떻게 경제 교류를 하고 있을까요?

2

우리나라 경제의 모습을 먼저 살펴보고
우리나라의 경제가 어떻게 발전했는지
공부할 것 같아. 또 세계 여러 나라와도
관련 지어 배운다는 것을 알 수 있어.

3

학습 내용 질문들을 보면 단원의
학습 내용을 구체적으로 예상할
수 있어.

우리나라 경제 체제의 특징 단원을 공부하기 전에 '경제', '체제'라는 개념에 대해 찾아보자.
• 경제: 인간의 생활에 필요한 재화나 용역을 생산·분배·소비하는 모든 활동. 또는 그것을 통하여 이루어지는 사회적 관계.
• 체제: 생기거나 이루어진 틀.

출처: 표준국어대사전

국어사전에서 뜻을 찾을 때 한자도 함께 읽어요

사회 교과서에 나오는 수많은 개념을 무작정 외우려고 하면 낱말과 뜻이 머릿속에서 잘 연결되지 않는 경우가 많습니다. 또 그 개념이 어떤 맥락에서 등장하는 것인지 모르고 뜻만 기억하는 경우가 많습니다. 이럴 때는 한자를 찾아 함께 읽는 것이 내용을 이해하는 데 도움이 됩니다.

사회 교과서 속에서 낯설게 느껴지는 개념 중 대부분은 한자어인 경우가 많습니다. 하지만 그렇다고 지금 한자 공부를 시작하기에는 시간이 부족합니다. 그래서 사전을 찾을 때 한자를 함께 보는 습관을 들이는 것이 좋습니다.

국어사전에서 개념을 찾아보면 한자어인 경우 뜻과 함께 한자가 실려 있습니다. 특히 인터넷 사전의 경우 한자를 한 자씩 클릭할 수 있게 되어 있어 각 한자가 뜻하는 의미를 찾을 수 있습니다. 어떤 한자가 모여, 또 어떤 뜻들이 모여 한자어를 이루는지 이해한다면 기계적으로 개념을 외우지 않아도 기억에 오래 남습니다. 국어사전에서 뜻을 찾을 때 한자의 뜻도 함께 읽는 방법을 알아볼까요?

첫째, 인터넷 국어사전에서 개념을 검색합니다.

예시로 '교통수단'을 검색해봅시다.   🔍 교통수단

둘째, 국어사전에 개념의 뜻과 함께 실린 한자를 봅니다.

交	通	手	段
사귈 교	통할 통	손 수	층계 단

셋째, 각 한자를 클릭하여 한자의 뜻과 음을 살펴봅니다.

각 한자에는 뜻과 음이 있습니다. 뜻은 그 한자가 담고 있는
의미이고 음은 그 한자가 어떻게 읽히는지 알려줍니다.

넷째, 각 한자의 뜻을 살펴봅니다.

한자의 뜻들이 모여 어떤 의미를 만드는지 읽습니다.

교통수단이란 '오고 가는 방법'을 뜻한다는 것을 알 수 있습니다. 여기서 잠깐! 手(손
수)의 경우 한자 사전에서 검색했을 때, 우리 몸의 '손'이라는 뜻이 먼저 등장합니다.
이렇게 한자를 찾아보면 대표적인 뜻을 제일 처음 보게 됩니다. 그럴 때는 한자가 가
지고 있는 여러 가지 의미 중 맞는 의미를 찾아 읽어야 합니다.

다섯째, 교과서에 개념의 뜻이 풀이되어 있다면 내가 이해한 뜻과 비교하여 읽습니다.

이를 통해 내가 이해한 뜻이 바른지 확인할 수 있습니다.

사전을 보며 내가 찾은 뜻	교과서에 나온 뜻
오고 가는 방법	사람이 이동하거나 물건을 옮기는 데 사용하는 방법이나 도구

나의 이해
교통수단이란 사람이나 물건이 오고 가는 여러 가지 방법들을 말하는구나.

여섯째, 파악한 뜻을 바탕으로 교과서 내용을 이해합니다.

무작정 개념을 읽고 외우는 것이 아니라 그 개념에 대해 이해하는 것이 사회 교과서
읽기에서 중요합니다.

교통수단이라는 개념이 여러 번 등장하고 있어. 이번 단원을 공부할 때 중요한 개념이겠지? 교통수단이 무슨 뜻일지 생각해 볼까?

1

한자 사전에서 찾아보니

사귈(교) → 오고 가다
통할(통) → 오고 가다
손(수) → 방법
층계(단) → 방법

이라는 의미를 가지고 있어.
교통수단이란 '오고 가는 방법'이라는 뜻이야.

3

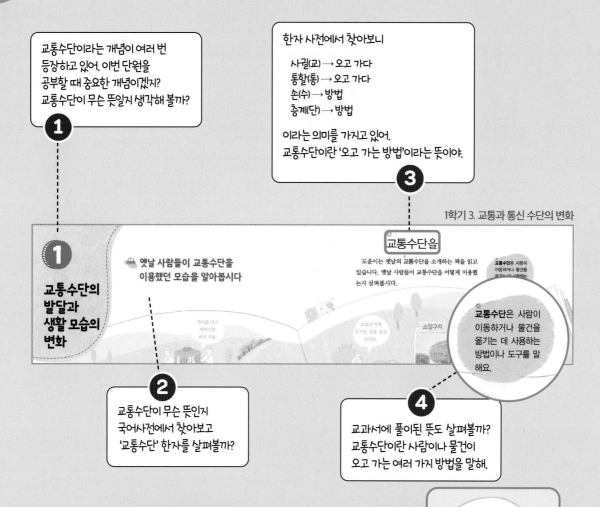

1학기 3. 교통과 통신 수단의 변화

교통수단을

도윤이는 옛날의 교통수단을 소개하는 책을 읽고 있습니다. 옛날 사람들이 교통수단을 어떻게 이용했는지 살펴봅시다.

교통수단은 사람이 이동하거나 물건을 옮기는 데 사용하는

1

교통수단의 발달과 생활 모습의 변화

🚌 옛날 사람들이 교통수단을 이용했던 모습을 알아봅시다

가마를 타고 어머니를 뵈러 가요.

소달구지에 두거운 짐을 싣고 날라요.

소달구지

교통수단은 사람이 이동하거나 물건을 옮기는 데 사용하는 방법이나 도구를 말해요.

2

교통수단이 무슨 뜻인지 국어사전에서 찾아보고 '교통수단' 한자를 살펴볼까?

4

교과서에 풀이된 뜻도 살펴볼까?
교통수단이란 사람이나 물건이 오고 가는 여러 가지 방법을 말해.

옛날 사람들의 교통수단

가마	가마를 타고 어머니를 뵈러 가요.
말	말을 타고 한양에 가요.
뗏목	뗏목을 이용해 사람이 이동하거나 물건을 옮겨요.
소달구지	소달구지에 무거운 짐을 싣고 날라요.
돛단배	돛단배를 타고 바람의 힘으로 강을 건너요.
당나귀	당나귀를 타고 장에 가요.

옛날 교통수단은 주로 사람이나 동물, 자연의 힘을 이용했구나!

5

이번 단원에서는 옛날 사람들이 이동하거나 물건을 옮길 때 어떤 교통수단을 이용했는지 알아보고 옛날과 오늘날을 비교하는 내용을 공부한다는 걸 알 수 있어.

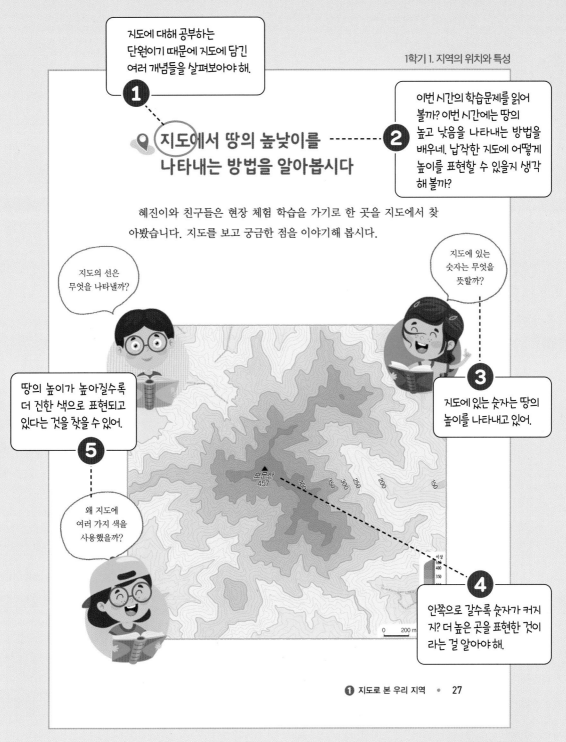

1 지도에 대해 공부하는 단원이기 때문에 지도에 담긴 여러 개념들을 살펴보아야 해.

2 이번 시간의 학습문제를 읽어 볼까? 이번 시간에는 땅의 높고 낮음을 나타내는 방법을 배우네. 납작한 지도에 어떻게 높이를 표현할 수 있을지 생각해 볼까?

📍 지도에서 땅의 높낮이를 나타내는 방법을 알아봅시다

혜진이와 친구들은 현장 체험 학습을 가기로 한 곳을 지도에서 찾아봤습니다. 지도를 보고 궁금한 점을 이야기해 봅시다.

지도의 선은 무엇을 나타낼까?

지도에 있는 숫자는 무엇을 뜻할까?

3 지도에 있는 숫자는 땅의 높이를 나타내고 있어.

5 땅의 높이가 높아질수록 더 진한 색으로 표현되고 있다는 것을 찾을 수 있어.

왜 지도에 여러 가지 색을 사용했을까?

4 안쪽으로 갈수록 숫자가 커지지? 더 높은 곳을 표현한 것이라는 걸 알아야 해.

도문산 457

① 지도로 본 우리 지역 · 27

▶ 뒷면으로 이어짐

6 등고선이 무슨 뜻인지 국어사전에서 찾아보고 '등고선' 한자를 살펴볼까?

7 한자 사전에서 찾아보니

같을(등) → 같다
높을(고) → 높이
줄(선) → 선

이라는 의미를 가지고 있어. 등고선이란 '같은 높이의 선'이라는 뜻이야.

지도에서 높이가 같은 곳을 연결하여 땅의 높낮이를 나타낸 선을 **등고선**이라고 합니다. 지도에서는 땅의 높낮이를 등고선과 색깔로 나타내는데, 땅의 높이가 높을수록 색이 진해 집니다. 순서를 참고해 등고선 모형을 만들어 봅시다.

8 등고선이란 땅의 높이가 같은 곳들을 선으로 연결한 것이라는 뜻이야.

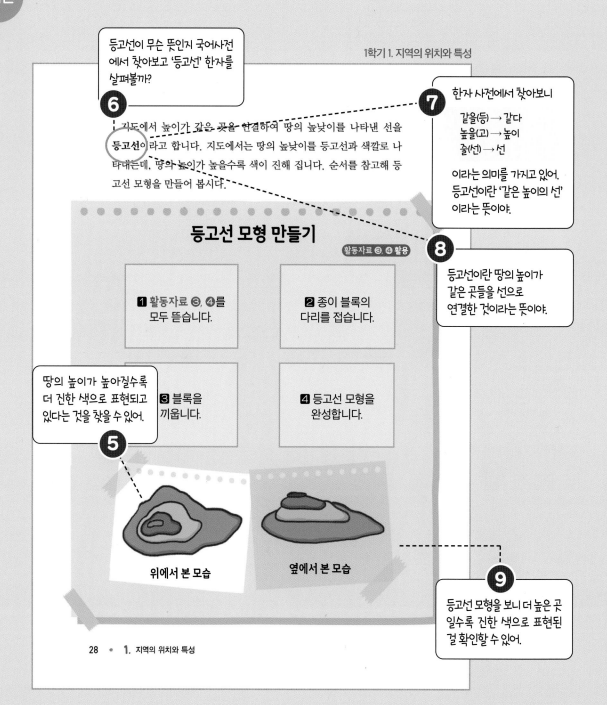

등고선 모형 만들기

활동자료 ❸, ❹ 활용

❶ 활동자료 ❸, ❹를 모두 뜯습니다.

❷ 종이 블록의 다리를 접습니다.

❸ 블록을 끼웁니다.

❹ 등고선 모형을 완성합니다.

5 땅의 높이가 높아질수록 더 진한 색으로 표현되고 있다는 것을 찾을 수 있어.

위에서 본 모습

옆에서 본 모습

9 등고선 모형을 보니 더 높은 곳일수록 진한 색으로 표현된 걸 확인할 수 있어.

28 • **1.** 지역의 위치와 특성

등고선을 읽을 때는 등고선의 간격이 뜻하는 의미도 살펴봐야 해.
등고선을 살펴보면 선의 간격이 넓은 곳도 있고, 좁은 곳도 있어. 등고선의 간격이 좁으면 경사가 급한 곳을 표현한 것이고, 등고선의 간격이 넓으면 경사가 완만한 곳을 표현한 거야.

2학기 2. 통일 한국의 미래와 지구촌의 평화

🔔 문화적 편견과 차별이 없는 미래를 만들기 위한 노력을 알아봅시다

소윤이는 지구촌의 여러 문제를 조사하면서 많은 사람이 문화적 편견과 차별로 힘들어한다는 것을 알게 되었다.

> 우리는 종교적인 이유로 소고기를 먹지 않는데 사람들이 이를 가볍게 생각할 때가 있어요.

> 우리는 낮잠을 자는 문화가 있어요. 그런데 이 문화를 오해해 우리를 게으른 사람이라고 생각하는 사람들이 있어요.

> 우리는 즐겨 먹는 전통 음식인데 이 음식을 잘 모르는 사람들이 함부로 평가할 때가 있어요.

> 친구들에게 제가 믿는 종교를 이야기했더니 무섭다고 이야기해요.

🔍 문화적 편견과 차별이 계속된다면 어떤 일이 생기게 될지 생각해 봅시다.

1 이번 단원은 지구촌과 관련된 내용이기 때문에 여러 문화에 대한 개념이 등장할 거야.

편견

2 편견이 무슨 뜻인지 국어사전에서 찾아보고 '편견' 한자를 살펴볼까?

3 한자 사전에서 찾아보니

치우칠(편) → 치우쳐 있다
볼(견) → 보다

라는 의미를 가지고 있어. 편견이란 '치우쳐 보는 것'이라는 뜻이네.

4 편견이란 한쪽으로 치우쳐 보는 것을 뜻해. 사람들이 다른 문화를 부정적으로 봄으로써 고통받는 사람들이 생긴다는 걸 알 수 있어.

5 이번 시간에는 다른 문화를 한쪽으로 치우치지 않게 바라보기 위해 어떤 노력이 필요한지 공부할 거야.

세계 곳곳에서는 문화가 다르다는 이유로 편견과 차별에 고통받는 사람들이 있다. 문화적 편견과 차별을 해결하고자 어떤 노력을 하는지 살펴보자.

> 지구촌의 다양한 역사와 문화를 배우고 체험할 수 있는 여러 행사를 연다.

> 편견과 차별을 함께 해결하기 위해 상담을 지원하고 필요한 도움을 제공한다.

> 서로의 문화를 존중하고 공감하는 사회를 만드는 캠페인, 홍보 활동 등을 한다.

> 편견과 차별을 극복하고 다양성을 존중하는 교육 활동을 한다.

글과 그림을
함께 읽어요

사회 교과서에는 글 이외에 또 어떤 내용이 있을까요? 글뿐만 아니라 그림, 도
표, 그래프, 사진 등 우리가 읽어야 할 다양한 내용들이 있습니다.

많은 학생이 그림을 보기만 하고, 그림에 담긴 의미는 읽지 않은 채 지나갑니다.

그림은 사회 교과서 안에서 여러 가지 역할을 합니다. 먼저 그림은 글의 내용을
설명합니다.

공공 기관에는 학교, 소방서, 경찰서 등이 있습니다.

학교   소방서   경찰서

위의 그림은 '공공 기관에는 학교, 소방서, 경찰서 등이 있습니다.'라는 문장을 그대
로 설명하고 있습니다. 또 그림은 글의 내용을 보충합니다.

공공 기관에는 학교, 소방서, 경찰서 등이 있습니다.

학교　　　소방서　　　경찰서　　　행정복지센터

위의 그림은 글에 설명되지 않은 공공 기관의 예를 더 다양하게 소개하고 있습니다. 그림은 글의 내용을 이해하기 쉽게 하기도 하고, 또 글의 내용을 보충하기도 합니다. 때로는 글에 설명되어 있지 않은 내용을 추가로 설명하거나 안내하기도 합니다. 그렇기 때문에 그림도 글을 읽을 때처럼 의미를 파악하며 읽는 것이 필요합니다.

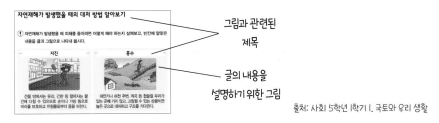

그림과 관련된
제목

글의 내용을
설명하기 위한 그림

출처: 사회 5학년 1학기 I. 국토와 우리 생활

사회 교과서의 그림을 읽는 방법을 정리해 볼까요?

첫째, 그림을 읽기 전에 교과서의 글을 읽습니다.

사회 교과서 속의 그림은 주로 교과서의 내용을 이해하기 위한 것이기 때문에 글을 먼저 읽고 이어서 그림을 읽습니다.

둘째, 그림이 실린 까닭을 확인하고, 그림과 글이 어떤 관련이 있는지 확인합니다.

그림의 제목이 있다면 제목을 먼저 확인합니다. 다음으로 그림이 글의 내용을 그대로 설명하고 있는 그림인지, 아니면 글의 내용을 보충하기 위한 그림인지 확인합니다.

우리 고장의 옛이야기를 다양한 방법으로 소개할 거야.

1

예빈이네 반에서는 조사한 고장의 옛이야기를 친구들에게 다양한 방법으로 소개했습니다.

자료를 찾아 붙일 때 자료의 제목도 함께 붙이는 것이 좋겠지?

2

3

역할놀이를 할 때 소품을 준비하면 고장의 옛이야기를 더 실감 나게 전달할 수 있을 거야.

자료 찾아 붙이기

신문과 잡지에서 고장의 옛이야기가 나온 자료나 사진 등을 찾아서 오려 붙이고 친구들에게 소개합니다.

역할놀이

조사한 고장의 옛이야기 내용이나 옛이야기를 들려주시는 어른들과 면담하는 모습을 역할놀이로 구성해 소개합니다.

구연동화

선생님께서 들려주시는 구연동화처럼 우리 고장의 옛이야기를 재미있게 구성해 친구들에게 소개합니다.

안내 책자

고장의 옛이야기를 소개하는 사진이나 그림, 글, 만화, 홍보 캐릭터나 상표 등을 담아 안내 책자로 만들어 소개합니다.

4

구연동화를 할 때 그림을 준비하면 도움이 되겠지?

우리 고장의 옛이야기를 소개하는 활동을 잘했는지 스스로 평가해 봅시다.

(매우 잘함 : ◎, 잘함 : ○, 보통 : △)

우리 고장의 옛이야기를 소개하는 자료를 효과적으로 나타냈나요?

우리 고장의 옛이야기를 소개하는 활동에 적극적으로 참여했나요?

우리 고장에 친밀감을 느끼고 옛이야기를 소중히 여기는 마음을 가졌나요?

지역의 공공 기관과 주민 참여 단원 중 공공 기관이 무엇인지, 또 어떤 일을 하는 곳인지에 대한 내용이야.

1

서현이는 공공 기관에서 해야 할 일을 하지 않는다면 무슨 일이 생길지 상상해 봤습니다.

그림을 보면 공공 기관에서 해야 할 일을 하지 않았을 때 무슨 일이 생기는지 상상하는 데 도움이 될 거야.

2

그림을 보니 공공 기관이 해야 할 일을 하지 않으면 버려진 쓰레기가 방치되거나, 교통질서가 제대로 지켜지지 않거나, 불이 나도 끄기 어려울 거라는 걸 알 수 있어.

3

공공 기관에서 해야 할 일을 하지 않는다면 무슨 일이 생길지 간단한 글이나 그림으로 표현해 봅시다.

경찰서가 없다면
도둑이 많아질 것 같아요.

○○ 은행

공공 기관이 중요한 까닭을 이야기해 봅시다.

4

공공 기관은 주민 전체의 이익과 생활의 편의를 위해 국가가 세우거나 관리하는 곳이야. 그래서 공공 기관이 없다면 지역에 여러 문제가 생길 수도 있고 주민들의 생활에 불편함이 생길 수 있다는 것을 알아야 해.

5

그림에 표현된 것 이외에 공공 기관에서 해야 할 일을 하지 않는다면 어떤 일이 생길까? 그림에 표현된 공공 기관 이외 또 어떤 기관들이 있는지 떠올려 봐.

4학년

국토와 우리 생활 단원 중 자연재해에 대해 다루고 있어.

1

탐구 활동

자연재해가 발생했을 때의 대처 방법 알아보기

글만 읽었을 때는 '창문과 창틀이 분리되지 않도록 테이프로 고정한다.'는 말이 잘 이해되지 않는데 그림을 보니 이해가 잘 돼.

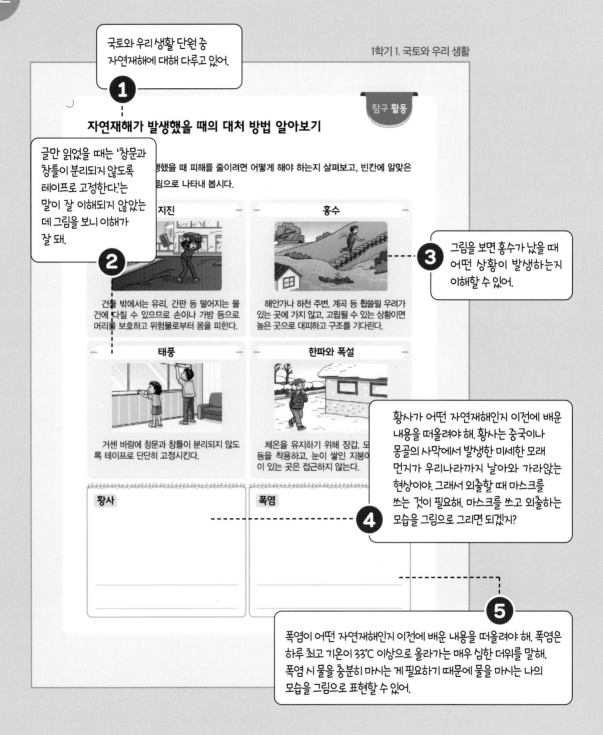

...생했을 때 피해를 줄이려면 어떻게 해야 하는지 살펴보고, 빈칸에 알맞은 ...림으로 나타내 봅시다.

지진

건물 밖에서는 유리, 간판 등 떨어지는 물건에 다칠 수 있으므로 손이나 가방 등으로 머리를 보호하고 위험물로부터 몸을 피한다.

2

홍수

해안가나 하천 주변, 계곡 등 휩쓸릴 우려가 있는 곳에 가지 않고, 고립될 수 있는 상황이면 높은 곳으로 대피하고 구조를 기다린다.

그림을 보면 홍수가 났을 때 어떤 상황이 발생하는지 이해할 수 있어.

3

태풍

거센 바람에 창문과 창틀이 분리되지 않도록 테이프로 단단히 고정시킨다.

한파와 폭설

체온을 유지하기 위해 장갑, 모...등을 착용하고, 눈이 쌓인 지붕으...이 있는 곳은 접근하지 않는다.

황사

폭염

4

황사가 어떤 자연재해인지 이전에 배운 내용을 떠올려야 해. 황사는 중국이나 몽골의 사막에서 발생한 미세한 모래 먼지가 우리나라까지 날아와 가라앉는 현상이야. 그래서 외출할 때 마스크를 쓰는 것이 필요해. 마스크를 쓰고 외출하는 모습을 그림으로 그리면 되겠지?

5

폭염이 어떤 자연재해인지 이전에 배운 내용을 떠올려야 해. 폭염은 하루 최고 기온이 33℃ 이상으로 올라가는 매우 심한 더위를 말해. 폭염 시 물을 충분히 마시는 게 필요하기 때문에 물을 마시는 나의 모습을 그림으로 표현할 수 있어.

그림 이외에 다양한 시각 자료를 활용해 봐.

그림은 글을 이해하는 데 도움을 줘. 하지만 그림만으로 이해되지 않는 내용이 있다면 인터넷에서 사진이나 영상을 찾아볼 수도 있어.

'우리나라의 정치 발전' 단원 중 민주적 의사 결정의 원리를 공부하는 시간이야. 그림의 제목을 보니 민주적으로 의사를 결정할 수 있는 다수결의 원칙에 대해 소개하고 있어.

1학기 1. 우리나라의 정치 발전

1

하지만 소영이네 지역의 사례와 같이 언제나 대화와 토론을 거쳐 양보와 타협에 이르는 것은 아니다. 양보와 타협이 어려우면 사람들은 다수결의 원칙으로 문제를 해결한다.

다수결의 원칙이란 다수의 의견이 소수의 의견보다 합리적일 것이라고 가정하고 다수의 의견을 채택하는 방법이다. 사람들은 다수결의 원칙에 따라 쉽고 빠르게 문제를 해결하지만 소수의 의견도 존중해야 한다.

다수결의 원칙을 사용하는 사례

오늘 어디로 놀러 갈지 다수결로 정해 볼까?

좋아요.

기표소 기표소 기표소

투표함

△ 일상생활에서의 의사 결정

△ 선거로 대표 결정

2

그림을 보고, 일상생활 중 가족 회의를 할 때 다수결의 원칙을 사용할 수 있다는 것을 알 수 있어.

체육 대회 종목 정하기

축구 피구 달리기

△ 학급 회의로 안건 결정

3

그림을 보니, 선거처럼 투표함에 투표용지를 넣는 방법 말고도 칠판에 스티커나 자석을 붙여 의견을 표현할 수 있다는 것을 알 수 있어.

2 일상생활과 민주주의 • 45

사회 시간에는 다양한 예를 찾아보는 것이 중요해.

다수의 의견이 항상 옳다고 볼 수는 없어. 그래서 소수의 의견을 존중하는 것도 필요해. 소수의 의견이 무시되었을 때 어떤 상황이 벌어질지 상상해 보면 도움이 돼. 또 우리 주변에 이와 같은 사례가 있는지 뉴스나 신문 기사에서 찾아봐.

그래프와 사회 개념을 연결 지어 읽어요

여러분은 어떤 과목에서 그래프에 대해 배우는지 알고 있나요? 바로 수학 과목입니다. 그동안 배웠거나 또는 앞으로 배울 예정인 그래프들이 수학 교과서의 어디에, 언제 등장하는지 살펴볼까요?

그림그래프: 알고자 하는 수(조사한 수)를 그림으로 나타낸 그래프
수학 3학년 2학기 6. 자료의 정리

막대그래프: 조사한 자료를 막대 모양으로 나타낸 그래프
수학 4학년 1학기 5. 막대그래프

꺾은선그래프: 수량을 점으로 표시하고, 그 점들을 선분으로 이어 그린 그래프
수학 4학년 2학기 5. 꺾은선그래프

띠그래프: 전체에 대한 각 부분의 비율을 띠 모양에 나타낸 그래프
원그래프: 전체에 대한 각 부분의 비율을 원 모양에 나타낸 그래프
수학 6학년 1학기 5. 여러 가지 그래프

수학 시간에는 그래프의 뜻, 그래프의 값을 읽는 방법, 그래프를 그리는 방법을 배웁니다. 그리고 이 그래프들은 사회 교과서에서도 여러 번 등장합니다. 수학 교과서에서는 그래프 자체를 다룬다면 사회 교과서에는 사회 시간에 배워야 하는 개념을 그래프에 담고 있습니다. 또 때로는 수학 시간에 배우지 않은 그래프들이 사회 시간에 먼저 등장하기도 합니다. 그렇기 때문에 그래프를 어떻게 읽는지, 또 사회 시간에 배우는 개념과 그래프가 어떻게 연결되는지 생각하며 읽어야 합니다.

첫째, 그래프의 제목을 보고 그래프의 주제를 확인합니다.

그래프에 제목이 나와 있지 않은 경우도 있습니다. 그래도 그래프가 무엇을 나타내는 그래프인지 읽어야 합니다. 예를 들어 그래프가 어떤 지역의 인구수를 나타낸 그래프인지, 혹은 우리나라의 여름 강수량을 표현한 그래프인지 파악해야 합니다.

둘째, 가로축과 세로축, 단위를 읽습니다.

그래프에 가로축과 세로축이 있다면 보통 한 축에는 조사한 내용이 무엇인지 나와 있고 나머지한 축에는 그 내용을 눈금과 숫자로 표현한 값이 나와 있습니다. 눈금이 있는 경우 한 칸이 얼마를 표현하는 것인지 알아야 합니다. 그래프에

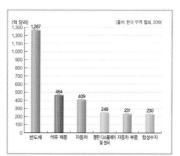

따라 가로축과 세로축이 있는 경우가 있고 없는 경우도 있습니다. 가로축이나 세로축이 없는 경우에도 도형이나 그림이 나타내는 값이 얼마인지, 전체에서 차지하는 비율을 파악해야 합니다. 예시로 든 주요 수출품 그래프를 보면 가로축에는 수출품목이, 세로축에는 수출액이 표시되어 있습니다.

셋째, 그래프와 글의 관계를 파악합니다.

그래프가 나타내려는 내용을 파악했다면 교과서 본문 글과의 관계를 살펴보며 종합적으로 이해합니다.

이번 시간에는 도시 문제에
대해 공부할 거야.

1

도시 문제를 해결하기 위한
다양한 노력을 알아봅시다

도시에는 많은 사람들이 모여 살기 때문에 여러 가지 문제가 일어날 수 있습니다. 다양한 도시 문제를 알아보고 해결책을 찾아봅시다.

💬 다음 신문에 나타난 도시 문제는 무엇인가요?

○○신문　　　　　　　　　　　　　　　20△△년 △△월 △△일

○○시 쓰레기 대란 '위기' … 쓰레기 매립장 넘쳐

○○시 쓰레기 매립장에 들어오는 쓰레기는 하루에 수백 톤에 달한다. 현재 들어오는 양으로 볼 때 내년 5월이면 쓰레기 매립장에 더 이상 쓰레기를 묻을 곳이 없게 된다.

그러나 쓰레기 매립장을 새로 만들기도 쉽지 않아 ○○시는 비상이 걸렸다. 지역 주민들이 쓰레기 매립장 건설을 반대해 적당한 장소를 찾지 못하고 있기 때문이다. 더욱이 ○○시의 인구가 해마다 증가하고 있어 이 문제는 더욱 심각해질 것으로 보인다.

이외에도 도시에는 어떤 문제가 있을까요?

차가
너무 막혀.

환경 문제로
머리가 아파.

범죄 문제로
걱정이야.

28 • **1.** 촌락과 도시의 생활 모습

2

도시에 많은 사람이 모여
살아서 어떤 문제가
생기는지 기사와 그림으로
소개하고 있으니 놓치지
말고 살펴봐야 해.

앞에서 본 도시 문제가 왜 발생하는지 그래프를 통해 소개하고 있으니 그래프를 읽어봐.

3

도시 문제가 발생하는 까닭은 무엇일까요?

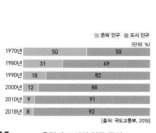

▲ 촌락과 도시의 인구 구성

촌락 인구
약 423만 명

2018년

도시 인구
약 4,760만 명

[출처: 국토교통부, 2019]

▲ 촌락과 도시의 인구

우리나라는 전체 인구 중 도시에 사는 인구가 매우 많습니다. 도시에 인구가 많아지면서 여러 가지 문제가 발생하고 있습니다. 이에 사람들은 도시 문제를 해결하고자 다양한 노력을 하고 있습니다.

쓰레기 문제를 해결하려는 노력을 살펴봅시다.

5

이 그래프의 노란색 표시를 보면 2015년에 촌락의 인구보다 도시의 인구가 훨씬 많다는 것을 알 수 있어.

4

이 띠그래프는 전체 인구를 100이라고 했을 때, 촌락과 도시의 인구 구성에 대한 그래프야. 촌락 인구는 연두색, 도시 인구는 주황색으로 표현되어 있어. 1970년에는 촌락의 인구와 도시의 인구가 각각 절반씩이었지만 시간이 갈수록 도시의 인구 비율이 더 높아지고 있어.

띠그래프와 비와 비율은 6학년 때 공부하기 때문에 이 그래프를 읽을 때는 '전체 중에 도시 인구가 차지하는 정도가 더 많아지고 있구나.' 정도로 파악하자.

쓰레기를 줄이려고 노력하고 발생된 쓰레기는 분리배출합니다.

다른 사람들도 쓰레기를 줄일 수 있도록 캠페인을 합니다.

쓰레기를 분리배출할 수 있는 시설을 만들고 이를 지키지 않을 경우 과태료를 내게 합니다.

 이 밖에 어떤 도시 문제가 있는지 알아보고 이를 해결하기 위한 노력을 찾아봅시다.

1 촌락과 도시의 특징 • 29

그래프에서 정보를 읽었다면 사회 개념과 연결해 보아야 해.

위 교과서에 실린 두 그래프를 보면 도시의 인구가 계속 많아지고 있다는 것을 알 수 있어. 도시의 인구가 많아지고 있다는 것을 아는 데서 그치는 것이 아니라 그래프에서 얻은 정보와 도시 문제라는 개념을 연결해 보아야 해.

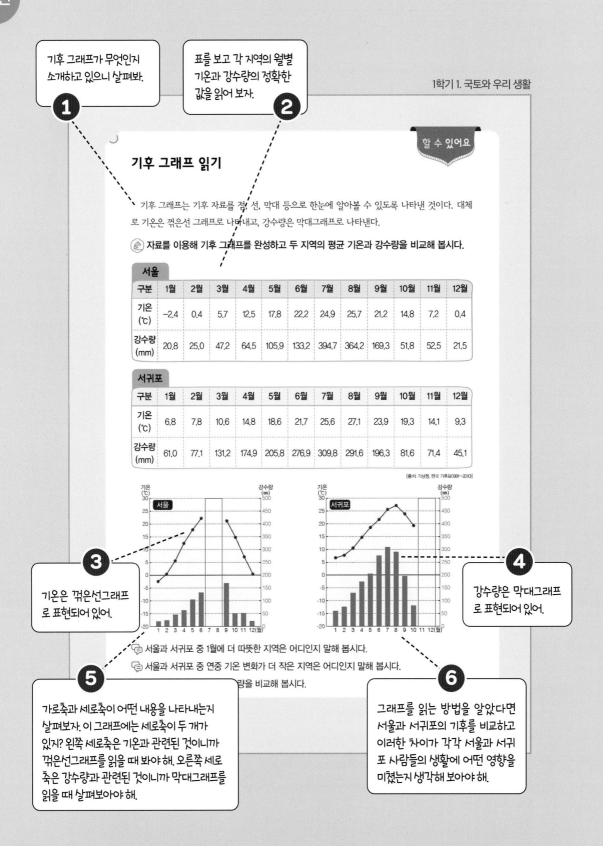

① 기후 그래프가 무엇인지 소개하고 있으니 살펴봐.

② 표를 보고 각 지역의 월별 기온과 강수량의 정확한 값을 읽어 보자.

1학기 1. 국토와 우리 생활

할 수 있어요

기후 그래프 읽기

기후 그래프는 기후 자료를 점, 선, 막대 등으로 한눈에 알아볼 수 있도록 나타낸 것이다. 대체로 기온은 꺾은선 그래프로 나타내고, 강수량은 막대그래프로 나타낸다.

자료를 이용해 기후 그래프를 완성하고 두 지역의 평균 기온과 강수량을 비교해 봅시다.

서울

구분	1월	2월	3월	4월	5월	6월	7월	8월	9월	10월	11월	12월
기온 (℃)	-2.4	0.4	5.7	12.5	17.8	22.2	24.9	25.7	21.2	14.8	7.2	0.4
강수량 (mm)	20.8	25.0	47.2	64.5	105.9	133.2	394.7	364.2	169.3	51.8	52.5	21.5

서귀포

구분	1월	2월	3월	4월	5월	6월	7월	8월	9월	10월	11월	12월
기온 (℃)	6.8	7.8	10.6	14.8	18.6	21.7	25.6	27.1	23.9	19.3	14.1	9.3
강수량 (mm)	61.0	77.1	131.2	174.9	205.8	276.9	309.8	291.6	196.3	81.6	71.4	45.1

[출처: 기상청, 한국 기후표(1981~2010)]

③ 기온은 꺾은선그래프로 표현되어 있어.

④ 강수량은 막대그래프로 표현되어 있어.

서울과 서귀포 중 1월에 더 따뜻한 지역은 어디인지 말해 봅시다.

서울과 서귀포 중 연중 기온 변화가 더 작은 지역은 어디인지 말해 봅시다.

⑤ 가로축과 세로축이 어떤 내용을 나타내는지 살펴보자. 이 그래프에는 세로축이 두 개가 있지? 왼쪽 세로축은 기온과 관련된 것이니까 꺾은선그래프를 읽을 때 봐야 해. 오른쪽 세로축은 강수량과 관련된 것이니까 막대그래프를 읽을 때 살펴보아야 해.

⑥ 그래프를 읽는 방법을 알았다면 서울과 서귀포의 기후를 비교하고 이러한 차이가 각각 서울과 서귀포 사람들의 생활에 어떤 영향을 미쳤는지 생각해 보아야 해.

154

이번 시간에는 우리나라와 다른 나라 간의 경제 교류에 대해 공부하고 있어.

1

우리나라는 어떤 나라와 경제 교류를 하며 주로 무엇을 수출하고 수입하는지 다음 자료를 살펴보자.

우리나라의 나라별 무역액 비율(2018년)

[출처: 한국 무역 협회, 2019]

수출액

기타 32.6 % / 중국 26.8 % / 미국 12.0 % / 베트남 8.0 % / 홍콩 7.6 % / 일본 5.0 % / 대만 3.4 % / 인도 2.6 % / 필리핀 2.0 %

▲ 수출액 비율

[출처: 한국 무역 협회, 2019]

수입액

기타 39.2 % / 중국 19.9 % / 미국 11.0 % / 일본 10.2 % / 사우디아라비아 4.9 / 독일 3.9 / 오스트레일리아 3.9 % / 베트남 3.7 % / 러시아 3.3 %

▲ 수입액 비율

2 두 그래프를 통해 우리나라가 어떤 나라에 물건을 파는지, 또 어떤 나라의 물건을 사 오는지 살펴보자. 왼쪽 그래프는 수출액 비율을, 오른쪽 그래프는 수입액 비율을 나타내고 있어. 색이 칠해진 면적이 넓을수록 우리나라와 교류가 많은 나라겠지?

○ 수출액, 수입액 비율이 높은 나라는 어디인지 각각 말해 봅시다.

우리나라의 주요 수출품과 수입품(2018년)

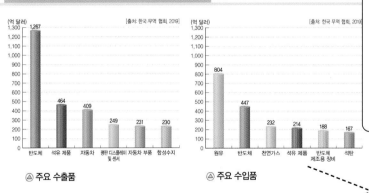

[출처: 한국 무역 협회, 2019]

(억 달러)

반도체 1,267 / 석유 제품 464 / 자동차 409 / 평판 디스플레이 및 센서 249 / 자동차 부품 231 / 합성수지 230

▲ 주요 수출품

(억 달러)

원유 804 / 반도체 447 / 천연가스 232 / 석유 제품 214 / 반도체 제조용 장비 188 / 석탄 167

▲ 주요 수입품

3 이 그래프를 보면 전체 중 각 나라가 차지하는 비율을 쉽게 비교할 수 있겠지? 또 나라끼리의 비교도 쉽게 할 수 있어. 예를 들어 우리나라는 베트남보다 미국에서 물건을 더 많이 사고 있어.

○ 우리나라의 주요 수출품과 수입품은 무엇인지 각각 말해 봅시다.

4 막대그래프의 가로축과 세로축이 각각 무엇을 나타내는지 살펴보자. 수출품과 수입품이 서로 달라서 두 그래프에 가로축에 적힌 품목들이 서로 다르다는 것을 이해해야 해.

지도의 의미를 생각하며 읽어요

사회 교과서 안에는 수많은 지도가 나옵니다. 지도가 왜 교과서에 나왔을까요? 또 어떤 사회 개념을 공부하기 위한 지도일까요? 그래프와 마찬가지로 지도 역시 학생들이 제대로 읽지 않고 지나가는 자료 중 하나입니다. 지도를 잘 읽지 않는 이유는 지도가 무엇을 말하려 하는지 찾지 못하고, 다양한 색과 선으로 이루어진 지도 자체의 생김새에만 집중하기 때문입니다. 또 모양이 알록달록 복잡해 보이기 때문에 꼭 읽어야 할 지도를 지나치는 경우가 많습니다.

사회 교과서의 지도들은 학년마다 또 단원마다 실린 이유가 다릅니다. 우리나라 국토를 배우는 단원에서 지도는 우리나라가 어디에 위치해 있는지, 또 주변 환경과의 관계는 어떤지 알아보기 위해 실려 있습니다. 역사를 공부할 때 지도는 나라 간의 관계가 어떤지, 현재의 지명과 과거의 지명은 어떻게 다른지 등을 알아보기 위해 실려 있습니다. 이렇게 사회 교과서의 지도를 읽기 위해서는 지도가 왜 실려 있는지 그 이유를 생각하며 읽어야 합니다. 다양한 지도들을 어떻게 읽어야 하는지 차근차근 살펴볼까요?

첫째, 지도의 제목을 읽습니다.

그래프처럼 지도에도 제목이 있는 경우가 있습니다. 예를 들어 역사 지도를 공부할 때, 지도의 제목을 통해 지도의 내용을 예상할 수 있습니다. 똑같이 한반도를 표현한 지도라 할지라도 지도의 제목이 〈○○왕의 영토 확장〉이라면 그 지도는 한 나라가 얼마나 많이 영토를 확장했는가에 대해 알려주기 위한 지도일 것입니다. 만약 지도의 제목이 〈○○시대〉라고 한다면 한반도와 그 주변에 어떤 나라들이 있었는지를 알려주는 지도입니다.

둘째, 지도가 나타내는 지역을 파악합니다.

지도가 나타내는 지역이 우리 고장인지, 우리나라인지, 세계의 여러 나라인지에 따라 읽어야 하는 정보들이 달라집니다. 지도가 나타내는 지역을 확인하는 것은 어떤 정보를 읽어야 하는지 파악하는 데 도움이 됩니다. 만약 세계지도가 등장한다면 세계 각 나라와 우리나라 사이의 관계들을 공부하게 됩니다.

셋째, 지도에서 지역의 이름을 읽습니다.

역사 지도에 실린 지역의 이름은 현재와 다른 경우들이 많습니다. 때로는 지역의 이름을 읽는 것만으로도 그 지도가 나타내는 시대를 알 수 있기도 합니다.

넷째, 지도에 사용된 기호, 색깔 등을 파악합니다.

지도에 사용된 기호나 색깔은 설명하려는 개념에 따라 다르게 표현됩니다. 선과 색으로 등고선을 표현한 경우도 있지만 때로는 선과 색으로 평균 온도를 나타내기도 합니다. 따라서 지도에 사용된 기호와 색깔을 보고 어떤 내용을 표현하고 있는지 파악하는 것이 중요합니다.

이번 시간에는 지도를 읽으며 축척에 대해 알아보자.

1

지도에서 축척의 쓰임새를 알아봅시다

혜진이와 현우는 도서관에서 대전광역시를 나타낸 다양한 지도를 찾아봤습니다. 표시된 부분을 확대한 지도를 찾아 빈칸에 붙이면서 세 지도에 나타난 대전광역시의 모습을 비교해 봅시다.

활동 자료 **❶** 활용

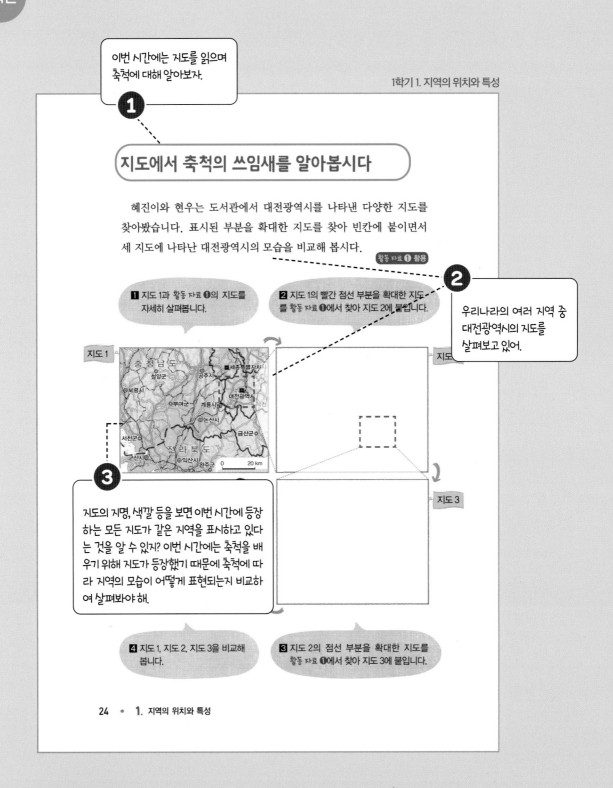

❶ 지도 1과 활동 자료 **❶**의 지도를 자세히 살펴봅니다.

❷ 지도 1의 빨간 점선 부분을 확대한 지도를 활동 자료 **❶**에서 찾아 지도 2에 붙입니다.

2

우리나라의 여러 지역 중 대전광역시의 지도를 살펴보고 있어.

지도 1

지도 2

지도 3

3

지도의 지명, 색깔 등을 보면 이번 시간에 등장하는 모든 지도가 같은 지역을 표시하고 있다는 것을 알 수 있지? 이번 시간에는 축척을 배우기 위해 지도가 등장했기 때문에 축척에 따라 지역의 모습이 어떻게 표현되는지 비교하여 살펴봐야 해.

❹ 지도 1, 지도 2, 지도 3을 비교해 봅니다.

❸ 지도 2의 점선 부분을 확대한 지도를 활동 자료 **❶**에서 찾아 지도 3에 붙입니다.

4 교과서를 읽으면 축척의 뜻을 알 수 있어. 이와 관련하여 왜 같은 지도가 여러 번 나와 있는지 생각해보자.

지도에는 땅의 실제 모습을 줄여서 나타냅니다. 지도에서 실제 거리를 줄인 정도를 **축척**이라고 합니다. 축척에 따라 지도의 자세한 정도가 달라집니다. 축척이 다른 아래의 두 지도를 비교해 봅시다.

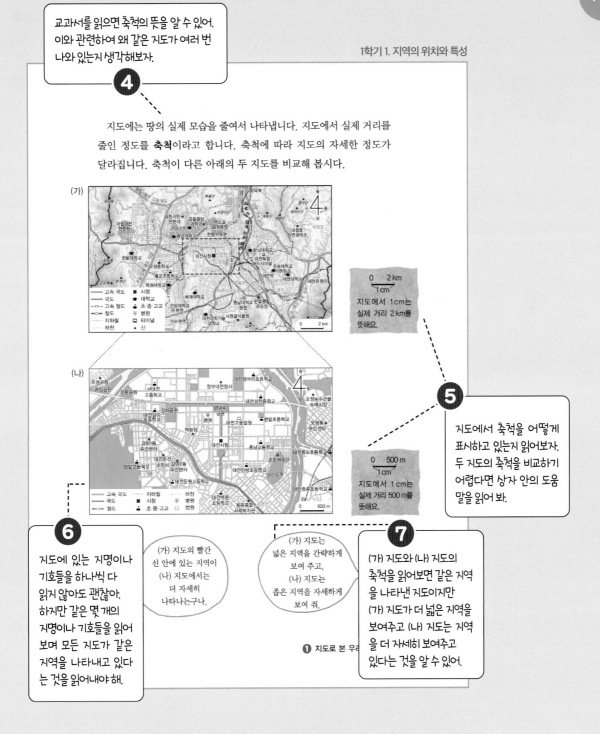

0 2 km
1 cm
지도에서 1cm는 실제 거리 2 km를 뜻해요.

0 500 m
1 cm
지도에서 1 cm는 실제 거리 500 m를 뜻해요.

5 지도에서 축척을 어떻게 표시하고 있는지 읽어보자. 두 지도의 축척을 비교하기 어렵다면 상자 안의 도움 말을 읽어 봐.

6 지도에 있는 지명이나 기호들을 하나씩 다 읽지 않아도 괜찮아. 하지만 같은 몇 개의 지명이나 기호들을 읽어 보며 모든 지도가 같은 지역을 나타내고 있다는 것을 읽어내야 해.

(가) 지도의 빨간 선 안에 있는 지역이 (나) 지도에서는 더 자세히 나타나는구나.

(가) 지도는 넓은 지역을 간략하게 보여 주고, (나) 지도는 좁은 지역을 자세하게 보여 줘.

7 (가) 지도와 (나) 지도의 축척을 읽어보면 같은 지역을 나타낸 지도이지만 (가) 지도가 더 넓은 지역을 보여주고 (나) 지도는 지역을 더 자세히 보여주고 있다는 것을 알 수 있어.

❶ 지도로 본 우리

이전 시간에 지도에 대해 배운 내용을 떠올려 보자.
이전 시간에 방위표, 기호, 범례에 대해 배웠어. 이전 시간에 배운 내용을 떠올리면 이번 시간에 등장하는 지도들이 모두 같은 지역을 표현한 지도라는 것을 이해하는 데 도움이 돼.

1 역사 시간에는 지도가 자주 등장해.

강화도가 몽골에 함락되지는 않았지만 육지에서 입은 막대한 피해로 고려는 더 이상 전쟁을 지속하기 어려웠다. 고려의 왕과 일부 신하는 전쟁을 멈추는 조건으로 강화도에서 개경으로 돌아왔다. 그러나 삼별초라 불리는 일부 군인들은 이에 반발했다. 삼별초는 근거지를 진도와 탐라(제주)로 옮겨 가며 고려 조정과 몽골에 끝까지 저항했으나 결국 실패했다.

몽골의 침입을 받은 나라는 대부분 멸망했다. 이에 비해 고려는 몽골의 간섭을 받았지만, 끈질긴 항쟁과 외교적인 노력으로 나라를 유지하고 고유의 문화를 지킬 수 있었다.

★ **삼별초**
원래 최씨 무신 정권의 사병이었는데 몽골의 침략에 대항하는 군대로 편성되어 마지막까지 몽골과 싸움.

⌂ 강화도에 있는 귀족의 생활과 육지에 있는 백성의 생활은 어땠을까요?

교과서 **속으로**

고려가 강화도로 도읍을 옮긴 까닭은 무엇일까

몽골은 바다와 먼 지역에서 발전한 나라로 배를 만드는 일이나 바다에서 하는 전투에 약했다. 강화도는 육지와 가까운 섬이지만 물살이 매우 빠르고 갯벌이 넓어 몽골군이 침략하기 어려운 지역이었다. 또한 섬의 면적이 넓어 많은 사람이 지낼 수 있었으며 뱃길로 육지의 세금과 각종 물건을 옮길 수 있었다.

2 지도를 읽기 전에 교과서를 읽으며 배워야 할 내용을 확인해야 해.

3 지도의 제목을 보니 고려 시대의 강화도 지역을 나타낸 지도라는 것을 알 수 있어.

승천부
몽골 사신과 회담한 장소
교동도
고려산▲ 궁궐 ▲문수산
강화도
수군으로 방어
석모도

0   5 km

▲ 고려 시대의 강화도

4 고려는 강화도의 지리적 장점 때문에 도읍을 강화도로 옮겼어. 지도를 보면 교과서 본문의 내용대로 강화도가 육지와 가까운 섬이라는 것을 알 수 있어. 이를 통해 강화도의 지리적 장점이 무엇인지 알 수 있지.

역사 시간에 등장하는 지도는 지리 시간에 등장하는 지도와 다를 수 있어.

지도는 대개 위치를 알기 위해 실려 있지만 역사 시간에 등장하는 지도는 위치 말고도 다양한 정보를 나타내. 위 지도는 강화도가 우리나라의 어디에 있는지 알기 위해 실린 지도가 아니야. 위 지도는 몽골의 침입을 피하기 위한 강화도의 지리적 장점을 생각하며 읽어야 해.

> 이번 시간에는 세계의 여러 나라와 우리나라가 경제적으로 서로 영향을 끼치고 있다는 것을 배워 보자.

1

우리나라는 다른 나라와 서로 의존하며 경제적으로 교류한다. 우리나라의 발전된 기술과 좋은 물건을 수출하고 우리나라에 부족하거나 없는 자원, 물건, 기술, 노동력 등을 수입한다. 이는 각 나라의 특징을 살린 활발한 경제 교류로 이익을 얻기 위해서이다. 자유 무역 협정(FTA)은 나라 간 경제 교류를 자유롭고 편리하게 하기 위한 방법이다.

> 세계 지도가 왜 등장했는지 살펴볼까? 제목을 보면 이 지도가 실린 이유를 알 수 있어. 우리나라와 다른 나라가 경제적으로 어떤 도움을 주고받는지 나타낸 지도야.

2

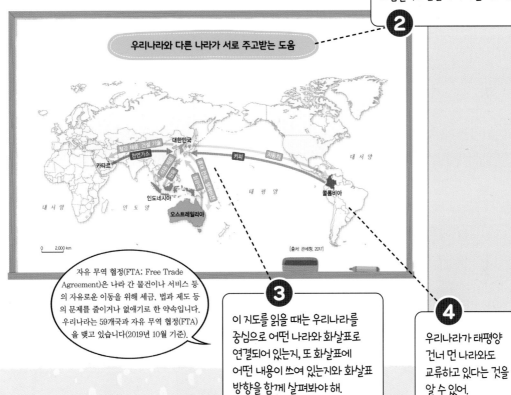

우리나라와 다른 나라가 서로 주고받는 도움

[출처: 관세청, 2017]

> 자유 무역 협정(FTA: Free Trade Agreement)은 나라 간 물건이나 서비스 등의 자유로운 이동을 위해 세금, 법과 제도 등의 문제를 줄이거나 없애기로 한 약속입니다. 우리나라는 59개국과 자유 무역 협정(FTA)을 맺고 있습니다(2019년 10월 기준).

3

> 이 지도를 읽을 때는 우리나라를 중심으로 어떤 나라와 화살표로 연결되어 있는지, 또 화살표에 어떤 내용이 쓰여 있는지와 화살표 방향을 함께 살펴봐야 해.

4

> 우리나라가 태평양 건너 먼 나라와도 교류하고 있다는 것을 알 수 있어.

지도에 화살표가 있다면 화살표의 방향과 머리를 보자.

지도에 화살표 표시가 있다면 화살표의 방향이 어디에서 어디로 향하는지 살펴봐야 해. 화살표의 방향에 따라 반대의 내용이 될 수 있어. 또 화살표의 머리를 살펴보자. 한쪽(←, →, ↑, ↓)에만 화살표의 머리가 표시되어 있는지 양쪽(↔, ↕)에 다 표시되어 있는지 보면서 의미를 파악해야 해.

원인과 결과에 따른 순서를 생각하며 읽어요

역사를 공부할 때 여러분은 어떤 점이 가장 어려웠나요? 우리나라의 역사는 아주 긴 시간 동안 일어난 여러 가지 사건들이 쌓여온 결과입니다. 그렇기 때문에 긴 시간 동안 일어난 일들을 어떻게 다 기억해야 할지 막막하게 느껴질 수 있습니다. 사회 교과서의 역사 영역을 어떻게 읽는 것이 좋을까요? 먼저 국어 시간에 배운 내용을 떠올려 보겠습니다.

어떤 일이 일어난 까닭을 원인이라고 하고,

그 때문에 일어난 일을 결과라고 해요.

국어 3학년 1학기 6. 일이 일어난 까닭

원인과 결과의 뜻을 기억하며 아래의 문장을 살펴보겠습니다. 문장을 원인과 결과로 나누어 볼까요?

원인	결과
나는 오늘 아침 늦잠을 잤다.	그래서 학교에 지각했다.

어떤 사건의 원인은 또 다른 일의 결과가 되기도 합니다. 또 어떤 사건의 결과는 또 다른 일의 원인이 되기도 합니다.

원인	결과
나는 어제 책을 읽다가 늦게 잤다.	그래서 오늘 아침 늦잠을 잤다.

원인	결과
나는 오늘 아침 늦잠을 잤다.	그래서 학교에 지각했다.

원인	결과
나는 학교에 지각했다.	그래서 아침 식사를 하지 못해 배가 고팠다.

역사에서 일어난 다양한 사건들도 이와 마찬가지입니다.

역사 속에서도 원인과 결과가 꼬리를 물듯이 쌓여 다양한 사건이 일어납니다.

원인과 결과를 생각하며 교과서의 역사 영역을 읽는 방법을 정리해 볼까요?

첫째, 학습 목표를 보고 어느 시대, 어떤 사건인지 파악합니다.

학습 목표를 통해 사건의 중심이 되는 나라나 인물의 이름을 살펴봅니다. 또는 중요한 사건의 이름이 나와 있을 수 있습니다.

둘째, 어떤 사건인지 찾습니다.

교과서의 글을 읽으며 어떤 사건이 일어났는지 찾습니다. 찾은 사건은 원인일 수도 결과일 수도 있습니다.

셋째, 원인과 결과를 짝을 지어 파악합니다.

원인을 찾았다면 그에 맞는 결과를 찾아 짝을 지어 이해합니다. 그리고 짝을 지은 원인과 결과를 흐름에 맞게 꼬리에 꼬리를 물도록 머릿속에 정리합니다.

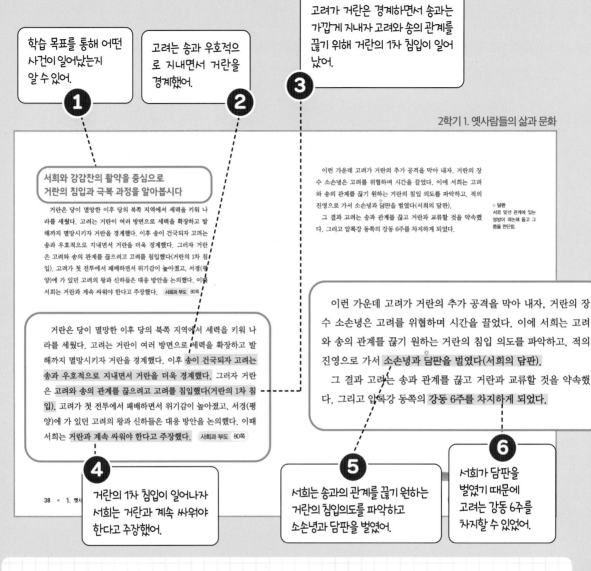

① 학습 목표를 통해 어떤 사건이 일어났는지 알 수 있어.

② 고려는 송과 우호적으로 지내면서 거란을 경계했어.

③ 고려가 거란은 경계하면서 송과는 가깝게 지내자 고려와 송의 관계를 끊기 위해 거란의 1차 침입이 일어났어.

2학기 1. 옛사람들의 삶과 문화

서희와 강감찬의 활약을 중심으로 거란의 침입과 극복 과정을 알아봅시다

거란은 당이 멸망한 이후 당의 북쪽 지역에서 세력을 키워 나라를 세웠다. 고려는 거란이 여러 방면으로 세력을 확장하고 발해까지 멸망시키자 거란을 경계했다. 이후 송이 건국되자 고려는 송과 우호적으로 지내면서 거란을 더욱 경계했다. 그러자 거란은 고려와 송의 관계를 끊으려고 고려를 침입했다(거란의 1차 침입). 고려가 첫 전투에서 패배하면서 위기감이 높아졌고, 서경(평양)에 가 있던 고려의 왕과 신하들은 대응 방안을 논의했다. 이때 서희는 거란과 계속 싸워야 한다고 주장했다. 사회과 부도 80쪽

이런 가운데 고려가 거란의 추가 공격을 막아 내자, 거란의 장수 소손녕은 고려를 위협하며 시간을 끌었다. 이에 서희는 고려와 송의 관계를 끊기 원하는 거란의 침입 의도를 파악하고, 적의 진영으로 가서 소손녕과 담판을 벌였다(서희의 담판).

그 결과 고려는 송과 관계를 끊고 거란과 교류할 것을 약속했다. 그리고 압록강 동쪽의 강동 6주를 차지하게 되었다.

○ 담판
서로 맞선 관계에 있는 쌍방이 의논해 옳고 그름을 판단함.

38 • 1. 옛사...

거란은 당이 멸망한 이후 당의 북쪽 지역에서 세력을 키워 나라를 세웠다. 고려는 거란이 여러 방면으로 세력을 확장하고 발해까지 멸망시키자 거란을 경계했다. 이후 송이 건국되자 고려는 송과 우호적으로 지내면서 거란을 더욱 경계했다. 그러자 거란은 고려와 송의 관계를 끊으려고 고려를 침입했다(거란의 1차 침입). 고려가 첫 전투에서 패배하면서 위기감이 높아졌고, 서경(평양)에 가 있던 고려의 왕과 신하들은 대응 방안을 논의했다. 이때 서희는 거란과 계속 싸워야 한다고 주장했다. 사회과 부도 80쪽

이런 가운데 고려가 거란의 추가 공격을 막아 내자, 거란의 장수 소손녕은 고려를 위협하며 시간을 끌었다. 이에 서희는 고려와 송의 관계를 끊기 원하는 거란의 침입 의도를 파악하고, 적의 진영으로 가서 소손녕과 담판을 벌였다(서희의 담판).

그 결과 고려는 송과 관계를 끊고 거란과 교류할 것을 약속했다. 그리고 압록강 동쪽의 강동 6주를 차지하게 되었다.

④ 거란의 1차 침입이 일어나자 서희는 거란과 계속 싸워야 한다고 주장했어.

⑤ 서희는 송과의 관계를 끊기 원하는 거란의 침입의도를 파악하고 소손녕과 담판을 벌였어.

⑥ 서희가 담판을 벌였기 때문에 고려는 강동 6주를 차지할 수 있었어.

원인과 결과를 머릿속에 정리하며 읽어야 해.

역사적 사건은 원인과 결과는 끊임없이 꼬리를 물 듯 일어나. 사건의 원인과 결과를 연결하며 읽어야 해.

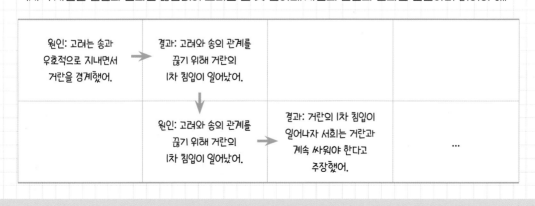

원인: 고려는 송과 우호적으로 지내면서 거란을 경계했어.	→ 결과: 고려와 송의 관계를 끊기 위해 거란의 1차 침입이 일어났어.	
	원인: 고려와 송의 관계를 끊기 위해 거란의 1차 침입이 일어났어.	결과: 거란의 1차 침입이 일어나자 서희는 거란과 계속 싸워야 한다고 주장했어. …

2학기 1. 옛사람들의 삶과 문화

병자호란이 일어난 과정을 살펴봅시다

병자호란이 일어나기 전 조선의 상황

세력이 약해져 가던 명은 임진왜란에 참여한 이후 더욱 힘이 약해졌다. 누르하치가 이 틈을 타 여진을 하나로 통합해 후금을 세우고 명을 위협했다. 이에 명은 후금을 물리치려고 조선에 군사 지원을 요청했다. 하지만 광해군은 세력이 약해진 명과 새롭게 강대국으로 성장하는 후금 사이에서 신중한 중립 외교를 펼치며 전쟁에 휘말리지 않으려고 했다.

그러나 광해군의 중립 외교 정책을 비판한 세력은 명이 베푼 은혜를 저버린 것이라고 하며 광해군을 쫓아내고 인조를 왕으로 세웠다. 그리고 명을 가까이 하고 후금을 멀리했다. 명과 전쟁 중이던 후금은 명을 돕는 조선을 굴복시키고자 조선에 쳐들어왔다. 조선의 관군과 의병이 후금에 맞서 싸웠으나 전쟁에 패했고, 조선과 후금이 형제 관계를 맺는다는 조건으로 전쟁을 끝냈다(정묘호란). 사

혜를 저버린 것이라고 하며 광해군을 쫓아내고 인조를 왕으로 세웠다. 그리고 명을 가까이 하고 후금을 멀리했다. 명과 전쟁 중이던 후금은 명을 돕는 조선을 굴복시키고자 조선에 쳐들어왔다. 조선의 관군과 의병이 후금에 맞서 싸웠으나 전쟁에 패했고, 조선과 후금이 형제 관계를 맺는다는 조건으로 전쟁을 끝냈다(정묘호란). 사회과 부도 83쪽

74 ∙ 1. 옛사람들의 삶과 문화

① 학습 목표를 통해 어떤 사건이 일어났는지 알 수 있어.

② 명은 후금을 물리치기 위해 조선에 군사 지원을 요청했어.

③ 명이 군사 지원을 요청했고 광해군은 어쩔 수 없이 군사를 보냈어. 하지만 후금과 명 사이의 전쟁에 휘말리지 않도록 중립 외교를 펴던 광해군은 조선군에게 상황을 봐서 후금에게 항복하라고 명령을 내렸지.

④ 광해군의 중립 외교를 비판한 세력은 이 같은 행동이 명의 은혜를 저버린 것이라고 말하며 광해군을 왕위에서 몰아냈어.

⑤ 조선이 명과 가까이 지내자 명과 전쟁 중이던 후금이 조선에 쳐들어와서 정묘호란이 일어났어.

⑥ 정묘호란의 결과 조선은 후금과 형제 관계를 맺었어.

이후 후금은 세력을 더욱 키워 나라 이름을 청으로 고치고 정묘호란 때 맺은 '형제의 관계'를 '임금과 신하의 관계'로 바꾸자고 하였다. 조선에서는 청의 요구를 거절하고 싸워 물리쳐야 한다는 의견과 외교적인 노력으로 문제를 해결해야 한다는 의견이 대립했다. 무력으로 싸워 물리쳐야 한다는 의견을 받아들인 조선이 청의 요구를 거절하자 청은 조선을 다시 침입했다(병자호란). 인조는 남한산성으로 피신하여 청에 맞서 싸웠다

이후 후금은 세력을 더욱 키워 나라 이름을 청으로 고치고 정묘호란 때 맺은 '형제의 관계'를 '임금과 신하의 관계'로 바꾸자고 하였다. 조선에서는 청의 요구를 거절하고 싸워 물리쳐야 한다는 의견과 외교적인 노력으로 문제를 해결해야 한다는 의견이 대립했다. 무력으로 싸워 물리쳐야 한다는 의견을 받아들인 조선이 청의 요구를 거절하자 청은 조선을 다시 침입했다(병자호란). 인조는 남한산성으로 피신하여 청에 맞서 싸웠다.

⑦ 조선과 형제관계를 맺은 후금은 세력을 키워 청이 되었고 조선과의 관계를 임금과 신하의 관계로 바꾸고자 했어.

⑧ 조선은 청과 임금-신하의 관계를 맺길 거절했기 때문에 병자호란이 다시 일어났어.

남한산성을 살펴볼까

남한산성은 지형이 험준해서 적의 공격을 방어하는 데 유리하고, 넓은 분지 전쟁 시 대피해 머물 수 있었다.

3 민족 문화를 지켜 나간 조선 ∙ 75

씽킹맵을
그리며 읽어요

씽킹맵에 대해 들어본 적이 있나요? 씽킹맵이란 여러 가지 정보를 특징에 따라 정리하는 노트 필기 방법입니다. 이름에서 알 수 있듯이 씽킹맵은 생각을 지도처럼 그려 표현한 것입니다. 씽킹맵은 교과서의 내용을 필기할 때도 도움이 되지만 교과서를 읽을 때도 도움이 됩니다.

그렇다면 교과서를 읽을 때마다 손으로 씽킹맵을 그려가며 읽어야 할까요? 교과서를 읽으며 동시에 필기한다면 씽킹맵을 손으로 그리며 읽을 수 있지만 매번 그렇게 읽는다면 때로는 시간이 부족할 수 있습니다. 그래서 씽킹맵을 머릿속으로 그리며 읽어야 합니다. 물론 복잡하고 긴 설명이 필요한 개념을 정리할 때는 머릿속으로 씽킹맵을 그리는 것이 어려울 수 있습니다. 그래서 비교적 간단한 개념이 등장할 때 머릿속으로 씽킹맵을 그리는 것이 좋습니다.

특히 큰 개념에 포함되는 작은 개념이 여러 개 등장할 때나, 비슷한 개념이 여러 개 등장하여 구분이 필요할 때 씽킹맵을 활용할 수 있습니다.

이럴 때는 다양한 씽킹맵 중에서 '트리맵'이 유용합니다. '트리맵'이란 개념을 분류하여 설명할 때 쓰는 씽킹맵으로, 트리 꼭대기에 중심 개념이 있고, 아래 가지에 분류한 주제와 설명이 있습니다. 트리맵이 어떻게 생겼는지 살펴볼까요?

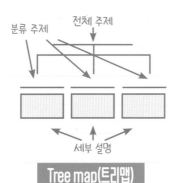

Tree map(트리맵)

트리맵 이외에도 내가 정리하려는 개념에 맞게 다양한 씽킹맵을 활용할 수 있습니다.

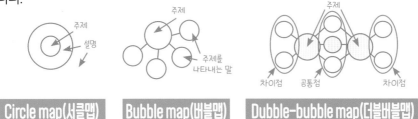

트리맵을 이용하여 교과서를 읽는 방법을 정리해볼까요?

첫째, 교과서의 글을 읽습니다.

먼저 어떤 내용을 설명하는 글인지, 또 교과서에 설명된 개념이 한 가지 개념인지 여러 개념인지 확인합니다.

둘째, 어울리는 씽킹맵을 찾아 틀과 전체 주제를 떠올립니다.

머릿속에 어울리는 씽킹맵을 떠올렸다면 씽킹맵의 틀과 전체 주제만 생각합니다.

셋째, 씽킹맵의 세부적인 내용을 떠올립니다.

씽킹맵 중 트리맵을 떠올렸다면 교과서의 글을 보며 분류 주제를 정합니다. 다른 맵을 떠올렸다면 전체 주제의 밑에 들어갈 세부 주제나 설명을 떠올립니다.

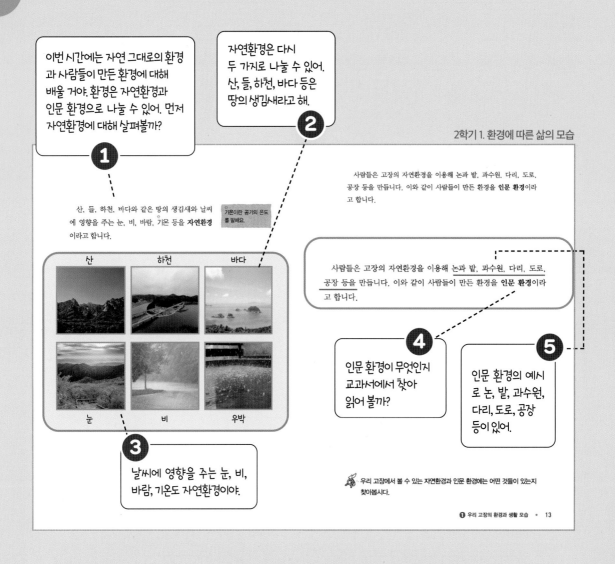

이번 시간에는 자연 그대로의 환경과 사람들이 만든 환경에 대해 배울 거야. 환경은 자연환경과 인문 환경으로 나눌 수 있어. 먼저 자연환경에 대해 살펴볼까?

1

자연환경은 다시 두 가지로 나눌 수 있어. 산, 들, 하천, 바다 등은 땅의 생김새라고 해.

2

2학기 1. 환경에 따른 삶의 모습

산, 들, 하천, 바다와 같은 땅의 생김새와 날씨에 영향을 주는 눈, 비, 바람, 기온 등을 **자연환경**이라고 합니다.

기온이란 공기의 온도를 말해요.

산	하천	바다
눈	비	우박

3

날씨에 영향을 주는 눈, 비, 바람, 기온도 자연환경이야.

사람들은 고장의 자연환경을 이용해 논과 밭, 과수원, 다리, 도로, 공장 등을 만듭니다. 이와 같이 사람들이 만든 환경을 **인문 환경**이라고 합니다.

사람들은 고장의 자연환경을 이용해 논과 밭, 과수원, 다리, 도로, 공장 등을 만듭니다. 이와 같이 사람들이 만든 환경을 **인문 환경**이라고 합니다.

4

인문 환경이 무엇인지 교과서에서 찾아 읽어 볼까?

5

인문 환경의 예시로 논, 밭, 과수원, 다리, 도로, 공장 등이 있어.

우리 고장에서 볼 수 있는 자연환경과 인문 환경에는 어떤 것들이 있는지 찾아봅시다.

❶ 우리 고장의 환경과 생활 모습 • 13

교과서의 내용을 트리맵으로 정리해 볼까? 먼저 전체 주제를 떠올려봐. 전체 주제는 환경이 되겠지? 환경은 자연환경과 인문 환경으로 나눌 수 있어. 이제 머릿속 트리맵을 아래 예시와 비교해 봐.

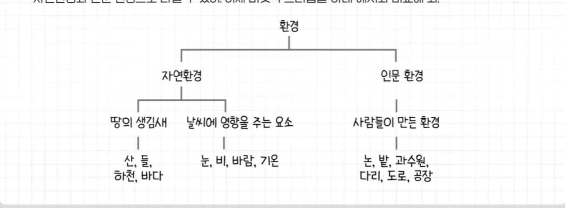

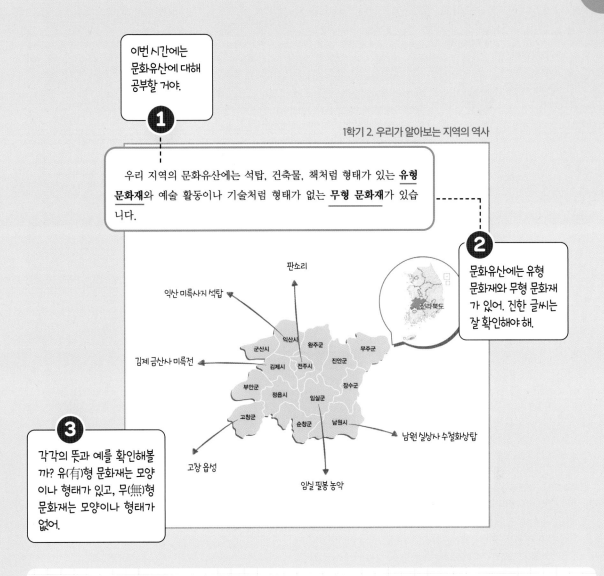

이번 시간에는 문화유산에 대해 공부할 거야.

1

우리 지역의 문화유산에는 석탑, 건축물, 책처럼 형태가 있는 **유형 문화재**와 예술 활동이나 기술처럼 형태가 없는 **무형 문화재**가 있습니다.

2

문화유산에는 유형 문화재와 무형 문화재가 있어. 진한 글씨는 잘 확인해야 해.

판소리

익산 미륵사지 석탑

전라북도

익산시
군산시
완주군
무주군
김제시
전주시
진안군
김제 금산사 미륵전
부안군
장수군
정읍시
임실군
고창군
순창군
남원시
남원 실상사 수철화상탑
고창 읍성
임실 필봉 농악

3

각각의 뜻과 예를 확인해볼까? 유(有)형 문화재는 모양이나 형태가 있고, 무(無)형 문화재는 모양이나 형태가 없어.

교과서의 내용을 트리맵으로 정리해볼까? 전체 주제는 문화유산이 되겠지? 문화유산은 유형 문화재와 무형 문화재로 나눌 수 있어. 유형 문화재와 무형 문화재의 뜻과 예시를 머릿속에 떠올리고 아래에 실린 트리맵과 비교해 봐.

문화유산

유형 문화재　　　　　무형 문화재

형태 ○　　　　　형태 X

석탑, 건축물, 책　　　　　예술 활동, 기술

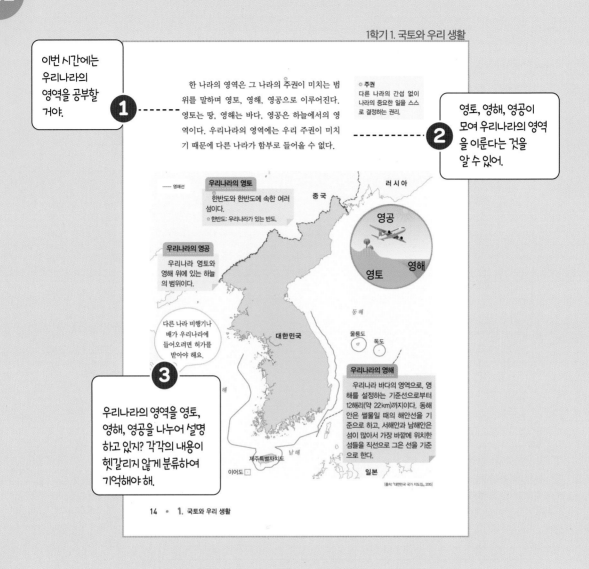

이번 시간에는 우리나라의 영역을 공부할 거야.

①

한 나라의 영역은 그 나라의 주권이 미치는 범위를 말하며 영토, 영해, 영공으로 이루어진다. 영토는 땅, 영해는 바다, 영공은 하늘에서의 영역이다. 우리나라의 영역에는 우리 주권이 미치기 때문에 다른 나라가 함부로 들어올 수 없다.

❀ **주권**
다른 나라의 간섭 없이 나라의 중요한 일을 스스로 결정하는 권리.

영토, 영해, 영공이 모여 우리나라의 영역을 이룬다는 것을 알 수 있어.

②

— 영해선

우리나라의 영토
한반도와 한반도에 속한 여러 섬이다.
❀ 한반도: 우리나라가 있는 반도.

러 시 아

중국

우리나라의 영공
우리나라 영토와 영해 위에 있는 하늘의 범위이다.

영공

영토　영해

다른 나라 비행기나 배가 우리나라에 들어오려면 허가를 받아야 해요.

③

우리나라의 영역을 영토, 영해, 영공을 나누어 설명하고 있지? 각각의 내용이 헷갈리지 않게 분류하여 기억해야 해.

동 해

대한민국

울릉도　독도

우리나라의 영해
우리나라 바다의 영역으로, 영해를 설정하는 기준선으로부터 12해리(약 22km)까지이다. 동해안은 썰물일 때의 해안선을 기준으로 하고, 서해안과 남해안은 섬이 많아서 가장 바깥에 위치한 섬들을 직선으로 그은 선을 기준으로 한다.

제주특별자치도

남 해

이어도

일본

[출처: 「대한민국 국가 지도집」, 2015]

14 ● **1.** 국토와 우리 생활

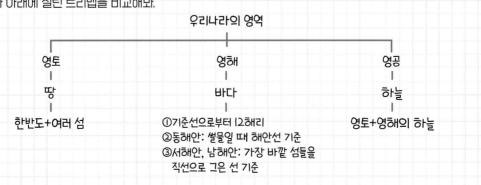

교과서의 내용을 트리맵으로 정리해볼까? 전체 주제는 우리나라의 영역이고, 우리 나라의 영역은 '영토', '영해', '영공'으로 나뉘어. 특히 영해는 동해안과 서해안, 남해안의 기준선이 다르니 유의해. 이제 머릿속의 트리맵과 아래에 실린 트리맵을 비교해봐.

우리나라의 영역

영토	영해	영공
땅	바다	하늘
한반도+여러 섬	①기준선으로부터 12해리 ②동해안: 썰물일 때 해안선 기준 ③서해안, 남해안: 가장 바깥 섬들을 　　직선으로 그은 선 기준	영토+영해의 하늘

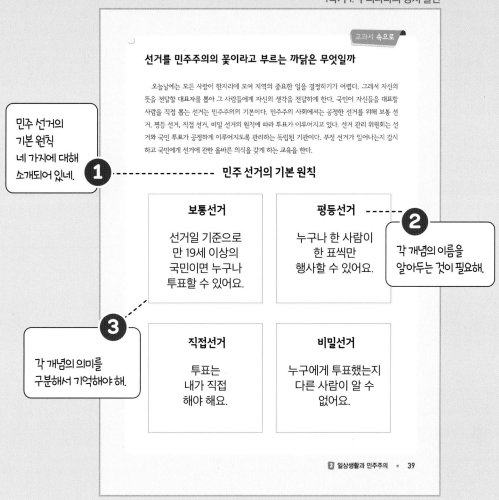

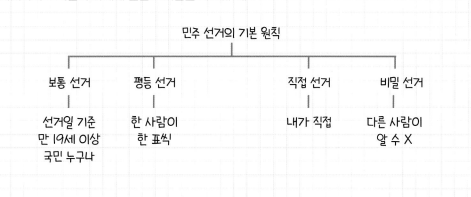

사회 교과서에 실려 있는 그림이나 사진 자료들을 살펴보면 자료 주변에 자료의 제목이 쓰여 있기도 하고 테두리가 그려져 있기도 합니다. 혹시 그림이나 사진 자료에서 화살표가 등장하는지 주의 깊게 살펴본 적이 있나요? 그림이나 사진 자료 주변에는 화살표 표시가 자주 등장합니다. 이 화살표는 어떤 역할을 할까요? 아래의 그림을 통해 확인해 봅시다.

위와 같은 그림이 나와 있다면 화살표의 방향을 보았을 때, 농촌이 도시에 무엇인가 주거나 어떤 영향을 끼친다는 뜻입니다. 또 다른 그림을 볼까요?

이번에는 화살표의 머리가 양쪽 모두에 있습니다. 이런 경우에는 농촌과 도시가 양쪽에 서로 영향을 주고 받는다는 것을 뜻합니다. 또한 화살표는 글로 표현할 때 길게 설명해야 하는 내용을 한 장의 그림과 화살표로 쉽게 알려주기도 합니다.

화살표가 있는 자료를 어떻게 읽어야 하는지 정리해볼까요?

첫째, 화살표가 어디에 있는지 살펴봅니다.

교과서에 함께 제시된 그림 자료라고 해도 서로 관련이 없을 수 있습니다. 아래의 그림을 예시로 살펴봅시다.

예를 들어 위의 그림에서는 가는 나와 다의 영향을 받는다고 읽을 수 있습니다. 하지만 나와 다가 서로 영향을 끼치는지는 알 수 없습니다.

둘째, 화살표의 머리 방향을 읽습니다.

화살표의 방향에 따라 뜻이 바뀌니 화살표의 머리 방향을 읽는 것이 필요합니다.

셋째, 화살표의 의미를 교과서 본문을 읽으며 파악합니다.

화살표와 그림, 사진 자료만 읽으며 내용을 추측하는 것이 아니라 교과서의 글을 함께 읽으며 내용을 이해해야 합니다.

자료의 제목을
먼저 살펴보아야 해.

1

소현

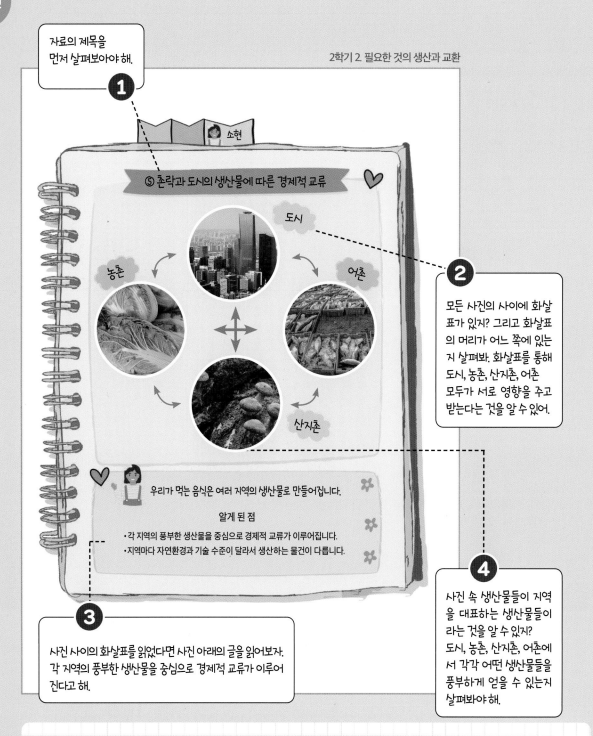

⑤ 촌락과 도시의 생산물에 따른 경제적 교류

도시

농촌

어촌

산지촌

2

모든 사진의 사이에 화살
표가 있지? 그리고 화살표
의 머리가 어느 쪽에 있는
지 살펴봐. 화살표를 통해
도시, 농촌, 산지촌, 어촌
모두가 서로 영향을 주고
받는다는 것을 알 수 있어.

우리가 먹는 음식은 여러 지역의 생산물로 만들어집니다.

알게 된 점

• 각 지역의 풍부한 생산물을 중심으로 경제적 교류가 이루어집니다.
• 지역마다 자연환경과 기술 수준이 달라서 생산하는 물건이 다릅니다.

4

사진 속 생산물들이 지역
을 대표하는 생산물들이
라는 것을 알 수 있지?
도시, 농촌, 산지촌, 어촌에
서 각각 어떤 생산물들을
풍부하게 얻을 수 있는지
살펴봐야 해.

3

사진 사이의 화살표를 읽었다면 사진 아래의 글을 읽어보자.
각 지역의 풍부한 생산물을 중심으로 경제적 교류가 이루어
진다고 해.

사진에서 얻을 수 있는 정보들을 놓치지 않도록 해.
위의 글을 살펴보면 도시, 농촌, 산지촌, 어촌에서 각각 어떤 생산물들을 풍부하게 얻을 수 있는지 글에 소
개되어 있지 않아. 하지만 사진이 글에서 소개하지 않은 내용을 보충하고 있어. 그래서 자료를 읽을 때 화
살표 뿐만 아니라 사진이나 그림도 꼼꼼하게 살펴야 해.

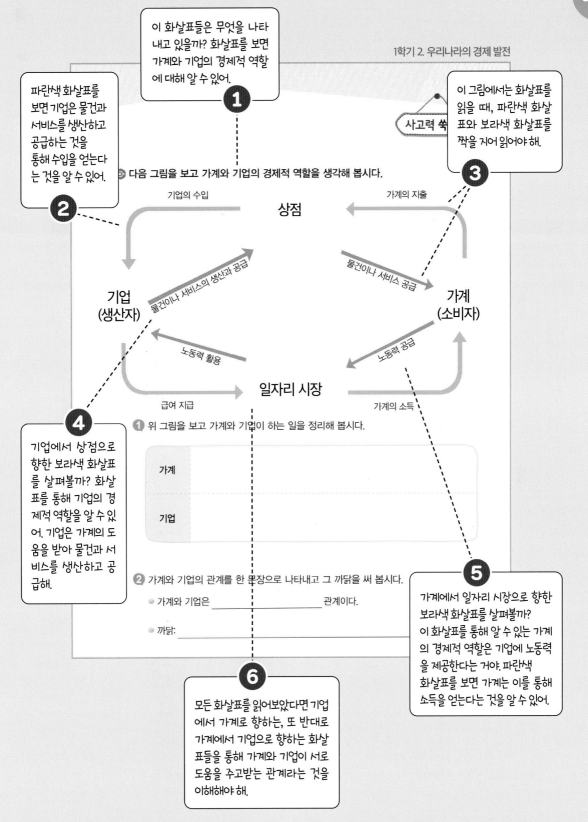

① 이 화살표들은 무엇을 나타내고 있을까? 화살표를 보면 가계와 기업의 경제적 역할에 대해 알 수 있어.

② 파란색 화살표를 보면 기업은 물건과 서비스를 생산하고 공급하는 것을 통해 수입을 얻는다는 것을 알 수 있어.

③ 이 그림에서는 화살표를 읽을 때, 파란색 화살표와 보라색 화살표를 짝을 지어 읽어야 해.

사고력 쑥쑥

④ 기업에서 상점으로 향한 보라색 화살표를 살펴볼까? 화살표를 통해 기업의 경제적 역할을 알 수 있어. 기업은 가계의 도움을 받아 물건과 서비스를 생산하고 공급해.

⑤ 가계에서 일자리 시장으로 향한 보라색 화살표를 살펴볼까? 이 화살표를 통해 알 수 있는 가계의 경제적 역할은 기업에 노동력을 제공한다는 거야. 파란색 화살표를 보면 가계는 이를 통해 소득을 얻는다는 것을 알 수 있어.

⑥ 모든 화살표를 읽어보았다면 기업에서 가계로 향하는, 또 반대로 가계에서 기업으로 향하는 화살표들을 통해 가계와 기업이 서로 도움을 주고받는 관계라는 것을 이해해야 해.

다음 그림을 보고 가계와 기업의 경제적 역할을 생각해 봅시다.

① 위 그림을 보고 가계와 기업이 하는 일을 정리해 봅시다.

가계	
기업	

② 가계와 기업의 관계를 한 문장으로 나타내고 그 까닭을 써 봅시다.

● 가계와 기업은 _____ 관계이다.

● 까닭:

4 학습도구어 이해와 현상 변화 파악이 중요한 과학 영역

많은 학생이 실험활동과 실험관찰 기록에만 집중하여 과학 교과서 읽기를 소홀히 하는 경우가 많습니다. 그러나 과학 교과서에는 학생들이 익혀야 하는 과학 개념과 원리가 체계적으로 정리되어 있습니다. 특히 실험과정이나 흐름 등 변화하는 현상과 결과를 잘 설명하고 있어 과학 공부에 큰 도움이 됩니다. 교과서를 읽으며 과학 원리를 찾아 이해하는 것은 과학적 사고력과 과학적 탐구 능력 신장에 효과적입니다. 이해하는 것을 잘 표현하는 것이 중요한 학생들에게 과학 교과서는 과학적 문제 해결력을 기르는 길라잡이가 되어줍니다. 따라서 가장 기본적이고 효과적인 학습도구로써 과학 교과서 읽는 방법을 아는 것은 중요합니다.

과학 교과서, 어떻게 읽으면 좋을까요?

과학은 우리가 삶 속에서 무심코 경험하는 일들을 실험, 조사와 관찰을 통해 알아보는 과목입니다. 직접 실험을 하거나 경험과 관련한 내용을 배우기 때문에 겉으로 보기에는 쉽게 느껴지지만, 막상 교과서를 읽어 보면 어떤 말인지 이해하지 못하거나 과학 개념을 이해하지 못한 채 교과서 읽기를 포기하는 경우가 많습니다. 과학 교과서 속 원리와 개념을 잘 이해하기 위해서는 과학 교과서를 체계적으로 읽는 방법을 알아야 합니다. 과학 읽기의 기술을 자세하게 들여다보기 전에 공통적으로 알아두어야 할 사항을 살펴봅시다.

① 과학과 관련한 학습도구어를 익히기

과학 교과서에 자주 나오는 표현이나 학습도구어를 미리 알아두는 것은 과학 교과서의 글을 읽는 데 도움이 됩니다. 과학 개념과 원리, 용어는 낯선 것들이 많기 때문에 이를 설명할 때 활용되는 여러 학습도구어를 잘 모른다면 글을 이해하는 데 어려움이 생깁니다. 과학 학습도구어에는 무엇이 있는지 살펴볼까요?

※학습도구어란? 교과 내용이나 지식과 관련된 어휘로 생각과 이해를 하기 위해 알아두어야 하는 단어

3학년	물질	변화	운반	보존	상태	조절	전달
4학년	방식	적합하다	적응	맺히다	분출	발생	순환
5학년	요소	구성	형태	효과적	지수	제동	위성
6학년	성질	관여	흡수	영향	현상	비율	마찰

*일부만 수록하였습니다.

② 반복해서 읽기

과학 교과서에 나오는 과학 개념과 원리, 용어는 생소하고 어렵기 때문에 한 번만 읽어서는 쉽게 이해하고 기억하기 어렵습니다. 새롭게 알게 되는 내용을 반복해서 읽는 습관을 들이는 것은 과학 공부에 도움이 됩니다.

반복해서 읽는 방법

가벼운 마음으로 읽기 ⇨ 실험 후 실험과정과 결과를 떠올리며 소리 내어 읽기 ⇨
중요한 부분에 표시하며 읽기 ⇨ 교과서 내용(개념과 원리)을 정리하며 읽기

⊕ 과학 읽기의 기술! 어떤 것들이 있을까요?

01 교과서를 톺아보며 배경지식을 얻어요
02 기본이 되는 과학 용어를 떠올려요
03 중심 문장을 찾으며 읽어요
04 용어의 뜻을 파악하며 읽어요

05 글과 그림이나 사진을 연결 지어 읽어요
06 비교하고 대조하며 읽어요
07 표와 그래프를 해석하며 읽어요

교과서를 톺아보며 배경지식을 얻어요

과학 교과서의 과학 탐구 부분을 처음부터 끝까지 살펴본 적이 있나요? 아마 대부분 학생은 선생님이 설명해주신 부분만 보거나, 수업 시간에 다루는 글만 살펴보았을 것입니다. 과학 교과서 읽기를 할 때는 과학 교과서의 모든 부분을 이해한다는 마음으로 살펴보아야 합니다. 과학 교과서를 차근차근 살펴보면 교과서의 글을 이해하는 데 도움이 되는 배경지식을 얻을 수 있습니다.

과학 교과서의 구조

처음 – 단원도입	중간 – 본문학습			끝 – 과학 이야기
공부 내용과 관련한 사진과 질문들	재미있는 과학	과학 탐구	과학과 생활	과학 개념과 관련한 사례와 이야기 소개

출처 6학년 1학기 5. 빛과 렌즈

내용 이해에 도움이 되는 배경지식을 얻기 위해서는 교과서의 어느 부분에, 어떤 내용이 담겨 있는지 알아야 합니다. 과학 탐구 부분의 구조를 살펴볼까요?

학습문제

탐구활동 전
글과 그림, 사진

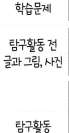

탐구활동

탐구활동 후
글과 그림, 사진

첫째, 학습문제를 반드시 읽어야 합니다.

학습문제는 공부할 내용의 제목에 해당하는 부분입니다. 과학 교과서의 글을 읽기 전에 학습문제를 확인하면 어떤 개념에 집중하며 글을 살펴야 할지 쉽게 알 수 있습니다.

둘째, 탐구활동 전에 소개된 글과 그림, 사진을 살핍니다.

탐구활동 전 글과 그림, 사진을 살펴보면 어떤 개념을 배우고, 어떤 탐구활동을 하게 될지 예상할 수 있습니다.

셋째, 탐구활동의 순서와 실험도구를 확인합니다.

탐구활동 부분은 실험 등의 탐구활동에 필요한 도구, 탐구과정 등이 설명되어 있습니다. 탐구활동 제목과 탐구 과정을 설명하는 '어떻게 할까요?'를 잘 읽어보면 과학 개념을 설명하는 중요 키워드가 무엇인지 알 수 있습니다.

넷째, 탐구활동 후 글과 그림, 사진에서 개념이나 원리를 찾습니다.

탐구활동 이후에 나오는 글과 그림, 사진은 탐구활동을 정리하고 심화하는 부분입니다. 탐구활동을 정리하는 글에서는 우리가 반드시 확인해야 할 개념과 과학적 원리, 사실을 확인할 수 있습니다. 그림이나 사진은 과학 개념의 원리를 설명하거나 탐구 활동 결과를 보여줍니다. 글과 그림, 사진을 보면 과학 개념이 적용된 생활 속 예시도 살펴볼 수 있습니다.

1학기 2. 물질의 성질

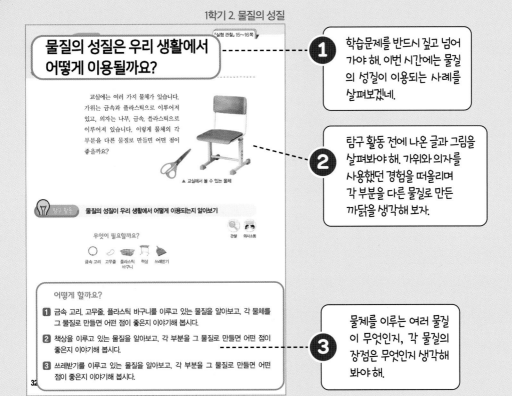

[실험 관찰] 15~16쪽

물질의 성질은 우리 생활에서 어떻게 이용될까요?

교실에는 여러 가지 물체가 있습니다. 가위는 금속과 플라스틱으로 이루어져 있고, 의자는 나무, 금속, 플라스틱으로 이루어져 있습니다. 이렇게 물체의 각 부분을 다른 물질로 만들면 어떤 점이 좋을까요?

▲ 교실에서 볼 수 있는 물체

탐구 활동 물질의 성질이 우리 생활에서 어떻게 이용되는지 알아보기

무엇이 필요할까요?

금속 고리　고무줄　플라스틱 바구니　책상　쓰레받기

관찰　의사소통

어떻게 할까요?

1 금속 고리, 고무줄, 플라스틱 바구니를 이루고 있는 물질을 알아보고, 각 물체를 그 물질로 만들면 어떤 점이 좋은지 이야기해 봅시다.

2 책상을 이루고 있는 물질을 알아보고, 각 부분을 그 물질로 만들면 어떤 점이 좋은지 이야기해 봅시다.

3 쓰레받기를 이루고 있는 물질을 알아보고, 각 부분을 그 물질로 만들면 어떤 점이 좋은지 이야기해 봅시다.

32

1 학습문제를 반드시 짚고 넘어가야 해. 이번 시간에는 물질의 성질이 이용되는 사례를 살펴보겠네.

2 탐구 활동 전에 나온 글과 그림을 살펴봐야 해. 가위와 의자를 사용했던 경험을 떠올리며 각 부분을 다른 물질로 만든 까닭을 생각해 보자.

3 물체를 이루는 여러 물질이 무엇인지, 각 물질의 장점은 무엇인지 생각해 봐야 해.

4 탐구 활동 후에 나오는 그림이나 사진은 개념이나 원리를 이해하는 데 도움이 돼. 물체의 사진을 보면 어떤 물질들로 만들어졌는지 확인할 수 있어.

5 글에서 꼭 확인해야 할 부분을 찾아볼까? 물체의 기능에 알맞은 물질을 선택하여 물체를 만들면 사용하기에 더 좋다는 것을 꼭 알고 넘어가야 해.

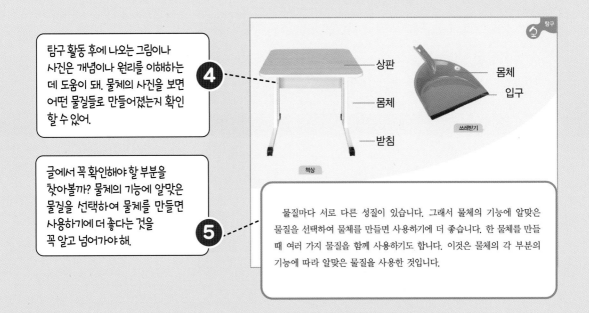

탐구

상판

몸체

받침

책상

몸체

입구

쓰레받기

물질마다 서로 다른 성질이 있습니다. 그래서 물체의 기능에 알맞은 물질을 선택하여 물체를 만들면 사용하기에 더 좋습니다. 한 물체를 만들 때 여러 가지 물질을 함께 사용하기도 합니다. 이것은 물체의 각 부분의 기능에 따라 알맞은 물질을 사용한 것입니다.

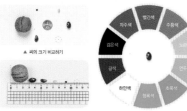

1학기 3. 식물의 한살이

여러 가지 씨를 관찰해 볼까요?

우리는 주변에서 여러 가지 씨를 쉽게 볼 수 있습니다. 주변에서 볼 수 있는 여러 가지 씨를 관찰해 봅시다.

우리는 주변에서 여러 가지 씨를 쉽게 볼 수 있습니다. 주변에서 볼 수 있는 여러 가지 씨를 관찰해 봅시다.

여러 가지 씨 홍보기 10원 동전   자

어떻게 할까요?
1 여러 가지 씨를 어떻게 관찰할지 이야기해 봅시다.
2 씨의 길이를 측정하고 모양, 색깔 등을 관찰해 봅시다.
3 여러 가지 씨의 특징을 써 보고 그림으로 그려 봅시다.

▲ 씨의 크기 비교하기

▲ 씨의 길이 측정하기   ▲ 씨의 색깔 관찰하기

50

1 학습문제를 확인해야겠지? 이번 시간에는 여러 가지 씨의 모습을 알아보겠구나.

2 탐구 활동 전에 글을 보고 예시를 떠올려보자. 생활 속에서 봤던 씨는 어떤 것들이 있었는지 생각해 봐.

3 탐구 활동 예시를 보면 씨의 크기와 길이, 색이 다르다는 것을 예상할 수 있어.

4 탐구 활동 후에는 실제 예시를 확인할 수 있도록 그림이나 사진을 보여 주는 경우가 많아. 실제로 보지 못했던 씨의 모습을 확인할 수 있지? 씨의 모습이 어떻게 다른지, 비슷한지 탐색해야 해.

5 글에서 꼭 알아야 할 개념은 무엇일까? 식물의 종류에 따라 씨의 모습이 다양하다는 것을 확인할 수 있어야 해.

탐구

크기가 작은 씨는 돋보기를 이용하여 관찰해요.

참외   사과나무

봉숭아   채송화

호두나무   강낭콩

▲ 여러 가지 식물의 씨

식물의 종류에 따라 씨의 모양, 크기, 색깔 등이 다양합니다. 식물의 씨는 길쭉한 것도 있고 동그란 것도 있습니다. 호두처럼 크기가 큰 것도 있지만 채송화씨처럼 매우 작은 것도 있습니다. 강낭콩처럼 검붉은색도 있고 참외씨처럼 연한 노란색도 있습니다.

• 여러 가지 씨의 공통점과 차이점은 무엇일까요?

1학기 5. 다양한 생물과 우리 생활

『실험 관찰』 54쪽

세균에는 어떤 특징이 있을까요?

충치가 생기는 까닭은 세균이 치아 표면을 썩게 하기 때문입니다. 세균은 매우 작아서 맨눈으로 볼 수 없고, 배율이 높은 현미경을 사용해야 관찰할 수 있습니다. 세균이 사는 곳과 특징을 조사해 봅시다.

우리는 크기가 작아 현미경으로 봐야 보여요.

▲ 입속 세균

조사 활동 세균의 특징 조사하기

관찰 · 의사소통 · 자료 해석

무엇이 필요할까요?
세균을 다룬 책, 스마트 기기

어떻게 할까요?
1 세균을 주제로 하여 아는 내용을 이야기합니다.
2 세균이 사는 곳과 특징을 조사해 봅시다.
3 조사한 내용을 발표합니다.

1 학습문제를 보면 세균의 특징을 공부한다는 것을 알 수 있어.

2 탐구 활동 전 글과 그림을 읽어 보자. 세균은 매우 작다는 사실을 알 수 있네. 세균이 사는 장소 중에는 우리 입(치아)도 있다는 것을 알 수 있어.

3 탐구 활동의 예시로 제시된 그림을 보면 세균의 모양과 우리가 조사해야 하는 내용에 대한 힌트를 얻을 수 있어.

4 탐구 활동 후 나오는 사진을 보면 세균의 생김새가 어떤지 정확하게 확인할 수 있어. 공, 막대, 나선, 꼬리 모양 등 다양하구나.

소통

세균의 다양한 생김새

▲ 공 모양의 세균

▲ 막대 모양의 세균

▲ 나선 모양의 세균

▲ 꼬리가 있는 세균

생각해 볼까요?

5 글을 읽고 꼭 알아야 할 개념은 무엇일지 생각해 봐. 세균의 특징에 대한 설명 중 모양과 사는 곳을 확인하고 넘어가야 해.

　세균은 균류나 원생생물보다 크기가 더 작고 생김새가 단순한 생물입니다. 세균은 생김새에 따라 공 모양, 막대 모양, 나선 모양 등으로 구분하며, 꼬리가 있는 세균도 있습니다. 세균은 하나씩 따로 떨어져 있거나 여러 개가 서로 연결되어 있기도 합니다.
　세균은 우리가 맨눈으로 볼 수 없지만 우리 주변에 있는 땅이나 물, 다른 생물의 몸, 컴퓨터 자판이나 연필 같은 물체 등에도 삽니다. 또한 세균은 살기에 알맞은 조건이 되면 짧은 시간 안에 많은 수로 늘어날 수 있습니다.

1학기 4. 식물의 구조와 기능

뿌리의 생김새와 하는 일을 알아볼까요?

식물은 대부분 뿌리, 줄기, 잎으로 이루어져 있습니다. **뿌리**는 주로 땅속으로 자라기 때문에 눈으로 쉽게 관찰할 수 없습니다. 식물의 뿌리는 어떻게 생겼을까요? 또 어떤 일을 할까요?

▲ 고추의 뿌리　　▲ 파의 뿌리

뿌리에는 고추나 민들레처럼 굵고 곧은 뿌리에 가는 뿌리들이 난 것도 있고, 파나 강아지풀처럼 굵기가 비슷한 뿌리가 여러 가닥으로 수염처럼 난 것도 있습니다. 뿌리에는 솜털처럼 가는 뿌리털이 나 있습니다.

1 학습문제를 확인해 볼까? 뿌리의 생김새에 관해 공부한다는 것을 알 수 있어.

2 탐구 활동 전 글을 읽으면 학습주제에 대한 힌트를 얻을 수 있어. 뿌리의 특징 중 하나는 주로 땅속으로 자란다는 것이구나.

3 그림을 보면 뿌리의 생김새가 어떻게 다른지 알 수 있어.

4 뿌리의 생김새를 표현하는 말에는 '굵고 곧다', '수염', '솜털' 등이 있네. 각각 어떤 모양인지 떠올려 보자.

🔍 탐구

탐구 활동　　**뿌리의 흡수 기능 알아보기**

무엇이 필요할까요?
새 뿌리가 자란 양파 두 개, 가위, 비커 두 개, 물

어떻게 할까요?
1 새 뿌리가 자란 양파 한 개는 뿌리를 자르고 다른 한 개는 그대로 둡니다.
2 크기가 같은 비커 두 개에 같은 양의 물을 담아 양파의 밑부분이 물에 닿도록 각각 올려놓은 뒤 빛이 잘 드는 곳에 2~3일 동안 놓아둡니다.
3 두 비커에 든 물의 양이 어떻게 변할지 예상합니다.
4 예상한 것과 실제 결과를 비교해 봅시다.

생각해 볼까요?
1 두 비커에서 줄어든 물의 양이 다른 까닭은 무엇일까요?
2 실험으로 알게 된 뿌리의 기능을 설명해 볼까요?

　뿌리는 땅속으로 뻗어 물을 흡수하고 식물을 지지합니다. 뿌리털은 물을 더 잘 흡수하도록 해 줍니다. 무나 고구마처럼 뿌리에 양분을 저장하는 식물도 있습니다.

5 탐구 활동 제목을 읽어 보자. 뿌리의 기능에는 흡수 기능이 있다는 것을 예상할 수 있지? 물의 양의 변화를 관찰하는 활동이 있는 것을 보니 흡수는 물을 받아들이는 것과 관련된 것을 알 수 있어.

6 탐구 활동 후에 나오는 글에서 중요한 부분을 찾아보자. 뿌리의 기능이 물을 흡수하는 것 말고도 식물을 지지하거나 양분을 저장하기도 하는구나.

기본이 되는 과학 용어를 떠올려요

과학 교과서의 글을 읽다 보면 평소에 여러 번 보았지만 문득 뜻이나 정확한 의미가 생각나지 않는 단어가 있습니다. 과학 교과서에서 다루는 실생활의 과학적 현상이나 실험의 과정, 결과를 이해하고자 할 때 이전에 배웠던 기초적인 과학 용어를 알지 못하면 과학 개념을 제대로 이해하는 데에 어려움을 겪게 됩니다. 많은 학생들이 과학 교과서 탐구활동의 기본이 되는 용어를 소홀히 공부하고 현상이나 결과만 집중하여 공부합니다. 그러나 과학 용어를 꼭 짚고 넘어가야 다음 단원, 다음 학년의 교과서 글을 완벽하게 이해할 수 있습니다.

첫째, 기초 과학탐구 용어를 익힙니다.

각 학년별로 기초 탐구활동에 대해 공부하는 단원이 있습니다. 탐구활동을 배우는 단원에서는 우리가 과학 공부를 할 때 꼭 알아야 할 기초적인 과학탐구 용어와 원리를 설명합니다. 기초 과학탐구 용어는 교과서에 반복적으로 나오기 때문에 익숙하게 느껴서 그 뜻을 제대로 공부하지 않고 지나치는 경우가 많습니다. 그러나 교과서의 글을 잘 이해하려면 기초적인 과학탐구 용어를 반드시 익혀야 합니다.

둘째, 개념을 설명하는 용어의 뜻을 떠올리며 읽습니다.

과학 용어를 설명하는 글을 읽다 보면 이전 학년, 학기에 배웠던 용어를 활용하는 경우를 볼 수 있습니다. 새로운 개념을 알고 뜻을 이해하기 위해서는 이전에 배웠던 기본적인 과학 용어의 뜻을 알고 있어야 합니다. 용어의 뜻을 명확하게 알고 있지 않으면 그다음 내용을 이해하기 어렵기 때문입니다. 이전에 배웠던 용어의 뜻을 떠올린 후 글을 읽으면 새로 배우는 용어의 뜻이나 개념에 대한 설명을 더 잘 이해할 수 있습니다.

셋째, 과학 교과서에 나오지 않은 뜻은 검색 등을 활용하여 정확한 의미를 찾습니다.

종종 과학 교과서에서는 학생들이 기본적인 단어의 의미를 이미 알고 있다는 것을 가정해서 자세하게 뜻을 풀어 설명하지 않거나, 비슷한 의미를 지닌 여러 가지 단어를 활용하여 개념을 설명하기도 합니다. 이미 배운 내용에서 찾아볼 수 있는 과학 용어는 이전의 교과서를 살피 며 뜻을 알고 이해할 수 있지만, 과학 교과서에 설명되지 않은 용어들이 이해되지 않을 때는 직접 검색하거나 주변(선생님, 어른, 친구 등)의 도움을 받아 정확하게 이해하려는 노력이 필요합니다.

넷째, 과학 용어와 관련한 성질을 떠올리며 읽습니다.

개념이나 현상을 설명하는 글을 이해하기 위해서는 기본이 되는 과학 용어의 사전적인 뜻이나 정의 이외에도 그 용어가 설명하는 성질이나 특징을 알고 있어야 하는 경우도 있습니다. 과학은 학년이 올라갈수록 앞에 나온 내용을 바탕으로 심화된 개념을 설명하는 경우가 많기 때문에 용어의 뜻 이외에도 과학 용어가 가지는 성질이나 특징을 떠올리면 글을 좀 더 쉽게 이해할 수 있습니다.

탐구

5 플라스틱 접시를 돌려서 막대자석이 다른 방향을 가리키도록 놓습니다.

6 플라스틱 접시가 움직이지 않을 때 막대자석이 어느 방향을 가리키는지 다시 관찰해 봅시다.

💡 생각해 볼까요?

• 물에 띄운 막대자석은 어느 방향을 가리킬까요?

물에 띄운 자석은 일정한 방향을 가리킵니다. 그때 북쪽을 가리키는 자석의 극을 N극이라고 하고, 남쪽을 가리키는 자석의 극을 S극이라고 합니다.

▲ 막대자석의 N극과 S극

N극과 S극이 표시되어 있는 막대자석을 물에 띄우거나 공중에 매달아서 북쪽과 남쪽을 찾을 수 있습니다. 자석의 이런 성질을 이용해 만든 도구가 **나침반**입니다. 나침반을 편평한 곳에 놓으면 나침반 바늘은 항상 북쪽과 남쪽을 가리킵니다.

나침반 ▶

1 자석의 극과 관련한 용어를 살펴볼까? N극과 S극의 뜻은 방향에 따라 이름 붙여졌다는 것을 알 수 있어.

2 굵게 적힌 글씨는 꼭 알고 넘어가야 해. 나침반이 무엇인지 설명하는 부분을 찾아 읽어보는 것이 중요해.

3 용어의 뜻 말고도 성질이나 특징이 같이 설명되어 있을 때는 함께 확인해야 해.

사고

어떻게 할까요?

1 전지, 전선, 스위치를 연결해 전기 회로를 만듭니다.

2 전기 회로의 전선을 나침반 위에 놓고, 전선과 나침반 바늘이 나란히 되도록 전선의 위치를 조정합니다.

3 전기 회로의 스위치를 닫았을 때 나침반 바늘이 어떻게 움직이는지 관찰해 봅시다.

4 전지의 극을 반대로 연결하고 전기 회로의 스위치를 닫았을 때 나침반 바늘이 어떻게 움직이는지 관찰해 봅시다.

4 3학년 때 배웠던 나침반의 정의와 성질을 떠올려야 해. 나침반이 자석의 성질을 띤다는 사실을 알고 글을 읽으면 글이 더 잘 이해돼.

전류가 흐르는 전선을 나침반 주위에 놓으면 나침반 바늘이 움직입니다. 그 까닭은 전류가 흐르는 전선 주위에 자석의 성질이 나타나기 때문입니다. 이때 전지의 극을 반대로 하여 전류가 흐르는 방향을 바꾸어 주면 나침반 바늘이 움직이는 방향도 바뀝니다.

전류가 흐르는 전선을 나침반 주위에 놓으면 나침반 바늘이 움직입니다. 그 까닭은 전류가 흐르는 전선 주위에 자석의 성질이 나타나기 때문입니다. 이때 전지의 극을 반대로 하여 전류가 흐르는 방향을 바꾸어 주면 나침반 바늘이 움직이는 방향도 바뀝니다.

💡 생각해 볼까요?

• 전류가 흐르는 전선 주위에서 나침반 바늘을 더 크게 움직이게 하려면 어떻게 해야 할까요?

19

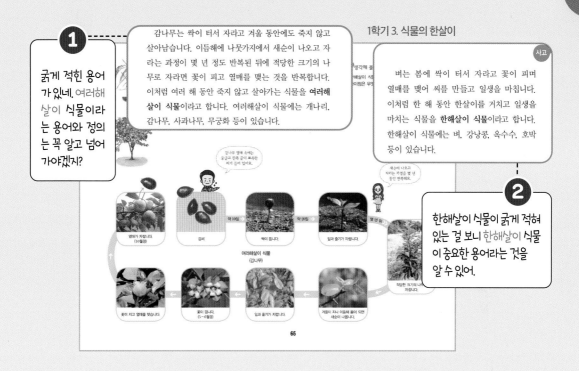

1학기 3. 식물의 한살이

① 굵게 적힌 용어가 있네. 여러해살이 식물이라는 용어와 정의는 꼭 알고 넘어가야겠지?

감나무는 싹이 터서 자라고 겨울 동안에도 죽지 않고 살아남습니다. 이듬해에 나뭇가지에서 새순이 나오고 자라는 과정이 몇 년 정도 반복된 뒤에 적당한 크기의 나무로 자라면 꽃이 피고 열매를 맺는 것을 반복합니다. 이처럼 여러 해 동안 죽지 않고 살아가는 식물을 **여러해살이 식물**이라고 합니다. 여러해살이 식물에는 개나리, 감나무, 사과나무, 무궁화 등이 있습니다.

벼는 봄에 싹이 터서 자라고 꽃이 피며 열매를 맺어 씨를 만들고 일생을 마칩니다. 이처럼 한 해 동안 한살이를 거치고 일생을 마치는 식물을 **한해살이 식물**이라고 합니다. 한해살이 식물에는 벼, 강낭콩, 옥수수, 호박 등이 있습니다.

② 한해살이 식물이 굵게 적혀 있는 걸 보니 한해살이 식물이 중요한 용어라는 것을 알 수 있어.

2학기 1. 식물의 생활

③ 1학기 때 배운 한해살이 식물, 여러해살이 식물의 정의를 떠올리자. 풀은 대부분 한 해 동안 살고, 나무는 여러 해 동안 죽지 않고 산다는 것을 알 수 있어.

• 풀과 나무의 공통점과 차이점은 무엇일까요?

들이나 산에서 사는 식물은 대부분 땅에 **뿌리**를 내리며, **줄기**와 **잎**이 잘 구분됩니다.

풀은 대부분 한해살이 식물이지만 나무는 모두 여러해살이 식물입니다. 나무는 줄기가 굵고 해마다 조금씩 자랍니다.

과학 읽기의 기술 02 | 기본이 되는 과학 용어를 떠올려요 **187**

1학기 4. 용해와 용액

물에 여러 가지 가루 물질을 넣으면 어떤 물질은 녹고, 어떤 물질은 녹지 않습니다. 소금과 설탕이 물에 녹는 것처럼 어떤 물질이 다른 물질에 녹아 골고루 섞이는 현상을 **용해**라고 합니다. 소금물이나 설탕물처럼 녹는 물질이 녹이는 물질에 골고루 섞여 있는 물질을 **용액**이라고 합니다. 이때 소금이나 설탕처럼 녹는 물질을 **용질**이라고 하고, 물처럼 녹이는 물질을 **용매**라고 합니다.

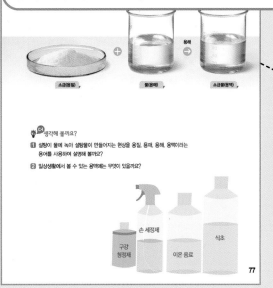

생각해 볼까요?
1 설탕이 물에 녹아 설탕물이 만들어지는 현상을 용질, 용매, 용해, 용액이라는 용어를 사용하여 설명해 볼까요?
2 일상생활에서 볼 수 있는 용액에는 무엇이 있을까요?

구강청정제 손 세정제 이온 음료 식초

77

1 하나의 문단에 굵게 적힌 용어가 여러 개인 경우나 그 용어들이 비슷해 보이는 경우에는 뜻을 정확하게 확인해야 해.

2 비슷해서 헷갈리는 용어의 경우 사진을 보며 한번 더 머릿속으로 정리해야 해. 생소한 용어는 예시와 함께 기억하는 것이 좋아.

2학기 5. 산과 염기

생각해 볼까요?
• 리트머스 종이의 색깔 변화에 따라 용액을 분류한 결과와 페놀프탈레인 용액의 색깔 변화에 따라 용액을 분류한 결과를 비교해 볼까요?

푸른색 리트머스 종이를 붉은색으로 변하게 하고, 페놀프탈레인 용액의 색깔을 변하지 않게 하는 용액을 **산성 용액**이라고 합니다. 붉은색 리트머스 종이를 푸른색으로 변하게 하고, 페놀프탈레인 용액의 색깔을 붉은색으로 변하게 하는 용액을 **염기성 용액**이라고 합니다.
자주색 양배추 지시약을 이용해 여러 가지 용액을 분류해 봅시다.

탐구 활동 자주색 양배추 지시약으로 용액 분류하기   관찰 분류

무엇이 필요할까요?
「실험 관찰」 84쪽에 있는 여러 가지 용액 실험판 2장을 사용하세요.
여러 가지 용액 실험판 2. 24홈판, 점적병에 담긴 여러 가지 용액(식초, 레몬즙, 유리 세정제, 사이다, 빨랫비누 물, 석회수, 묽은 염산, 묽은 수산화 나트륨 용액), 점적병에 담긴 자주색 양배추 지시약, 보안경, 실험용 장갑

자주색 양배추 지시약 만드는 방법

자주색 양배추를 잘게 잘라 비커에 담습니다.

비커에 자주색 양배추가 잠길 정도로 뜨거운 물을 넣습니다.

자주색 양배추를 우려낸 용액을 충분히 식혀 거른 뒤 사용합니다.

104

3 1학기 때 배운 용액의 뜻을 떠올려야겠지? 이전에 배웠던 용어를 잘 알고 있으면 새롭게 배우는 용어는 좀 더 쉽게 이해할 수 있어.

▲ 여러 가지 모양의 투명한 그릇에 나무 막대 넣기

밖에 있던 공기가 공기 주입기를 통해 풍선 안으로 이동하듯이 공기는 다른 곳으로 이동할 수 있습니다. 그리고 공기는 둥근 풍선에 넣으면 둥근 모양이 되고, 막대 모양의 풍선에 넣으면 막대 모양이 됩니다.

공기처럼 담는 그릇에 따라 모양과 부피가 변하고, 담긴 그릇을 항상 가득 채우는 물질의 상태를 **기체**라고 합니다.

나무 막대와 플라스틱 막대는 눈으로 볼 수 있고, 손으로 잡을 수 있습니다. 이 막대들을 여러 가지 모양의 그릇에 넣어도 그릇의 모양과 관계 없이 막대의 모양은 변하지 않습니다. 그리고 막대가 차지하는 공간의 크기인 부피도 변하지 않습니다. 이와 같이 담는 그릇이 바뀌어도 모양과 부피가 일정한 물질의 상태를 **고체**라고 합니다.

2 굵게 적힌 용어를 찾아보고 어떤 뜻인지 확인해보자. 또 고체, 기체는 각각 어떤 특징이 있는지 살펴보는 것이 좋아.

1 굵게 적혀 있지 않지만 과학 교과서에서 자주 볼 수 있는 용어나 낯선 용어는 뜻을 꼭 확인해야 해. 부피가 공간의 크기를 뜻한 다는 것을 알고 있으면 고체의 정의를 이해 하는 데 도움이 돼.

3학년 때 배운 액체와 기체의 특징을 떠올려 봐야겠지? 부피라 는 용어의 의미를 알고 있어야 글이 쉽게 이해돼. 잘 떠오르지 않는다 면 이전에 배웠던 교과서를 활용 해서 용어의 의미를 다시 한번 짚고 넘어가야 해.

3 주사기 한 개에는 공기 40 mL, 다른 주사기 한 개에는 물 40 mL를 넣습니다.

4 주사기 입구를 손가락으로 막고 피스톤을 약하게 누를 때와 세게 누를 때 공기와 물의 부피 변화를 각각 관찰해 봅시다.

5 압력을 가한 정도에 따라 기체와 액체의 부피는 어떻게 달라 지는지 설명해 봅시다.

액체는 압력을 가해도 부피가 거의 변하지 않지만, 기체는 압력을 가한 정도에 따라 부피가 달라집니다. 비행기 안에 있는 과자 봉지는 땅에서보다 하늘을 나는 동안 더 많이 부풀어 오릅니다. 비행기 안의 압력은 땅보다 하늘에서 더 낮기 때문입니다. 깊은 바닷속에서 잠수부가 숨을 내쉴 때 생긴 공기 방울은 물 표면으로 올라갈수록 주위의 압력이 낮아지기 때문에 더 크게

액체는 압력을 가해도 부피가 거의 변하지 않지만, 기체는 압력을 가한 정도에 따라 부피가 달라집니다. 비행기 안에 있는 과자 봉지는 땅에서보다 하늘을 나는 동안 더 많이 부풀어 오릅니다. 비행기 안의 압력은 땅보다 하늘에서 더 낮기 때문입니다. 깊은 바닷속에서 잠수부가 숨을 내쉴 때 생긴 공기 방울은 물 표면으로 올라갈수록 주위의 압력이 낮아지기 때문에 더 크게 부풀어 오릅니다. 생활 속에서 압력 변화에 따라 기체의 부피가 달라지는 현상에 관심을 기울이며 살펴봅시다.

부피, 압력 등 굵게 적힌 용어가 아닌데 반복적으로 나오거나 개념을 설명할 때 활용되는 용어는 정의나 특징을 꼭 알아야 해. 정의가 잘 떠오르지 않을 때는 검색해 보는 것이 좋아.

생각해 볼까요?
• 마개를 닫은 빈 페트병을 가지고 바닷속 깊이 들어가면 빈 페트병은 어떻게 될까요?

59

과학 읽기의 기술 02 | 기본이 되는 과학 용어를 떠올려요 **189**

중심 문장을 찾으며 읽어요

과학 교과서의 글을 자세히 본 적이 있나요? 과학 교과서의 글은 우리에게 질문을 던지기도 하고, 어떤 실험을 하게 될지 안내하기도 합니다. 또 우리가 실험이나 관찰 등을 통해 배운 중요한 개념을 풀어서 설명해 주기도 합니다. 따라서 과학 교과서에 담긴 모든 글을 읽는 것은 중요합니다. 그중에서도 우리가 꼭 알아야 하는 개념을 설명하는 문장을 찾아 꼼꼼하게 읽어야 합니다.

실험이나 관찰을 하는 것에 푹 빠져 교과서 글을 소홀히 읽는다면, 과학 개념이 정리되지 않고 시간이 흐른 후 기억이 나지 않습니다. 실험이나 관찰 등의 탐구 활동을 한 후 실험관찰에 정리를 끝냈다면 다시 교과서로 돌아와서 실험과정과 결과가 어떻게 표현되고 정리되어 있는지 읽어 봐야 합니다. 또한 글을 읽으며 꼭 알아야 할 핵심 문장과 개념을 확인해야 합니다.

첫째, 학습문제에 대한 답을 찾으며 읽습니다.

과학 교과서는 공부해야 하는 학습문제를 질문의 형태로 안내하고 있습니다. 글이나 그림, 사진이 많아 무엇에 집중해야 할지 모르는 경우 교과서에서 학습문제에 대한 답을 찾아보는 것이 좋습니다. 학습문제에 안내된 질문의 답을 찾다 보면 자연스럽게 중심 문장을 발견할 수 있고, 꼭 공부해야 하는 내용을 이해할 수 있습니다.

둘째, 실험이나 현상을 나타내는 중요 키워드를 생각하며 읽습니다.

과학 공부가 어려운 이유는 실험이나 현상을 개념과 연결 짓는 것이 쉽지 않기 때문입니다. 또한 실험을 하며 찾은 원리나 과학 현상을 표현하는 장면들을 문장이나 글로 표현하는 것이 낯설기 때문에 교과서의 글이 잘 이해되지 않을 때가 많습니다. 따라서 교과서 글을 잘 이해하기 위해서는 키워드를 생각해보는 과정이 필요합니다. 키워드를 미리 생각해 보고 글을 읽는 것과 아무런 준비 없이 글을 읽을 때 이해하는 속도와 깊이에 차이가 있습니다. 실험할 때 실험 주제(소재)가 무엇인지, 생활 속에서 어떤 과학 현상이 일어나는지를 떠올리고 그것을 단어로 생각해 보는 연습을 하면 긴 글, 어려운 글을 읽어도 쉽게 이해할 수 있습니다.

셋째, 문단에서 중심 문장을 찾습니다.

중심 문장과 뒷받침 문장은 문단의 기본적인 구조입니다. 과학 교과서에서는 보통 한 쪽에 한두 개의 문단으로 개념을 설명하고 있습니다. 국어 시간에 알아본 읽기의 기술을 떠올려 볼까요? 각 문단의 중심 문장은 주로 글의 처음 부분이나 마지막 부분에 위치하고, 문단에서 꼭 알아야 할 내용을 표현합니다. 과학 교과서의 글도 마찬가지입니다. 실험과정이나 현상을 설명하는 글에서 가장 핵심적인 중심 문장이 무엇인지를 찾으면 중요한 개념을 알 수 있습니다.

넷째, 중심 문장을 보충하는 뒷받침 문장을 읽습니다.

과학 교과서 글의 뒷받침 문장은 과학 개념의 예시를 소개하거나, 과학 현상이 일어나는 과정이나 까닭을 아주 자세하게 풀어서 설명합니다. 중심 문장이 잘 이해되지 않거나 좀 더 자세한 내용을 알고 싶을 때 뒷받침 문장을 읽으면 과학 개념을 확실하게 이해할 수 있습니다.

2학기 3. 지표의 변화

흙은 어떻게 만들어질까요?

산에 가면 바위나 돌, 흙을 볼 수 있습니다. 바위나 돌은 어떤 과정을 통해 흙이 될까요? 실험을 하여 흙이 만들어지는 과정을 알아봅시다.

◀ 산에 있는 바위와 돌, 흙

🔍 탐구 활동 **흙이 만들어지는 과정 알아보기**

무엇이 필요할까요?

관찰 추리

어떻게 할까요?

1 흰 종이 위에 얼음 설탕을 올려놓고 모습을 관찰해 봅시다.

2 얼음 설탕을 플라스틱 통에 $\frac{1}{3}$ 정도 넣고 뚜껑을 닫습니다.

3 플라스틱 통 안에 가루가 보일 때까지 플라스틱 통을 흔듭니다.

4 흰 종이 위에 얼음 설탕을 부어 관찰하고 어떤 변화가 생겼는지 이야기해 봅시다.

◀ 플라스틱 통을 흔드는 모습

48

---

1 학습문제를 보고 답을 찾아봐. 글에서 흙이 어떻게 만들어지는지 찾아보자.

2 플라스틱 통을 흔드는 것은 생활 속 어떤 현상과 관련이 있을지 생각하며 읽어야 해. 플라스틱 통을 흔들면 얼음 설탕이 부서지는 것을 보고 '부서진다'가 중요 키워드임을 알아야 해.

중심 문장

🔆 탐구

중심 문장 → <mark>바위나 돌이 작게 부서진 알갱이와 생물이 썩어 생긴 물질들이 섞여서 흙이 됩니다.</mark> 바위나 돌은 오랜 시간에 걸쳐 여러 가지 과정으로 작게 부서집니다. 예를 들어 바위틈에 있는 물이 얼었다 녹았다를 반복하면서 바위가 부서지기도 하고, 바위틈에서 나무뿌리가 자라면서 바위가 부서지기도 합니다. ↖ 뒷받침 문장

바위나 돌이 작게 부서진 알갱이와 생물이 썩어 생긴 물질들이 섞여서 흙이 됩니다. 바위나 돌은 오랜 시간에 걸쳐 여러 가지 과정으로 작게 부서집니다. 예를 들어 바위틈에 있는 물이 얼었다 녹았다를 반복하면서 바위가 부서지기도 하고, 바위틈에서 나무뿌리가 자라면서 바위가 부서지기도 합니다.

물 얼음

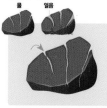

▲ 물이 얼었다 녹으면서 바위가 부서진 모습   ▲ 나무뿌리가 자라면서 바위가 부서진 모습

🤔 생각해 볼까요?

• 탐구 활동에서 플라스틱 통을 흔드는 것과 자연에서 물이나 나무뿌리가 하는 일은 어떤 공통점이 있을까요?

과학 개념을 설명하는 문단을 읽을 때는 중심 문장을 찾아야 해. 중심 문장을 찾아 읽어 보면 흙이 어떻게 만들어지는지에 대한 답을 얻을 수 있어.

3

뒷받침 문장은 중심 문장을 보충하는 역할을 해. 흙이 만들어지기 위해서 바위나 돌이 작게 부서져야 하는데, 어떻게 바위와 돌이 부서지는지 설명하고 있지? 이처럼 뒷받침 문장을 읽으면 중심 문장을 더 잘 이해할 수 있어.

4

2학기 2. 물의 상태 변화

과일을 말리면 그 안에 있던 물은 어떻게 될까요?

우리는 식품 건조기로 과일을 말려 오랫동안 보관하기도 합니다. 사과 조각을 식품 건조기에 넣으면 사과 안에 있던 물은 어떻게 될까요?

탐구 활동 식품 건조기에 넣은 사과 조각의 변화 관찰하기

무엇이 필요할까요?

관찰 추리

얇게 썬 사과 지퍼 백 소형

어떻게 할까요?

1. 비슷한 크기로 얇게 썬 사과를 손으로 만져 축축한 정도를 확인합니다.

2. 얇게 썬 사과 조각의 반은 지퍼 백에 넣어 밀봉하고, 나머지 반은 식품 건조기에 넣어 몇 시간 동안 말립니다.

3. 지퍼 백에 넣은 사과 조각과 식품 건조기에 넣어 말린 사과 조각의 모양, 크기, 맛 등을 비교하여 관찰해 봅시다.

4. 식품 건조기에 넣은 사과 안의 물은 어떻게 되었을지 추리해 보고, 그렇게 생각한 까닭을 이야기해 봅시다.

40

---

1 학습문제를 확인하고, 답을 예상하며 글을 읽어야 해. 과일 안의 물이 어떻게 될지 교과서 글에서 답을 찾아봐.

2 과일을 말리면 과학 현상 때문에 과일의 모양, 크기 등이 변한다는 것을 예상할 수 있어. '건조', '마르다'가 중요 키워드라는 것을 생각해야 해.

식품 건조기에 넣은 과일 조각이 마르고 크기가 작아진 까닭은 과일 표면에서부터 물이 수증기로 변해 공기 중으로 흩어졌기 때문입니다. 이처럼 액체인 물은 표면에서 기체인 수증기로 상태가 변하기도 하는데, 이와 같은 현상을 **증발**이라고 합니다.

과일 이외에 고추나 오징어와 같은 음식 재료를 말리는 것도 물의 증발을 이용한 예입니다. 젖은 머리카락이나 빨래가 마르는 것도 물이 증발하기 때문입니다.

3 과학 개념을 설명하는 중심 문장은 글 마지막에 나올 수도 있어. 또 중심 문장은 우리가 꼭 공부해야 할 핵심 개념을 포함하는 경우가 많아서 반드시 읽어 봐야 해. 이번 시간에 기억해야 할 개념은 '증발'이라는 것을 파악해야 해.

4 뒷받침 문장은 과학 현상에 대한 예시를 소개해. 말린 과일 말고도 어떤 예시가 있는지 글과 그림을 통해 확인해 봐.

▲고추 말리기
▲오징어 말리기
▲젖은 머리카락 말리기
▲ 빨래 말리기

생각해 볼까요?
• 우리 주변에서 물이 증발하는 또 다른 예를 찾아볼까요?

41

① 학습문제를 읽어 보면 태양의 영향에 대한 글이 나올 것을 예상할 수 있어.

② 탐구활동을 살펴보며 키워드를 생각해 보자. 이번 시간의 키워드는 '태양', '생물', '우리 생활'이라는 것을 알 수 있어.

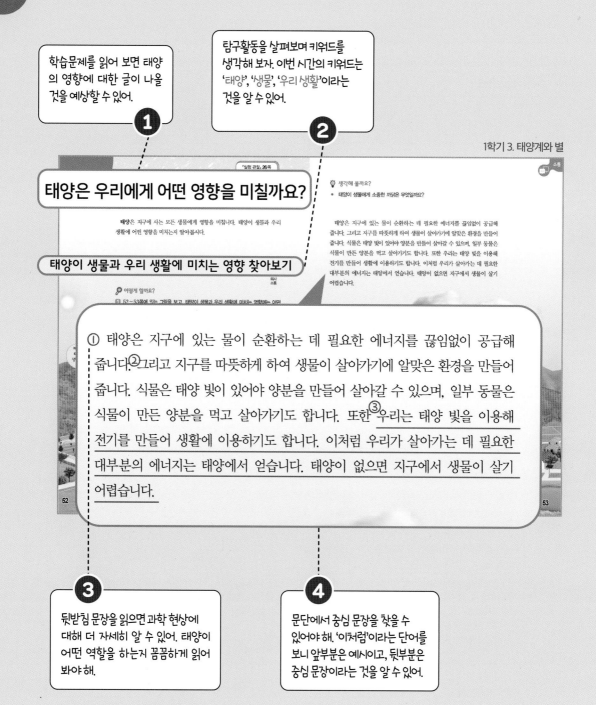

1학기 3. 태양계와 별

『실험 관찰』 26쪽

태양은 우리에게 어떤 영향을 미칠까요?

태양은 지구에 사는 모든 생물에게 영향을 미칩니다. 태양이 생물과 우리 생활에 어떤 영향을 미치는지 알아봅시다.

태양이 생물과 우리 생활에 미치는 영향 찾아보기

🔍 어떻게 할까요?

1 52~53쪽에 있는 그림을 보고 태양이 생물과 우리 생활에 미치는 영향에는 어떤

💭 생각해 볼까요?

• 태양이 생물에게 소중한 까닭은 무엇일까요?

태양은 지구에 있는 물이 순환하는 데 필요한 에너지를 끊임없이 공급해 줍니다. 그리고 지구를 따뜻하게 하여 생물이 살아가기에 알맞은 환경을 만들어 줍니다. 식물은 태양 빛이 있어야 양분을 만들어 살아갈 수 있으며, 일부 동물은 식물이 만든 양분을 먹고 살아가기도 합니다. 또한 우리는 태양 빛을 이용해 전기를 만들어 생활에 이용하기도 합니다. 이처럼 우리가 살아가는 데 필요한 대부분의 에너지는 태양에서 얻습니다. 태양이 없으면 지구에서 생물이 살기 어렵습니다.

① 태양은 지구에 있는 물이 순환하는 데 필요한 에너지를 끊임없이 공급해 줍니다.② 그리고 지구를 따뜻하게 하여 생물이 살아가기에 알맞은 환경을 만들어 줍니다. 식물은 태양 빛이 있어야 양분을 만들어 살아갈 수 있으며, 일부 동물은 식물이 만든 양분을 먹고 살아가기도 합니다. 또한③ 우리는 태양 빛을 이용해 전기를 만들어 생활에 이용하기도 합니다. 이처럼 우리가 살아가는 데 필요한 대부분의 에너지는 태양에서 얻습니다. 태양이 없으면 지구에서 생물이 살기 어렵습니다.

52   53

③ 뒷받침 문장을 읽으면 과학 현상에 대해 더 자세히 알 수 있어. 태양이 어떤 역할을 하는지 꼼꼼하게 읽어 봐야 해.

④ 문단에서 중심 문장을 찾을 수 있어야 해. '이처럼'이라는 단어를 보니 앞부분은 예시이고, 뒷부분은 중심 문장이라는 것을 알 수 있어.

뒷받침 문장이 많을 때는 번호를 표시하며 읽어.

한 문장 안에 다양한 예시가 나오고, 그 예시들이 모두 중요한 경우가 많아. 예시가 많이 나올 때는 문장 앞에 번호를 표시하며 읽으면 내용을 더 꼼꼼하게 이해할 수 있어.

1학기 5. 빛과 렌즈

빛은 공기와 물의 경계에서 어떻게 나아갈까요?

공기 중에서 나아가던 빛은 거울과 같은 물체를 만나면 반사합니다. 공기 중에서 나아가던 빛이 물을 만나면 어떻게 될까요? 레이저 지시기를 사용해 빛이 공기와 물의 경계에서 어떻게 나아가는지 알아봅시다.

① 학습문제에 대한 답을 찾으며 글을 읽어야 해. 빛이 공기와 물의 경계에서 어떻게 나아갈지에 대한 설명을 교과서 글에서 찾아봐.

공기와 물의 경계에서 빛이 나아가는 모습 관찰하기

② 실험 제목을 살펴보면 '경계'면에서 '빛'이 어떻게 나아가는지를 살펴봐야 한다는 것을 알 수 있어.

무엇이 필요할까요?

투명한 사각 수조, 물, 우유, 스포이트, 유리 막대, 향, 점화기, 투명한 아크릴판, 레이저 지시기, 레이저 보안경

어떻게 할까요?

① 투명한 사각 수조에 물을 $\frac{1}{2}$ 정도 높이까지 채우고, 우유를 네다섯 방울 떨어뜨린 다음 유리 막대로 젓습니다.

② 향을 피워 수면 근처에 가져간 뒤, 투명한 아크릴판으로 덮어 수조에 향 연기를 채웁니다.

③ 글을 읽으며 중요한 내용을 살펴봐야 해. 빛이 공기와 물의 경계에서 어떻게 나아가는지에 대한 답을 찾으며 읽어 봐.

100

③ 레이저 지시기의 빛을 수조 위쪽에서 아래쪽으로 여러 각도에서 비추고, 빛이 나아가는 모습을 관찰하여 화살표로 나타내 봅시다.

④ 수조를 책상 바깥쪽으로 2~3cm 뺀 다음 레이저 지시기의 빛을 수조 아래쪽에서 위쪽으로 여러 각도에서 비추고, 빛이 나아가는 모습을 관찰하여 화살표로 나타내 봅시다.

④ 뒷받침 문장에서는 우리가 꼭 알아야 하는 과학 용어를 설명하기도 해. 과학 용어가 나오는 문장을 지나치지 않고 꼼꼼하게 읽으며 이해해야 해.

빛은 공기 중에서 물로 비스듬히 나아갈 때 공기와 물의 경계에서 꺾입니다. 이렇게 서로 다른 물질의 경계에서 빛이 꺾여 나아가는 현상을 **빛의 굴절**이라고 합니다. 빛은 공기 중에서 물로 비스듬히 나아갈 때뿐만 아니라 물에서 공기 중으로 비스듬히 나아갈 때에도 굴절합니다. 또 빛은 공기와 유리가 만나는 경계에서도 굴절합니다.

⑤ 물과 공기, 유리에서 비스듬히 나갈 때 어떤 방향으로 굴절하는지 그림이나 사진으로 확인하면 더욱 정확하게 이해할 수 있어.

▲ 공기와 반투명한 유리판의 경계에서 빛이 굴절한 모습

용어의 뜻을 파악하며 읽어요

과학 교과서를 읽어도 머릿속에 잘 정리되지 않는 이유는 무엇일까요? 바로 새롭게 배우는 용어들이 많기 때문입니다. 과학 교과서에 적힌 여러 용어는 일상 생활에서 자주 쓰이지 않기 때문에 낯설게 느껴지고 읽어도 무슨 말인지 이해하기 어려운 경우가 많습니다. 과학 공부를 제대로 하기 위해서는 어려운 용어를 그냥 지나치는 것이 아니라 용어의 뜻을 정확하게 이해해야 합니다. 실험하기, 관찰하기 등도 중요하지만 가장 기본적으로 해야 하는 것은 교과서에 나온 용어의 뜻을 바로 아는 것입니다.

첫째, 글에서 굵게 적힌 부분과 반복되는 단어를 찾아 동그라미 표시를 합니다.

과학 교과서를 펼쳐보면 글 속 가장 중요한 용어는 굵게 적혀 있습니다. 문장에서 가장 중요한 용어가 무엇인지 확인하고 앞뒤의 맥락을 살피며 용어에 대한 설명을 차근차근 읽다 보면 어렵게 느껴지는 과학 용어를 쉽게 이해할 수 있습니다. 또 새롭게 배우는 용어에 동그라미 표시를 하며 읽는 것은 그 용어의 의미가 무엇이었는지 떠올리는 데 도움이 됩니다.

둘째, 용어의 뜻을 쪼개어 생각합니다.

지표, 혼합물, 대류, 굴절 등은 모두 한자어입니다. 이처럼 과학 용어는 한자어로 이루어진 경우가 많습니다. 한자로 된 짧은 용어는 문맥을 통해서도 쉽게 이해되지만, 긴 용어는 이해하는 데 부담이 됩니다. 따라서 여러 단어가 모여 의미를 이루는 긴 용어는 의미단위로 쪼개어 생각해야 합니다. 예를 들어 **4학년 1학기 2. 지층과 화석**

에서 공부하는 '화산 분출물'을 쪼개어 생각해 볼까요?

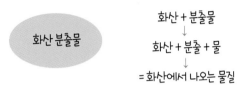

이처럼 복잡한 단어를 의미단위로 두세 번 쪼개어 생각하면 단어의 뜻을 쉽게 이해할 수 있습니다.

셋째, 용어를 설명하는 글을 찾아 밑줄을 긋습니다.

낯선 글을 읽다 보면 어디까지가 용어에 대한 설명이고, 어디서부터 다른 내용에 대한 설명인지 쉽게 파악하지 못할 때가 많습니다. 과학 교과서의 긴 지문도 집중하지 않고 읽다 보면 용어와 그 용어에 대한 설명을 놓치는 경우가 발생합니다. 글을 처음 읽을 때 용어를 설명하는 문장을 찾아 밑줄을 그으면 집중하며 읽을 수 있습니다.

넷째, 용어를 설명하는 내용이 많을 때는 번호를 표시합니다.

교과서 지문(글)을 살펴보면 하나의 용어에 대해 많은 내용의 정보를 줄글로 써 놓은 부분을 쉽게 찾을 수 있습니다. 용어를 설명하는 내용이 많을 때는 눈으로만 읽는 것보다 문장 앞부분이나 설명하는 내용 앞부분에 작게 번호를 표시하는 것이 좋습니다. 번호를 표시하면서 자연스럽게 머릿속에 내용이 구조화되기 때문입니다.

1학기 4. 자석의 이용

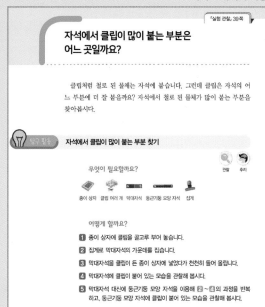

「실험 관찰」 39쪽

자석에서 클립이 많이 붙는 부분은 어느 곳일까요?

클립처럼 철로 된 물체는 자석에 붙습니다. 그런데 클립은 자석의 어느 부분에 더 잘 붙을까요? 자석에서 철로 된 물체가 많이 붙는 부분을 찾아봅시다.

탐구 활동 **자석에서 클립이 많이 붙는 부분 찾기**

무엇이 필요할까요?

관찰 추리

종이 상자 클립 여러 개 막대자석 둥근기둥 모양 자석 집게

어떻게 할까요?

1. 종이 상자에 클립을 골고루 부어 놓습니다.
2. 집게로 막대자석의 가운데를 집습니다.
3. 막대자석을 클립이 든 종이 상자에 넣었다가 천천히 들어 올립니다.
4. 막대자석에 클립이 붙어 있는 모습을 관찰해 봅시다.
5. 막대자석 대신에 둥근기둥 모양 자석을 이용해 2 ~ 4의 과정을 반복하고, 둥근기둥 모양 자석에 클립이 붙어 있는 모습을 관찰해 봅시다.

---

① 물체가 많이 붙는 부분에 대한 용어가 나온다는 것을 예상할 수 있겠지? 탐구 활동을 소개하는 글을 읽을 때는 어떤 용어를 배우게 될지 예상해 보는 것이 중요해.

② 굵게 적힌 용어는 꼭 알아두어야 할 용어이니 눈여겨봐. 이번 시간에 기억해야 할 용어는 '자석의 극'이라는 것을 생각하며 읽어야 해.

③ 용어에 대한 설명이 용어 앞에 나와 있어. 용어에 대한 설명은 반드시 기억해야 하니 쉽게 알아볼 수 있도록 밑줄을 치며 읽는 것이 좋아.

④ 자석의 극에 대한 추가적인 설명이 더 나오는구나! 용어에 대한 여러 정보가 많을 때는 번호를 표시해야 해. 번호를 표시하며 읽으면 중요한 내용을 빠짐없이 확인할 수 있어.

사고

🔆 생각해 볼까요?
1. 막대자석과 둥근기둥 모양 자석에서 클립이 많이 붙는 부분은 어느 곳일까요?
2. 막대자석과 둥근기둥 모양 자석에서 클립이 많이 붙는 부분은 몇 군데일까요?

자석에서 철로 된 물체가 많이 붙는 부분을 자석의 극이라고 합니다. 막대자석과 둥근기둥 모양 자석에서 자석의 극은 양쪽 끝부분에 있습니다. 자석의 극은 항상 두 개입니다. 모양이 다른 자석에서도 철로 된 물체를 붙여 자석의 극을 찾을 수 있습니다.

자석에서 철로 된 물체가 많이 붙는 부분을 자석의 극이라고 합니다.
막대자석과 둥근기둥 모양 자석에서 자석의 극은 양쪽 끝부분에 있습니다. ② 자석의 극은 항상 두 개입니다. ③ 모양이 다른 자석에서도 철로 된 물체를 붙여 자석의 극을 찾을 수 있습니다.

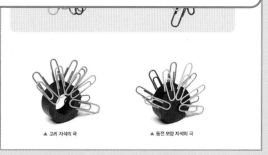

▲ 고리 자석의 극   ▲ 동전 모양 자석의 극

1학기 2. 지층과 화석

『실험 관찰』16쪽

퇴적암 속에는 아주 오랜 옛날에 살았던 생물의 몸체와 생물이 생활한 흔적이 남아 있기도 합니다. 이것을 화석이라고 합니다. 여러 가지 화석을 관찰해 봅시다.

1 굵게 적힌 용어는 꼭 알고 넘어가자. 화석이라는 용어가 어떤 개념인지 글 안에서 뜻을 찾아보는 것이 중요해.

삼엽충 화석

고사리 화석

2 화석의 뜻이 앞부분에 쓰여 있구나. 용어의 뜻은 용어 앞 문장이나 뒤 문장을 살펴 보면 찾을 수 있어. 용어에 대한 의미를 찾은 후에는 소리 내어 읽으며 밑줄 쳐보는 것이 좋아.

나뭇잎 화석

물고기 화석

새 발자국 화석

공룡알 화석

탐구

여러 가지 화석 관찰하기

관찰 분류

무엇이 필요할까요?

여러 가지 화석 표본 돋보기

어떻게 할까요?

1 여러 가지 화석을 관찰해 봅시다.
2 관찰한 화석을 그림으로 나타내 봅시다.
3 관찰한 화석을 동물 화석과 식물 화석으로 분류해 봅시다.

동물의 뼈나 식물의 잎과 같은 생물의 몸체뿐만 아니라 동물의 발자국이나 기어간 흔적도 화석이 될 수 있습니다. 화석은 거대한 공룡의 뼈에서부터 현미경으로 관찰할 수 있는 작은 생물까지 그 크기가 다양합니다.

3 화석에 대한 여러 가지 설명이 함께 나올 때는 어떤 내용들이 있는지 번호를 표시하며 읽어야 해.

동물의 뼈나 식물의 잎과 같은 생물의 몸체뿐만 아니라 동물의 발자국 ①
이나 기어간 흔적도 화석이 될 수 있습니다. 화석은 거대한 공룡의 뼈에서 ②
부터 현미경으로 관찰할 수 있는 작은 생물까지 그 크기가 다양합니다. ③
우리는 오늘날에 살고 있는 생물과 비교하여 화석 속 생물이 동물인지 식물인지 구분할 수 있습니다.

4 화석의 뜻이 무엇이었는지 떠올리며 글을 읽으면 좀 더 쉽게 이해할 수 있어.

35

▼ 교과서 앞쪽에 나온 내용

배추와 같이 햇빛 등을 이용하여 살아가는 데 필요한 양분을 스스로 만드는 생물을 **생산자**라고 합니다. 그리고 배추흰나비와 같이 스스로 양분을 만들지 못하고 다른 생물을 먹이로 하여 살아가는 생물을 **소비자**라고 합니다. 또 곰팡이와 같이 주로 죽은 생물이나 배출물을 분해하여 양분을 얻는 생물을 **분해자**라고 합니다.

생각해 볼까요?

1 우리 학교 화단의 생물을 생산자, 소비자, 분해자로 분류해 볼까요?

2 생산자나 분해자가 없어진다면 생태계에는 어떤 일이 일어날까요?

글을 훑어보며 낯설게 느껴지는 용어를 먼저 확인해 볼까? 새로운 용어의 뜻을 살펴보기 전에 이전에 익혔던 용어의 뜻을 떠올려 봐야 해.

1

「실험 관찰」 17쪽

생태계는 어떻게 유지될까요?

생물은 생태계 안에서 다양한 관계를 이루며 살아갑니다. 이러한 생태계가 어떻게 유지되는지 알아봅시다.

생산자를 먹이로 하는 생물을 1차 소비자, 1차 소비자를 먹이로 하는 생물을 2차 소비자, 마지막 단계의 소비자를 최종 소비자라고 합니다. 생태계에서 생물들의 수는 먹이 단계가 올라갈수록 줄어듭니다. 그래서 먹이 단계별로 생물의 수를 쌓아 올리면 피라미드 모양을 이루는데, 이를 생태 피라미드라고 합니다.

여한 지역에 살고 있는 생물의 종류와 수 또는 양이 균형을 이루며 안정된 상태를 유지하는 것을 생태계 평형이라고 합니다. 그러나 특정 생물의 수나 양이 갑자기 늘어나거나 줄어들면 생태계 평형이 깨지기도 합니다. 생태계 평형이 깨지는 원인에는 가뭄, 홍수, 태풍, 지진, 산불과 같은 자연적인 요인뿐만 아니라 (예) 댐, 도로, 건물 건설과 같은 인위적인 요인도 있습니다. 깨진 생태계 평형을 다시 회복하려면 오랜 시간과 노력이 필요합니다.

2 이전에 배웠던 용어의 뜻이 생각이 나지 않으면 이전 내용을 살펴보며 다시 한번 복습해 보자.

이번 시간에 꼭 알아야 할 용어가 두 개네. 새롭게 배울 용어에 동그라미를 표시해 보자.

3

4 새로운 용어와 관련된 예시가 나오고 있네! 예시가 나올 때 예) 와 같이 표시를 하면, 글에서 설명하는 용어에 대해 더 구체적으로 이해할 수 있어.

2학기 2. 계절의 변화

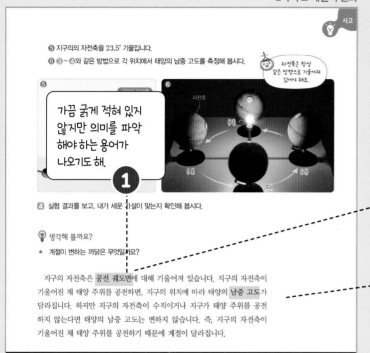

⑤ 지구의의 자전축을 23.5° 기울입니다.

⑥ ③~④와 같은 방법으로 각 위치에서 태양의 남중 고도를 측정해 봅시다.

자전축은 항상 같은 방향으로 기울어져 있어야 해요.

가끔 굵게 적혀 있지 않지만 의미를 파악해야 하는 용어가 나오기도 해.

1

자전축

(가) (나) (다) (라)

④ 실험 결과를 보고, 내가 세운 가설이 맞는지 확인해 봅시다.

💡 생각해 볼까요?

● 계절이 변하는 까닭은 무엇일까요?

지구의 자전축은 공전 궤도면에 대해 기울어져 있습니다. 지구의 자전축이 기울어진 채 태양 주위를 공전하면, 지구의 위치에 따라 태양의 남중 고도가 달라집니다. 하지만 지구의 자전축이 수직이거나 지구가 태양 주위를 공전하지 않는다면 태양의 남중 고도는 변하지 않습니다. 즉, 지구의 자전축이 기울어진 채 태양 주위를 공전하기 때문에 계절이 달라집니다.

5~6글자로 이루어진 용어는 쪼개어 생각하면 의미를 쉽게 예상할 수 있어. 공전 궤도면을 의미단위로 쪼개어 생각해 봐.

2

지난 시간에 배운 용어의 뜻을 떠올리며 읽어야 해. 남중 고도의 뜻이 무엇이었는지 생각나지 않는다면 교과서 앞쪽 내용을 다시 읽어 봐야 해.

3

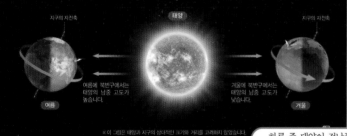

지구의 자전축 | 태양 | 지구의 자전축

여름에 북반구에서는 태양의 남중 고도가 높습니다.

겨울에 북반구에서는 태양의 남중 고도가 낮습니다.

여름 | 겨울

※ 이 그림은 태양과 지구의 상대적인 크기와 거리를 고려하지 않았습니다.

▼ 교과서 앞쪽에 나온 내용

하루 중 태양이 정남쪽에 위치하면 태양이 **남중**했다고 합니다. 태양이 남중했을 때의 고도를 **태양의 남중 고도**라고 하며, 이때 태양 고도는 하루 중 가장 높습니다. 태양이 남중했을 때 그림자는 정북쪽을 향하고 그림자 길이는 하루 중 가장 짧습니다.

용어를 쪼개어 생각해 봐.

공전 궤도면은 어떤 의미단위로 이루어진 용어일까? 의미단위를 생각하며 단어를 쪼개어 보자.

❶ 먼저 띄어쓰기 단위로 쪼개어 보는 것이 좋아. => 공전 + 궤도면

❷ 익숙한 단어를 기준으로 쪼개어 봐. => 공전 + 궤도 + 면

❸ 각 단어의 뜻을 바탕으로 이해해 보자. => 공전하는 궤도가 이루는 면

이렇게 복잡한 용어는 쪼개어 생각하면 쉽게 이해할 수 있어. 의미단위로 쪼갰을 때 각 단어의 뜻을 떠올리기 어렵다면 반드시 사전이나 책을 참고해서 의미를 이해하고 넘어가야 한다는 것, 잊지 마!

이번 시간에 꼭 알아야 할 용어가 두 개네. 새롭게 배울 용어에 동그라미를 표시해 보자.

1

볼록 렌즈로 햇빛을 모으거나 부싯돌과 쇳조각을 마찰하는 것처럼 물질의 온도를 높이면 직접 불을 붙이지 않아도 물질이 탑니다. 이처럼 어떤 물질이 불에 직접 닿지 않아도 타기 시작하는 온도를 그 물질의 발화점이라고 합니다. 물질이 타려면 온도가 발화점 이상이 되어야 합니다. 발화점은 물질마다 다릅니다.

물질이 산소와 빠르게 반응하여 빛과 열을 내는 현상을 연소라고 합니다. 연소가 일어나려면 탈 물질과 산소가 있어야 하고, 온도가 발화점 이상이 되어야 합니다.

더 생각해 볼까요?

● 전기장판과 같은 전기 기구로 화재가 발생하는 까닭은 무엇일까요?

2

발화점에 대한 설명을 찾아 읽어 봐. 발화점의 뜻, 발화점의 특징을 모두 살펴봐야 해.

3

연소의 뜻과 조건을 읽어내야 해. 연소의 조건은 이번 학습문제에 대한 답이므로 더욱 꼼꼼하게 읽어야 해.

용어의 한자 뜻을 찾아보자.

과학 교과서에 등장하는 과학 용어는 한자어인 경우가 많아. 글의 문맥을 통해 용어의 뜻을 예상할 수 있지만 정확하게 이해하기 위해서는 한자어의 뜻을 찾아보는 것이 좋아. 발화점의 한자 뜻을 찾아볼까?

발 發 (시작하다 발)	화 火 (불 화)	점 點 (점 점)
일어나기 시작하는	불이	시점
불이 일어나기 시작하는 시점이구나!		

이렇게 용어의 한자어를 찾아 의미를 검색해 보면 어려워 보이는 단어도 쉽게 이해할 수 있어.

6학년

숨을 쉴 때 우리 몸에서는 어떤 일이 일어날까요?

숨을 참아 본 경험이 있나요? 사람들은 대부분 1분 이상 숨을 참기가 어렵습니다. 왜냐하면 우리는 끊임없이 숨을 쉬어야 살 수 있기 때문입니다. 숨을 들이마시고 내쉬는 활동을 호흡이라고 하고 호흡에 관여하는 코, 기관, 기관지, 폐 등을 호흡 기관이라고 합니다. 호흡 기관의 생김새를 관찰하고 호흡 기관이 하는 일을 알아봅시다.

1 굵게 적힌 용어가 많은 글에서는 큰 범위나 큰 주제에 해당하는 용어에 동그라미를 표시해야 해. 또, 중요한 예시를 기호로 표시하며 읽으면 용어 간의 관계도 쉽게 파악할 수 있어.

2 중요한 용어이지만 굵게 적혀 있지 않을 수도 있어. 꼭 기억해야 하는 용어라고 생각되는 단어에도 동그라미 표시를 하는 것이 좋아.

이전에 나왔던 용어 '기관'의 개념 ▶

3 이전에 나왔던 용어랑 같은 단어이지만 다른 뜻이 있는 경우에는 각각의 의미가 헷갈리지 않도록 앞에서 익혔던 용어의 의미를 다시 한번 살펴봐야 해. 앞에서는 기관이 몸속 부분이란 뜻이고 여기서는 공기가 이동하는 통로를 뜻한다는 것을 알 수 있어.

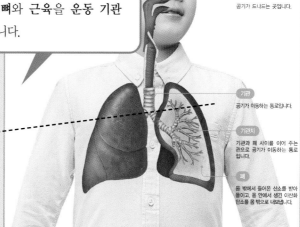

숨을 들이마실 때 코로 들어온 공기는 기관, 기관지, 폐를 거쳐 우리 몸에 필요한 산소를 제공합니다. 산소는 우리가 몸을 움직이거나 몸속 기관이 일을 하는 데 사용됩니다. 숨을 내쉴 때 몸속의 공기는 폐, 기관지, 기관, 코를 거쳐 몸 밖으로 나갑니다.

우리 몸은 어떻게 움직일까요?

우리가 살아가는 데 필요한 일을 하는 몸속 부분을 기관이라고 합니다. 우리 몸속 기관 중에서 움직임에 관여하는 뼈와 근육을 운동 기관이라고 합니다.

코
공기가 드나드는 곳입니다.

기관
공기가 이동하는 통로입니다.

기관지
기관과 폐 사이를 이어 주는 관으로 공기가 이동하는 통로입니다.

폐
몸 밖에서 들어온 산소를 받아들이고, 몸 안에서 생긴 이산화 탄소를 몸 밖으로 내보냅니다.

글과 그림이나 사진을 연결 지어 읽어요

과학은 생활에서 일어나는 일들의 원리를 공부하는 과목이기 때문에 과학 교과서가 낯설게 느껴집니다. 또, 익숙하지 않은 단어나 실험이 많아서 그림이나 사진을 함께 살펴보지 않으면 용어나 실험의 내용을 상상하기 어려운 경우도 있습니다. 과학 교과서에는 지문(글) 주위에 내용의 이해를 도와주는 그림이나 사진이 많습니다. 교과서의 그림이나 사진이 어떤 내용을 설명하고 있는지 살펴보고, 무엇에 대한 그림이나 사진인지 생각하며 본다면 글만 읽었을 때보다 좀 더 깊이 내용을 이해할 수 있습니다. 교과서에 나오는 그림이나 사진의 종류를 살펴볼까요?

〈과학 교과서에서 중요하게 살펴봐야 할 그림이나 사진의 종류〉

실험하는 사진
5학년 1학기 4. 용해와 용액

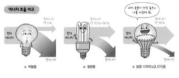

내용을 설명하는 그림
6학년 2학기 5. 에너지와 생활

실제 사진
3학년 2학기 3. 지표의 변화

말풍선
4학년 1학기 3. 식물의 한살이

첫째, 글이 설명하는 내용을 그림이나 사진에서 찾아봅니다.

글과 함께 제시된 그림이나 사진을 함께 보면 글에서 얻을 수 없는 또 다른 정보를 얻을 수 있습니다. 따라서 글의 내용이 그림이나 사진의 어디에 설명되고 있는지, 어떤 정보가 담겨 있는지 확인하는 것이 중요합니다. 그림이나 사진을 살펴본 후 글의 내용을 예상해 보고, 글을 읽은 후 다시 한번 그림이나 사진과 연결 지어 이해해 보는 과정이 필요합니다.

둘째, 그림이나 사진의 특징을 꼼꼼하게 파악합니다.

과학 실험과 관련한 그림이나 사진은 실험과 개념의 의미와 특징을 최대한 드러내기 위하여 아주 자세히 표현되어 있습니다. 여러 실험을 하는 경우 어떤 점이 차이가 있는지를 드러내기 위해 그림의 크기나 색 등에 변화를 주기도 합니다. 그림에서 서로 다른 점을 찾아보면 해당 개념의 특징을 명확히 이해할 수 있습니다.

셋째, 그림과 사진에 제시된 화살표나 도움선(구분선)을 살핍니다.

과학 교과서를 살펴보면 설명하고자 하는 그림이나 사진 위에 화살표나 도움선(구분선)이 그려진 것을 볼 수 있습니다. 과학은 실험과정이나 현상이 변화하는 것, 복잡한 구조를 공부하는 과목이기 때문에 화살표나 도움선(구분선)을 표시하여 설명하고 강조하기도 합니다. 화살표 머리가 어느 방향으로 향하고 있는지, 도움선(구분선)이 어디에 있는지 살펴보아야 합니다.

넷째, 그림이나 사진 근처에 있는 말풍선의 내용을 함께 읽습니다.

과학 교과서에는 우리가 꼭 알아야 할 내용을 떠올릴 수 있도록 질문하거나 기본적인 배경지식을 설명하는 말풍선이 있습니다. 과학적 개념이나 원리, 알아두면 좋은 용어들을 알 수 있기 때문에 그림이나 사진과 함께 살펴보는 것이 좋습니다.

1학기 3. 동물의 한살이

배추흰나비 **번데기**와 **어른벌레**를 관찰해 봅시다. 배추흰나비 어른벌레는 번데기와 어떤 공통점과 차이점이 있을까요?

💡 탐구 활동 　배추흰나비 번데기와 어른벌레의 생김새 관찰하기

무엇이 필요할까요?

관찰　측정　의사소통

배추흰나비　배추흰나비　돋보기　사진기　자　그림 도구
번데기　어른벌레

애벌레가 번데기로 변하는 과정

4번 허물을 벗은 애벌레는 입에서 실을 뽑아 몸을 묶습니다. ≫ 머리부터 껍질이 벗어 지면서 허물을 벗습니다. ≫ 번데기 모습이 됩니다(20 mm ~ 25 mm). ≫ 번데기의 색깔이 주변의 색깔과 비슷하게 변합니다.

1 어떤 것이 번데기이고 어떤 그림이 어른벌레인지 예상해 볼 필요가 있어. 글과 그림을 번갈아 살펴보며 배울 내용을 미리 유추해 보는 것이 중요해.

2 도움선이 있으니 알아보기 편리하지? 그림을 통해 배추흰나비 번데기와 주변의 색이 비슷하다는 설명을 하고 있다는 것을 알 수 있어.

3 실제 동전 사진과 비교하니 크기가 어느 정도인지 쉽게 이해되는구나!

4 글의 내용을 그림과 함께 구분선으로 표시해서 설명하는 부분을 잘 살펴보면 글을 이해하는 데 도움이 돼. 나비가 어떻게 머리, 가슴, 배로 구분되는지 한 번에 알아볼 수 있겠지?

5 말풍선의 내용과 함께 사진을 보면 어떤 과정이 날개돋이를 설명하는 것인지 알 수 있어. 말풍선은 쉽게 지나칠 수 있지만, 자세하게 읽어 보며 어떤 내용을 설명하는지 눈여겨봐야 해.

탐구　소통

어떻게 할까요?

1 배추흰나비 번데기를 관찰하고 글과 그림으로 나타내 봅시다.
2 배추흰나비 어른벌레를 관찰하고 글과 그림으로 나타내 봅시다.
3 배추흰나비 애벌레와 번데기, 어른벌레의 특징을 비교해 봅시다.

배추흰나비 애벌레가 번데기가 되면 이동하지 않고 한곳에 붙어 있습니다. 번데기의 색깔은 주변의 색깔과 비슷해서 눈에 잘 띄지 않습니다. 시간이 지나면 번데기 껍질이 벌어지면서 배추흰나비 어른벌레가 나옵니다. 배추흰나비의 몸은 머리, 가슴, 배 세 부분으로 구분할 수 있고 가슴에는 날개 두 쌍과 다리 세 쌍이 있습니다. 배추흰나비와 개미, 벌처럼 몸이 머리, 가슴, 배 세 부분으로 되어 있고 다리가 세 쌍인 동물을 곤충이라고 합니다.

머리
가슴
배

▲ 배추흰나비

머리　가슴　배

▲ 개미

번데기에서 날개가 있는 어른벌레가 나오는 것을 '날개돋이'라고 해요.

날개돋이 과정

시간이 지나면 어른벌레의 모습이 보입니다. ≫ 등 부분이 갈라지고 머리가 보입니다. ≫ 몸 전체가 빠져나옵니다. ≫ 날개를 늘어뜨리고 천천히 말립니다. ≫ 날개가 마르면 날 수 있습니다.

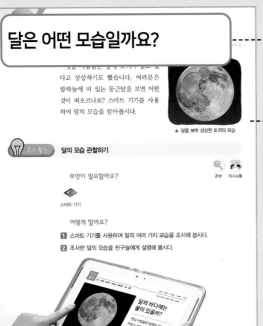

1학기 5. 지구의 모습

달은 어떤 모습일까요?

것을 사람들은 달에 크기가 같은 있다고 상상하기도 했습니다. 여러분은 밤하늘에 떠 있는 둥근달을 보면 어떤 것이 떠오르나요? 스마트 기기를 사용하여 달의 모습을 알아봅시다.

▲ 달을 보며 상상한 토끼의 모습

조사 활동   달의 모습 관찰하기

무엇이 필요할까요?

스마트 기기

어떻게 할까요?

1 스마트 기기를 사용하여 달의 여러 가지 모습을 조사해 봅시다.

2 조사한 달의 모습을 친구들에게 설명해 봅시다.

106

---

1 달의 모습이 어떤지 잘 살펴봐야 한다는 것을 알 수 있어.

2 사진을 보며 달은 동그란 모양인 걸 알 수 있지? 또 어두운 부분과 밝은 부분이 있다는 것을 확인할 수 있어. 그림을 통해 알 수 있는 사실을 최대한 많이 떠올려 보는 과정이 중요해.

5 마지막 문장에 달 표면에는 크고 작은 충돌 구덩이가 있다고 쓰여 있는데, 사진을 보니 정말 충돌 구덩이들을 확인할 수 있네!

3 달이 둥근 모양이라는 것은 106쪽 사진과 107쪽 달의 일부 사진을 보면 알 수 있어. 글과 관련된 사진이 반드시 글 근처에만 있는 것은 아니야. 그래서 글을 읽을 때는 배우는 내용 모든 곳의 그림이나 사진을 살펴보는 것이 중요해.

4 밝은 곳과 어두운 곳, 달의 매끈하고 울퉁불퉁한 면에 대해서 설명하고 있네. 글이 설명하는 부분을 사진에서 직접 찾아보며 달의 특징을 확인해 봐야 해.

생각해 볼까요?

• 달 표면에 있는 크고 작은 구덩이는 어떻게 만들어졌을까요?

달은 둥근 공 모양이고 표면에 돌이 있습니다. 달 표면을 관찰해 보면 밝은 곳과 어두운 곳, 매끈매끈한 면과 울퉁불퉁한 면을 볼 수 있습니다. 달의 표면에서 어둡게 보이는 곳을 '달의 바다'라고 하지만 실제로 이곳에 물이 있는 것은 아닙니다. 달 표면에는 크고 작은 충돌 구덩이가 많습니다.

07

물은 어떻게 여행할까요?

안녕, 나는 방울이야. 그림에서 친구들 속에 숨어 있는 나를 찾아 여행을 해 보렴.

물은 한곳에 머무르지 않고 상태를 바꾸며 자유롭게 돌아다닙니다. 머물러 있는 곳에 따라 물의 상태는 다릅니다. 물이 세상 곳곳을 어떻게 여행하는지 알아봅시다.

106 107

1 물이 어떻게 돌아다니는지를 그림에서 확인해 봐야겠지? 물이 이동하는 방향과 위치를 살펴보자.

2 그림을 보니 물이 여러 곳을 돌아다닌다는 것을 예상할 수 있어.

3 화살표를 보면 글에서 표현한 물의 이동 과정을 좀 더 쉽게 이해할 수 있어. 화살표의 굵기에 따라 이동량도 예상해 볼 수 있겠지?

4 글에 나온 것처럼 물은 여러 곳에서 증발한다는 것을 알 수 있네. 화살표가 여러 개 나오는 이유를 글과 연결 지어 생각해 보는 과정이 필요해.

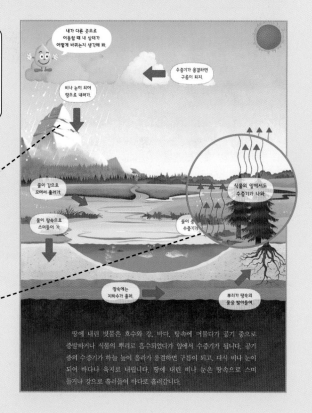

208

1학기 2. 온도와 열

온도가 다른 두 물질이 접촉하면 두 물질의 온도는 어떻게 변할까요?

갓 삶은 달걀을 차가운 물에 담가 두면 달걀과 물의 온도는 어떻게 변할까요? 온도가 다른 두 물질이 접촉하면 두 물질의 온도는 어떻게 변하는지 알아봅시다.

탐구 활동 온도가 다른 두 물질이 접촉할 때 나타나는 두 물질의 온도 변화 측정하기

무엇이 필요할까요?

차가운 물, 따뜻한 물, 빈 음료수 캔, 비커(500 mL), 알코올 온도계 두 개, 실, 가위, 스탠드, 링, 집게 잡이, 면장갑, 초시계

어떻게 할까요?

1. 차가운 물이 담긴 음료수 캔을 따뜻한 물이 담긴 비커에 넣습니다.
2. 알코올 온도계 두 개를 스탠드에 매달아 음료수 캔과 비커에 각각 넣습니다.
3. 1분마다 음료수 캔과 비커에 담긴 물의 온도를 측정해 봅시다.
4. 온도가 다른 두 물질이 접촉할 때 두 물질의 온도는 어떻게 변하는지 이야기해 봅시다.

알코올 온도계

차가운 물이 담긴 음료수 캔

따뜻한 물이 담긴 비커

32

---

1 뜨거운 삶은 달걀과 차가운 얼음물이 만날 때처럼 뜨거운 것과 차가운 것이 만났을 때 어떻게 온도가 변하는지에 대해 배울 거야.

2 차가운 물이 담긴 음료수 캔은 위에 있는 그림에서 얼음물이고 따뜻한 물이 담긴 비커는 갓 삶은 달걀이겠지? 실생활의 예시와 사진 속 실험 도구를 비교해 보는 것도 좋아.

온도가 다른 두 물질이 접촉하면 따뜻한 물질의 온도는 점점 낮아지고 차가운 물질의 온도는 점점 높아집니다. 두 물질이 접촉한 채로 시간이 지나면 두 물질의 온도는 같아집니다.

접촉한 두 물질의 온도가 변하는 까닭은 열의 이동 때문입니다. 접촉한 두 물질 사이에서 열은 온도가 높은 물질에서 온도가 낮은 물질로 이동합니다. 예를 들어 달걀부침을 요리할 때에는 온도가 높은 프라이팬에서 온도가 낮은 달걀로 열이 이동합니다. 또 삶은 면을 차가운 물에 헹굴 때에는 온도가 높은 삶은 면에서 온도가 낮은 물로 열이 이동합니다.

3 접촉한 두 물질 사이에서 열이 어떻게 이동하는지 그림에서 힌트를 얻을 수 있어.

4 화살표의 방향을 보면 따뜻한 물질에서 차가운 물질로 열이 이동하는 것을 알 수 있어. 프라이팬이 달걀보다 온도가 높으니까 프라이팬 → 달걀로 화살표가 표시되었고, 삶은 면이 물보다 온도가 더 높으니까 삶은 면→ 물 방향으로 화살표를 표시한 것을 이해하며 사진을 살펴야 해.

온도가 높은 프라이팬

온도가 낮은 달걀

▲ 프라이팬과 달걀 사이의 열의 이동

온도가 높은 삶은 면

온도가 낮은 물

▲ 삶은 면과 물 사이의 열의 이동

생각해 볼까요?

• 우리 주변에서 온도가 다른 두 물질이 접촉할 때 두 물질의 온도가 변하는 예를 찾아봅시다. 이때 열은 어디에서 어디로 이동할까요?

얼음에 올려놓은 생선

33

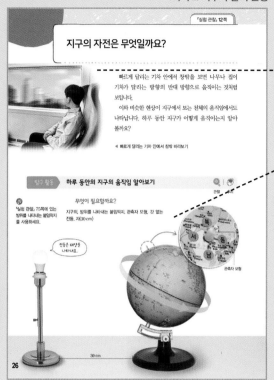

1 실생활과 관련한 사진은 학습주제의 예시일 확률이 높아. 어떤 현상과 관련한 사진인지 예상해 봐야 해.

2 화살표의 방향을 보니 지구본을 서쪽에서 동쪽으로 돌려야 한다는 것을 알 수 있지?

말풍선도 꼭 읽어 봐. 지구를 옆에서 보면 서 → 동으로 보이고, 위에서 보면 지구가 자전하는 모습이 시계 반대 방향으로 보인다는 것을 알 수 있어.

3

사진을 보면 글의 내용처럼 자전축은 곧은 선이라는 것을 확인할 수 있어. 또, 글에 나오지 않지만, 자전축이 기울어졌다는 사실을 알 수 있어. 이처럼 사진을 보면 글에서 얻을 수 없는 정보를 알 수 있어서 좋아.

4

지구 사진의 화살표 방향을 보며 서쪽에서 동쪽으로 회전한다는 것을 파악할 수 있어야 해.

5

1학기 1. 전기의 이용

전구의 연결 방법에 따라 전구의 밝기는 어떻게 달라질까요?

한 모습을 볼 수 있습니다. 전구의 연결 방법에 따라 전구의 밝기가 달라질까요? 전기 회로에서 전구 두 개를 여러 가지 방법으로 연결해 보고, 전구의 밝기가 어떻게 달라지는지 알아봅시다.

▲ 전구 여러 개를 연결한 모습

탐구 활동 전구의 연결 방법에 따른 전구의 밝기 비교하기

예상 분류

무엇이 필요할까요?

전재(1.5 V) 두 개, 전지 끼우개 두 개, 전구(3 V) 두 개, 전구 끼우개 두 개, 집게 달린 전선 여러 개, 스위치 두 개

어떻게 할까요?

1 실험 그림을 보고 전구의 연결 방법에 어떤 것들이 있는지 예상해 봐야 겠지?

2 전구 두 개를 한 줄로 연결했으니 직렬연결에 해당한다는 것을 알 수 있어야 해.

3 전구 두 개를 여러 개의 줄로 연결했으니 병렬연결이라는 것을 알 수 있어.

4 ❷❸ 의 실험 그림을 보고 전구의 직렬연결과 병렬연결 모습을 확인해 봐야 해.

1 전구 두 개를 ❶~❹와 같이 연결한 전기 회로를 보고, 스위치를 닫을 때 전구의 밝기를 예상해 봅시다.

2 전구 두 개를 ❶~❹와 같이 연결해 전기 회로를 만들고, 스위치를 닫았을 때 전구의 밝기가 비슷한 전기 회로끼리 분류해 봅시다.

3 전구의 밝기가 비슷한 전기 회로에서 전구와 전선이 어떻게 연결되어 있는지 관찰하고 공통점을 찾아봅시다.

전기 회로에서 전구 두 개 이상을 한 줄로 연결하는 방법을 **전구의 직렬연결**이라고 합니다. 또 전구 두 개 이상을 여러 개의 줄에 나누어 한 개씩 연결하는 방법을 **전구의 병렬연결**이라고 합니다. 전구의 연결 방법에 따라 전구의 밝기는 달라집니다.

전구의 직렬연결에서는 한 전구 불이 꺼지면 나머지 전구 불도 꺼지지만, 전구의 병렬연결에서는 한 전구 불이 꺼져도 나머지 전구 불은 꺼지지 않습니다.

5 두 전구 주위 노란색의 진하기와 전구 주변 빛의 크기를 보니 전구를 병렬연결했을 때의 전구가 더 밝다는 것을 알 수 있지! 그림이 나타내는 색과 진하기, 크기를 잘 살펴보면 좀 더 자세한 정보를 얻을 수 있어.

▲ 전구의 직렬연결   ▲ 전구의 병렬연결

생각해 볼까요?

• 장식용 나무에 설치된 전구 중 일부만 불이 켜져 있습니다. 불이 켜진 전구와 불이 꺼진 전구는 어떠한 방법으로 연결되었을까요?

불 꺼진 전구

17

비교하고 대조하며 읽어요

과학 교과서의 개념 설명 부분을 유심히 읽어 본 적이 있나요? 과학 교과서에는 비슷하거나 다른 개념들이 함께 설명된 경우가 많습니다. 따라서 여러 개념이 동시에 설명되는 글을 읽을 때는 무엇을 설명하고 있는지, 각각의 개념의 특징은 무엇인지 개념과 설명을 연결 지으며 읽는 것이 중요합니다. 개념과 관련한 여러 가지 정보(설명)를 비교하고 대조하며 읽으면 두 개념의 공통점과 차이점을 분명하게 알고 더 깊이 이해할 수 있습니다.

첫째, 훑어 읽으며 어떤 개념을 설명하는지 확인합니다.

긴 글을 읽다 보면 무엇을 설명하는지, 어떤 개념을 이야기하는지 한 번에 확인하기 어렵습니다. 교과서의 글을 훑어 읽으며, 어떤 개념에 대한 설명인지 확인해야 합니다.

둘째, 비교하는 글인지 대조하는 글인지 파악해야 합니다.

비교하는 글은 두 개념 간의 공통점을 설명하고, 대조하는 글은 두 개념 간의 차이점을 설명하는 글입니다. 따라서 비교하는 글인지 대조하는지 글인지 확인 후 비교하는 글이면 공통점에, 대조하는 글이면 차이점에 집중해서 글을 읽어야 합니다.

셋째, 이어주는 말이 있는지 살펴보며 읽어야 합니다.

비교와 대조를 할 때 주로 쓰이는 이어주는 말을 알고 있으면 글을 더 쉽게 이해할 수 있습니다.

비교할 때 쓰이는 이어주는 말	그리고, ~(이)고, 더~, ~보다
대조할 때 쓰이는 이어주는 말	~지만, 하지만, ~와 다르게

넷째, 개념과 설명을 여러 가지 방법으로 짝지어 표시합니다.

여러 개념을 함께 설명하는 글을 읽다 보면 설명하는 내용이 어느 개념에 대한 것인지 헷갈릴 때가 많습니다. 두 가지 이상의 개념이 나오거나, 다양한 설명을 하는 경우 개념과 설명을 도형이나 선, 형광펜 등으로 표시하며 읽으면 긴 글이어도 어렵지 않게 이해할 수 있습니다.

● 비교와 대조란 무엇일까요?

비교는 둘 또는 그 이상의 사물이나 현상을 견주어 서로 간의 유사점과 공통점, 차이점 따위를 밝히는 일입니다.

예시① 내가 너보다 키가 크다.

예시② 호랑이와 사자는 모두 육식 동물이고, 고양이과이다.

그렇다면 대조란 무엇일까요? 둘 이상의 대상의 내용을 맞대어서 같고 다름을 검토하는 것입니다.

예시① 나는 머리가 길고 우리 언니는 머리가 짧다.

예시② 사자의 암수는 갈기로 뚜렷하게 구별할 수 있지만, 호랑이는 암수를 구별하기 어렵다.

사전에 적힌 의미를 읽어 보면 비교와 대조가 아주 비슷한 말인 것처럼 보이지만, 비교는 유사점(비슷한 점)을 강조하고 대조는 차이점(다른 점)을 강조해서 이야기한다는 것이 특징입니다.

출처: 국립국어원

2학기 3. 지표의 변화

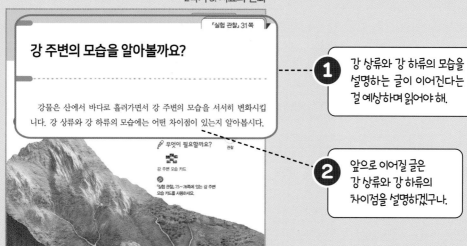

『실험 관찰』 31쪽

강 주변의 모습을 알아볼까요?

강물은 산에서 바다로 흘러가면서 강 주변의 모습을 서서히 변화시킵니다. 강 상류와 강 하류의 모습에는 어떤 차이점이 있는지 알아봅시다.

🔍 무엇이 필요할까요?

강 주변 모습 카드

『실험 관찰』 75~76쪽에 있는 강 주변 모습 카드를 사용하세요.

1 강 상류와 강 하류의 모습을 설명하는 글이 이어진다는 걸 예상하며 읽어야 해.

2 앞으로 이어질 글은 강 상류와 강 하류의 차이점을 설명하겠구나.

3 강폭과 강의 경사가 어떻게 다른지 주의하며 살펴봐야 해.

4 '~에 비해'라고 표현한 부분을 보면 강 하류는 강폭이 넓고 경사가 완만하겠다는 걸 추측할 수 있어.

5 강 상류의 특징은 ○, 강 하류의 특징은 △ 표시하며 읽어보자. 개념과 설명을 짝지어주면 한눈에 이해하기 좋아.

6 왜 침식 작용이 활발한지를 고민하며 읽어야 해. 강의 상류는 강폭이 좁고 경사가 급해서 세게 떨어지니까 침식 작용이 활발하겠지?

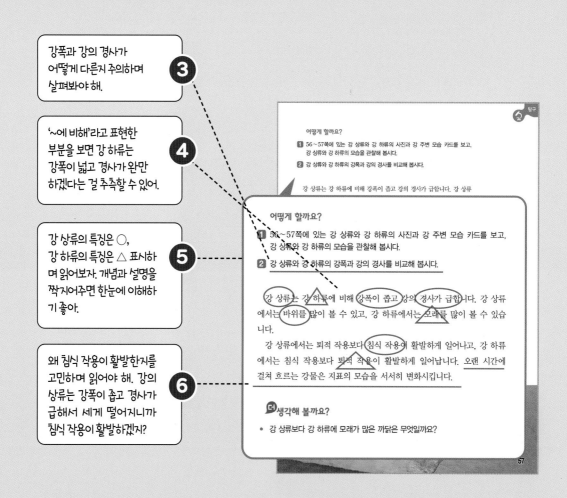

어떻게 할까요?

1 56~57쪽에 있는 강 상류와 강 하류의 사진과 강 주변 모습 카드를 보고, 강 상류와 강 하류의 모습을 관찰해 봅시다.

2 강 상류와 강 하류의 강폭과 강의 경사를 비교해 봅시다.

강 상류는 강 하류에 비해 강폭이 좁고 강의 경사가 급합니다. 강 상류에서는 바위를 많이 볼 수 있고, 강 하류에서는 모래를 많이 볼 수 있습니다.

강 상류에서는 퇴적 작용보다 침식 작용이 활발하게 일어나고, 강 하류에서는 침식 작용보다 퇴적 작용이 활발하게 일어납니다. 오랜 시간에 걸쳐 흐르는 강물은 지표의 모습을 서서히 변화시킵니다.

더 생각해 볼까요?

• 강 상류보다 강 하류에 모래가 많은 까닭은 무엇일까요?

2학기 4. 화산과 지진

『실험 관찰』 44쪽

현무암과 화강암은 어떤 특징이 있을까요?

마그마의 활동으로 만들어진 암석을 **화성암**이라고 합니다. 화성암 중 대표적인 암석은 현무암과 화강암입니다. 현무암과 화강암을 관찰해 보고 어떤 특징이 있는지 알아봅시다.

① '공통'이라는 말이 없어도 현무암과 화강암은 둘 다 화성암이라는 공통점을 떠올릴 수 있어야 해.

탐구 활동 현무암과 화강암 비교하기

무엇이 필요할까요?

흰 종이   현무암   화강암   돋보기

관찰

어떻게 할까요?

1 흰 종이 위에 현무암과 화강암을 놓고 관찰합니다.

2 두 암석의 색깔과 암석을 이루고 있는 알갱이의 크기 등이 어떻게 다른지 비교해 봅시다.

② 탐구 활동을 읽으면 어떤 점을 주의 깊게 확인해야 하는지 힌트를 얻을 수 있어. 색깔과 암석을 이루는 알갱이의 크기가 어떻게 다른지 주의하며 살펴봐야겠지?

86

③ 개념과 관련 설명을 구분하여 표시할 때 ◯, △ 대신 색이 서로 다른 형광펜으로 표시해도 좋아.

현무암은 색깔이 어둡고 알갱이의 크기가 작습니다. **화강암**은 색깔이 밝고 알갱이의 크기가 큽니다. 현무암은 마그마가 지표 가까이에서 식어서 만들어지고 화강암은 땅속 깊은 곳에서 식어서 만들어집니다.

생각해 볼까요?
• 우리 주변에서 현무암과 화강암을 봤던 경험을 이야기해 볼까요?

④ 지표 가까이에서 만들어져서 공기가 쉽게 빠져나가 구멍이 뚫린 거구나!

⑤ 화강암은 현무암이 만들어지는 장소와 달리 땅속 깊은 곳에서 만들어진다는 것을 확인할 수 있어.

현무암과 화강암이 만들어지는 장소

현무암

화강암

87

과학 읽기의 기술 06 | 비교하고 대조하며 읽어요   **215**

2학기 3. 날씨와 우리 생활

「실험 관찰」 28쪽

이슬과 안개는 어떻게 만들어질까요?

맑은 날 아침, 풀잎에 맺혀 있는 이슬은 어디에서 왔을까요? 그리고 자욱하게
낀 안개는 어떻게 생기는 것일까요? 이슬과 안개가 만들어지는 과정을 알아

> 맑은 날 아침, 풀잎에 맺혀 있는 이슬은 어디에서 왔을까요? 그리고 자욱하게
> 낀 안개는 어떻게 생기는 것일까요? 이슬과 안개가 만들어지는 과정을 알아
> 봅시다.

1 이슬과 안개라는 두 개념이
나오네! 비슷한 점과
다른 점은 무엇인지
주의를 기울이며 읽어야 해.

탐구 활동 이슬과 안개 발생 실험하기

관찰 추리

무엇이 필요할까요?
집기병 두 개, 비커 세 개, 물, 조각 얼음 여러 개, 마른 수건,
페트리 접시, 따뜻한 물, 향, 점화기, 반코팅 면장갑

어떻게 할까요?

활동 1 이슬 발생 실험하기

1 집기병에 물과 조각 얼음을 $\frac{2}{3}$ 정도 넣습니다.

2 집기병 표면을 마른 수건으로 닦은 뒤, 집기병
표면에서 나타나는 변화를 관찰해 봅시다.

3 2와 같은 변화가 나타나는 까닭을 이야기해
봅시다.

물과
조각 얼음

▲ 이슬 발생 실험하기

52

2 두 실험 모두 얼음이 활용된다는
점은 같은데, 얼음의 위치가 다르지?
얼음(차가운 것)의 위치가 실험 결과에
어떤 영향을 미칠지 예상하며 읽는
것이 좋아.

3 두 실험 모두 수증기가 물방
울로 변하고 있으니 응결한
다는 공통점을 갖고 있다는
것을 알 수 있네!

4 이슬을 설명하는 것은 ○
를, 안개에 대한 설명은 △
를 표시하며 읽어 보자.
개념과 설명을 짝지어주면
한눈에 이해하기 좋아.

5 둘 다 응결한다는 공통점이
있지만, 어디에서 응결하는
지에 대한 차이를 이해하
며 읽는 것이 중요해.

탐구

활동 2 안개 발생 실험하기

1 조각 얼음을 페트리 접시에 담습니다.

2 집기병에 따뜻한 물을 가득 넣어 집기병 안을 데운
뒤에 물을 버립니다.

3 향에 불을 붙이고 집기병에 향을 넣었다가 뺍니다.

4 조각 얼음이 담긴 페트리 접시를 집기병 위에 올려
놓고, 집기병 안에서 나타나는 변화를 관찰해 봅시다.

5 4와 같은 변화가 나타나는 까닭을 이야기해 봅시다.

조각 얼음

▲ 안개 발생 실험하기

공기 중 수증기가 물방울로 변하는 현상을 **응결**이라고 합니다. 물과 조각
얼음이 들어 있는 집기병 표면에 물방울이 맺히는 것은 공기 중 수증기가
응결해 나타나는 현상입니다.

이슬은 밤에 차가워진 나뭇가지나 풀잎 표면 등에 수증기가 응결해 물방울로
맺히는 것입니다. 안개는 밤에 지표면 근처의 공기가 차가워지면 공기 중 수증
기가 응결해 작은 물방울로 떠 있는 것입니다.

53

1 전자석도 자석에 포함된다는 사실을 알 수 있는 부분이야. 이 부분을 읽으며 자석과 전자석 사이에 공통점이 무엇일지 예상할 수 있어야 해.

2 전자석에 자석의 성질을 나타나게 하려면 막대자석과 달리 전류를 흘려야 한다는 차이점이 있다는 것을 확인하며 읽어야 해.

3 영구 자석(막대자석)과 전자석을 비교하는 내용이 이어질 것을 예상할 수 있지?

2학기 1. 전기의 이용

사고

「실험 관찰」 10~11쪽

전자석은 어떤 성질이 있을까요?

막대자석과 같은 영구 자석은 전류가 흐르지 않아도 자석의 성질이 나타나지만 전자석은 전류가 흐를 때에만 자석의 성질이 나타납니다. 영구 자석은 자석의 세기가 일정하지만 전자석은 직렬로 연결된 전지의 개수를 다르게 해 전자석의 세기를 조절할 수 있습니다. 또 영구 자석은 자석의 극이 일정하지만 전자석은 전류가 흐르는 방향이 바뀌면 전자석의 극도 바뀝니다.

전자석은 우리 생활에 많이 이용합니다. 전자석 기중기를 사용하면 무거운 철제품을 다른 장소로 쉽게 옮길 수 있습니다. 그리고 자기 부상 열차, 선풍기, 스피커 등에도 전자석을 이용합니다.

전자석은 전류가 흐르는 전선 주위에 자석의 성질이 나타나는 것을 이용해 만든 자석입니다.
전자석은 철심에 에나멜선을 여러 번 감아 전기 회로로 연결할 수 있습니다. 전자석을 만들어 전자석의 성질을 알아봅시다.

에나멜선은 전선의 한 종류에요.

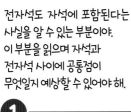

탐구 활동 **전자석 만들기**

무엇이 필요할까요?

둥근머리 볼트(길이 8cm, 굵기 0.4cm), 종이테이프, 에...
집게 달린 전선, 스위치

막대자석과 같은 영구 자석은 전류가 흐르지 않아도 자석의 성질이 나타나지만 전자석은 전류가 흐를 때에만 자석의 성질이 나타납니다. 영구 자석은 자석의 세기가 일정하지만 전자석은 직렬로 연결된 전지의 개수를 다르게 해 전자석의 세기를 조절할 수 있습니다. 또 영구 자석은 자석의 극이 일정하지만 전자석은 전류가 흐르는 방향이 바뀌면 전자석의 극도 바뀝니다.

전자석은 우리 생활에 많이 이용합니다. 전자석 기중기를 사용하면 무거운 철제품을 다른 장소로 쉽게 옮길 수 있습니다. 그리고 자기 부상 열차, 선풍기, 스피커 등에도 전자석을 이용합니다.

- 우리 생활에서 전자석을 이용한 또 다른 예와 그 쓰임을 조사해 볼까요?

4 '~지만(하지만)'이라는 말이 나오는 걸 보니 다른 점이 있겠다는 것을 예상할 수 있어. 이어주는 말이 나올 때는 서로 다른 점이 무엇인지 확인하며 읽어야 해.

5 중요한 단어나 개념을 색깔펜이나 형광펜으로 표시하며 읽는 것이 좋아.

두 개념의 차이점이 많을 때는 정리하며 읽어야 해.

교과서에서 비교하고 대조하는 글이 길어질 때는 각각의 공통점과 차이점을 한눈에 보기 어려워. 설명하는 내용이 많을 때는 정리를 하며 읽는 것도 글을 읽는 좋은 방법이야. 특히 차이점에 대한 설명이 많을 때는 표로 정리해 봐. 한눈에 확인할 수 있어서 좋아.

표와 그래프를 해석하며 읽어요

생활 속의 여러 가지 장면과 원리를 문장으로 표현하는 것은 쉽지 않습니다. 실험이나 생활 속 현상은 멈춰 있는 것이 아니고 눈앞에 결과가 정리되어 보이지 않기 때문입니다. 따라서 과학자들은 다양한 과학 현상을 표나 그래프로 정리하여 한눈에 보기 좋게 설명합니다. 표나 그래프는 과학 현상의 의미를 더 잘 보여주고, 많은 양의 정보를 알려주며 앞으로 일어나게 될 일을 예상하게 하는 데 도움을 주기도 합니다. 과학 교과서에 설명되어 있는 표와 그래프의 뜻을 살펴볼까요?

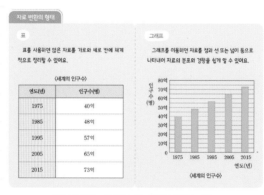

출처 5학년 1학기 I. 과학자는 어떻게 탐구할까요?

과학 교과서에 제시된 표와 그래프를 잘 해석하는 것은 과학 현상을 설명하는 글을 이해하는 데 도움이 됩니다. 실험 결과를 표나 그래프로 나타내는 방법을 활용하면 표나 그래프를 잘 해석할 수 있습니다.

<실험 결과를 표나 그래프로 나타내는 방법>

1. 다르게 한 조건과 실험 결과가 드러나도록 제목을 정하기
2. 가로줄(가로축)과 세로줄(세로축)의 내용 정하기
3. 숫자, 선, 막대 등으로 결과값을 알맞게 표현하기

첫째, 탐구 활동의 제목이나 활동 순서를 확인합니다.

탐구 활동의 제목에는 표나 그래프로 표현할 때 중요한 여러 가지 변인[•]을 파악할 수 있습니다. 또한 제목이나 활동 순서를 보면 표로 나타내는 것이 적합한지, 그래프로 나타내는 것이 적합한지 예상해 볼 수 있습니다.

둘째, 표나 그래프의 제목을 읽습니다.

표나 그래프의 제목은 실험이나 과학 현상의 중요한 조건을 담아내거나 실험 결과를 반영하여 정해집니다. 무엇에 대한 표, 그래프인지 확인하는 것은 우리가 주의를 기울여 읽어야 할 개념을 확인하는 데 도움이 됩니다.

셋째, 표의 첫 번째 가로줄과 세로줄의 내용을 확인합니다.

표의 첫 번째 가로줄이나 세로줄을 보면 어떤 변인을 통제[•]했는지, 어떤 조건을 바탕으로 실험이나 현상을 설명하는지 확인할 수 있습니다. 표의 세 항목(가로줄, 세로줄, 내용)을 살펴보고 그것을 문장으로 표현한 글을 읽으면 더욱 쉽게 이해할 수 있습니다.

넷째, 그래프의 축과 단위, 모양을 살펴봅니다.

그래프는 변화하는 현상이나 자료의 분포를 직관적으로 알 수 있게 해줍니다. 그래프의 세로축, 가로축과 단위를 살펴보면 어떤 과학적인 개념과 현상을 설명하고 있는지 파악할 수 있습니다. 또한 꺾은선그래프의 선 모양을 확인하면 변화를 더 쉽게 이해할 수 있습니다.

● 변인: 성질이나 모습이 변하는 원인을 말합니다.　　　　　　　출처: 국립국어원 표준국어대사전
● 변인 통제: 실험에서 다르게 해야 할 조건과 같게 해야 할 조건을 확인하고 통제하는 것을 변인통제라고 합니다.　　　　　　　출처: 과학 5학년 1학기 1. 과학자는 어떻게 탐구할까요?

1학기 4. 물체의 무게

2 늘어난 용수철의 길이를 측정해 봅시다.

❶ 20 g중 추 한 개를 더 걸고, 늘어난 용수철의 길이를 종이 자로 측정해 봅시다.

❷ 추의 개수를 한 개씩 늘려 가면서 늘어난 용수철의 길이를 종이 자로 측정해 봅시다.

3 추 한 개당 늘어난 용수철의 길이를 알아봅시다.

추의 무게에 따른 용수철의 길이를 표나 그래프로 나타낼 수 있어.

2 용수철에 걸어 놓은 추가 120 g중이라면 늘어난 용수철의 길이는 몇 cm가 될지 예상해 볼까요?

물체의 무게가 무거울수록 용수철은 더 많이 늘어납니다. 용수철은 물체의 무게에 따라 일정하게 늘어나거나 줄어드는 성질이 있습니다. 이러한 **용수철의 성질**을 이용해 물체의 무게를 측정하는 저울에는 용수철저울, 가정용 저울, 체중계 등이 있습니다.

▲ 용수철저울   ▲ 가정용 저울   ▲ 체중계

표의 첫 번째 가로줄과 세로줄의 내용을 살펴볼까? 추의 무게와 용수철 길이의 관계를 예상해 볼 수 있어. **2**

표를 보면 추의 무게에 따라 늘어난 용수철의 길이가 점점 길어진다는 것을 읽을 수 있어. **3**

표의 세로줄의 내용을 보고 어떤 것을 정리해야 하는지 아는 것이 중요해. 추 한 개당 얼만큼씩 늘어났는지 확인할 수 있어. **4**

「과학」 80~81쪽

물체의 무게와 늘어난 용수철의 길이는 어떤 관계가 있을까요?

탐구 활동 추의 무게와 늘어난 용수철의 길이 사이의 관계 알아보기

활동 추의 무게와 늘어난 용수철의 길이 사이의 관계 알아보기

추의 무게에 따라 늘어난 용수철의 길이와 추 한 개당 늘어난 용수철의 길이를 표로 나타내 봅시다.

추의 무게(g중)	0	20	40	60	80	100
늘어난 용수철의 길이(cm)	0	3	6	9	12	15
추 한 개당 늘어난 용수철의 길이(cm)		3	3	3	3	3

추 한 개당 늘어난 용수철의 길이가 일정하다는 것을 학생들이 인식할 수 있도록 한다.

2 용수철에 걸어 놓은 추의 무게가 120 g중이라면 늘어난 용수철의 길이는 몇 cm가 될지 예상해 볼까요?

추의 무게가 120 g 중일 때 늘어난 용수철의 길이는 18 cm 일 것이다.

40

1학기 4. 용해와 용액

3 각 비커에 소금, 설탕, 베이킹 소다를 각각 한 숟가락씩 넣고 유리 막대로 저은 뒤에, 변화를 관찰해 봅시다.

4 3의 비커에 소금, 설탕, 베이킹 소다를 각각 한 숟가락씩 더 넣으면서 유리 막대로 저어 용해되는 양을 비교해 봅시다.

3 각 비커에 소금, 설탕, 베이킹 소다를 각각 한 숟가락씩 넣고 유리 막대로 저은 뒤에, 변화를 관찰해 봅시다.

4 3의 비커에 소금, 설탕, 베이킹 소다를 각각 한 숟가락씩 더 넣으면서 유리 막대로 저어 용해되는 양을 비교해 봅시다.

1 소금, 설탕, 베이킹 소다를 넣는 양과 용해되는 양의 관계를 알아보겠구나. 탐구활동을 살펴보면서 표나 그래프의 내용을 떠올려 봐.

💡 생각해 볼까요?

● 온도가 같은 물 100 mL에 소금, 설탕, 베이킹 소다를 각각 넣었을 때 각 용질이 용해되는 양을 비교해 볼까요?

같은 양의 여러 가지 용질을 온도와 양이 같은 물에 넣고 저었을 때 어떤 용질은 모두 용해되고, 어떤 용질은 어느 정도 용해되면 더 이상 용해되지 않고 바닥에 남습니다. 이처럼 물의 온도와 양이 같아도 용질마다 물에 용해되는 양은 서로 다릅니다.

81

과학 80~81쪽

용질마다 물에 용해되는 양이 같을까요?

탐구 활동   여러 가지 용질이 물에 용해되는 양 비교하기

1 온도와 양이 같은 물에 소금, 설탕, 베이킹 소다가 용해되는 양은 각각 어떠할지 예상해 써 봅시다.

표의 첫 번째 가로줄과 세로줄의 내용을 살펴볼까? 약숟가락으로 넣은 횟수는 용질의 양을 의미하고, 세로줄은 용질의 종류야.

2

온도와 양이 같은 물에 소금, 설탕, 베이킹 소다를 한 숟가락씩 더 넣으면서 유리 막대로 저어 용질이 다 용해되면 ○표, 용질이 다 용해되지 않고 바닥에 남으면 △표 해 봅시다.

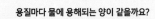

용질	약숟가락으로 넣은 횟수(회)							
	1	2	3	4	5	6	7	8
소금	○	○	○	○	○	○	○	△
설탕	○	○	○	○	○	○	○	○
베이킹 소다	○	△						

기호의 의미가 무엇인지도 확인해 봐. 실험 결과를 숫자나 글로만 표현하지 않기 때문에 기호로 나타낸 의미를 알고 결과를 해석할 줄 알아야 해.

3

3 온도와 양이 같은 물에 여러 가지 용질을 넣었을 때 각 용질이 용해되는 양은 어떤지 써 봅시다. 물의 온도와 양이 같을 때 용질마다 물에 용해되는 양이 다르다 .

💡 생각해 볼까요?

● 온도가 같은 물 100 mL에 소금, 설탕, 베이킹 소다를 각각 넣었을 때 각 용질이 용해되는 양을 비교해 볼까요?
50 mL 의 물에서보다 100 mL 의 물에서 많은 양의 용질이 용해되지만 , 용질이 용해되는 순서는 50 mL 와 같이 설탕 , 소금 , 베이킹 소다의 순으로 많이 용해된다 .

40

2학기 3. 날씨와 우리 생활

「실험 관찰」 31쪽

지면과 수면의 온도는 하루 동안 어떻게 변할까요?

무더운 여름철에 맨발로 흙이나 모래를 밟으면 뜨겁지만, 물에 들어가면 시원합니다. 이처럼 같은 시각에 모래와 물의 온도가 서로 다른 까닭을 알아

모래와 물의 온도 변화 측정하기

측정 | 자료 변환

무엇이 필요할까요?

투명한 사각 플라스틱 그릇 두 개, 마른 모래, 물, 전등(150 W 열 전구) 두 개, 스탠드 두 개, 집게 잡이 두 개, 고정용 막대 두 개, 알코올 온도계 두 개, 실, 가위, 자, 초시계

어떻게 할까요?

1. 투명한 사각 플라스틱 그릇 두 개에 모래와 물을 각각 $\frac{3}{4}$씩 담고, 두 그릇을 나란히 붙여 놓습니다. 두 그릇 뒤에 일정한 거리를 두고 전등을 각각 설치합니다.

2. 스탠드 두 개를 두 그릇 옆에 각각 놓고 알코올 온도계의 액체샘이 모래와 물에 1 cm 깊이로 꽂히도록 스탠드에 알코올 온도계를 각각 설치합니다.

3. 전등을 켜고 2분 간격으로 10분 동안 모래와 물의 온도 변화를 측정해 봅시다.

4. 전등을 끄고 2분 간격으로 10분 동안 모래와 물의 온도 변화를 측정해 봅시다.

5. 실험 결과를 표와 그래프로 나타내 봅시다.

5. 실험 결과를 표와 그래프로 나타내 봅시다.

1 탐구 활동의 제목을 보면 변인이 무엇인지 파악할 수 있어. 여기서는 모래와 물이 변인이야.

2 시간의 흐름에 따라 값이 변하는 실험은 그래프로 결과를 나타내는 경우가 많아.

3 꺾은선그래프는 선의 모양을 잘 살펴야 해. 지면의 온도 변화를 나타내는 선이 수면의 온도 변화를 나타내는 선보다 더 볼록한 모양이기 때문에 변화가 크다는 것을 예상할 수 있어. 반면 수면의 경우 선의 모양이 평평하기 때문에 온도의 변화가 크지 않다는 것을 파악할 수 있지.

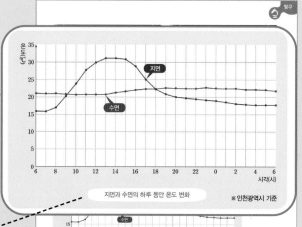

지면과 수면의 하루 동안 온도 변화

※ 인천광역시 기준

4 그래프의 제목을 살피면 그래프에서 무엇을 나타내려고 하는지 알 수 있어. 지면과 수면의 온도가 어떻게 변화했는지 잘 살펴봐야겠지?

지면과 수면의 하루 동안 온도 변화

※ 인천광역시 기준

생각해 볼까요?

1. 위 그래프와 탐구 활동에서 나타낸 그래프의 공통점은 무엇인가요?

2. 위 그래프를 통해 알 수 있는 지면 위 공기의 온도가 수면 위 공기의 온도보다 높을 때는 하루 중 언제일까요? 그렇게 생각한 까닭은 무엇인가요?

59

2학기 4. 물체의 운동

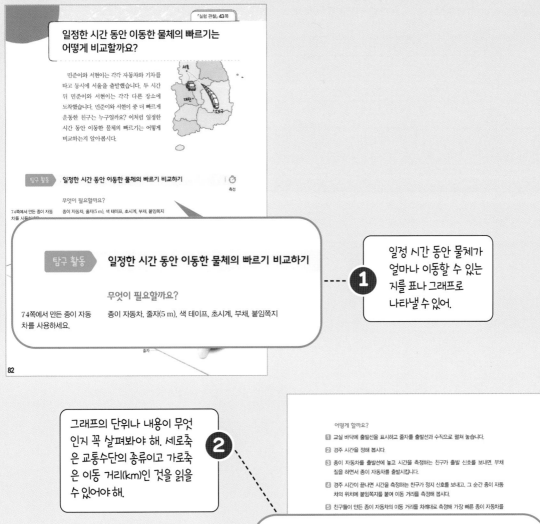

「실험 관찰」 43쪽

일정한 시간 동안 이동한 물체의 빠르기는 어떻게 비교할까요?

민준이와 서현이는 각각 자동차와 기차를 타고 동시에 서울을 출발했습니다. 두 시간 뒤 민준이와 서현이는 각각 다른 장소에 도착했습니다. 민준이와 서현이 중 더 빠르게 운동한 친구는 누구일까요? 이처럼 일정한 시간 동안 이동한 물체의 빠르기는 어떻게 비교하는지 알아봅시다.

탐구 활동 일정한 시간 동안 이동한 물체의 빠르기 비교하기

측정

무엇이 필요할까요?

74쪽에서 만든 종이 자동차를 사용하세요.   종이 자동차, 줄자(5 m), 색 테이프, 초시계, 부채, 붙임쪽지

82

탐구 활동 **일정한 시간 동안 이동한 물체의 빠르기 비교하기**

무엇이 필요할까요?

74쪽에서 만든 종이 자동차를 사용하세요.   종이 자동차, 줄자(5 m), 색 테이프, 초시계, 부채, 붙임쪽지

① 일정 시간 동안 물체가 얼마나 이동할 수 있는 지를 표나 그래프로 나타낼 수 있어.

---

② 그래프의 단위나 내용이 무엇인지 꼭 살펴봐야 해. 세로축은 교통수단의 종류이고 가로축은 이동 거리(km)인 것을 읽을 수 있어야 해.

③ 그래프의 막대 길이를 보면 일정 시간 동안 어떤 교통수단이 제일 많이 이동했는지 쉽게 이해할 수 있어.

④ 그래프의 제목을 확인해 보자. 3시간 동안 다양한 교통수단이 이동한 거리를 살펴봐야 한다는 것을 알 수 있어.

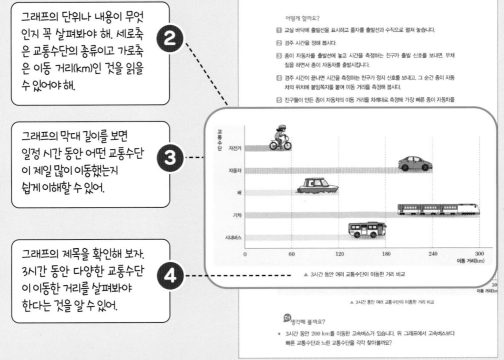

어떻게 할까요?

1 교실 바닥에 출발선을 표시하고 줄자를 출발선과 수직으로 펼쳐 놓습니다.

2 경주 시간을 정해 봅시다.

3 종이 자동차를 출발선에 놓고 시간을 측정하는 친구가 출발 신호를 보내면, 부채질을 하면서 종이 자동차를 출발시킵니다.

4 경주 시간이 끝나면 시간을 측정하는 친구가 정지 신호를 보내고, 그 순간 종이 자동차의 위치에 붙임쪽지를 붙여 이동 거리를 측정해 봅시다.

5 친구들이 만든 종이 자동차의 이동 거리를 차례대로 측정해 가장 빠른 종이 자동차를

▲ 3시간 동안 여러 교통수단이 이동한 거리 비교

생각해 볼까요?

● 3시간 동안 200 km를 이동한 고속버스가 있습니다. 위 그래프에서 고속버스보다 빠른 교통수단과 느린 교통수단을 각각 찾아볼까요?

2학기 | 2. 계절의 변화

「실험 관찰」 20쪽

계절에 따라 태양의 남중 고도와 낮의 길이는
어떻게 달라질까요?

탐구 활동   계절별 태양의 남중 고도와 낮의 길이 비교하기

의사
소통

어떻게 할까요?

❶ 다음 그림에서 계절별 태양의 위치 변화를 관찰하고 이야기해 봅시다.

탐구 활동   계절별 태양의 남중 고도와 낮의 길이 비교하기

의사   자료
소통   해석

어떻게 할까요?

❶ 다음 그림에서 계절별 태양의 위치 변화를 관찰하고 이야기해 봅시다.

남중 고도에 따라 낮의 길이
가 어떻게 변화하는지
살펴보겠구나. 시간(계절)
의 흐름에 따른 변화를
나타내는 것이니 그래프로
표현할 수 있어.

1

두 그래프의 축을 살펴볼까?
가로축은 모두 측정 시기(월)로
동일하고 세로축만 다른 것을
알 수 있어. 이렇게 가로축이
같은 경우에는 세로축의 값에
집중하며 그래프를 읽어야 해.

2

두 가지 그래프가 나왔을 때는
두 그래프의 관계를 파악할
줄 알아야 해. 남중 고도의 변화
와 낮의 길이 간에 어떤 상관관
계가 있을지 생각해 봐. 그래프
에 노란색으로 칠한 부분을 보면
남중 고도가 높을 때는 낮의 길이
가 길고, 남중 고도가 낮을 때는
낮의 길이가 짧다는 것을 알 수
있어.

3

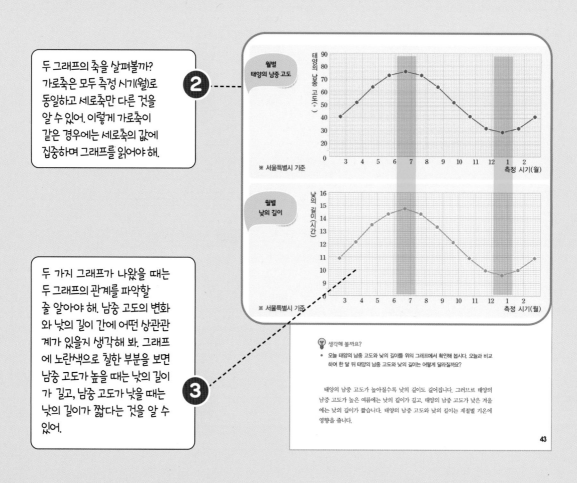

월별
태양의 남중 고도

※ 서울특별시 기준

월별
낮의 길이

※ 서울특별시 기준

💡 생각해 볼까요?

● 오늘 태양의 남중 고도와 낮의 길이를 위의 그래프에서 확인해 봅시다. 오늘과 비교
하여 한 달 뒤 태양의 남중 고도와 낮의 길이는 어떻게 달라질까요?

태양의 남중 고도가 높아질수록 낮의 길이도 길어집니다. 그러므로 태양의
남중 고도가 높은 여름에는 낮의 길이가 길고, 태양의 남중 고도가 낮은 겨울
에는 낮의 길이가 짧습니다. 태양의 남중 고도와 낮의 길이는 계절별 기온에
영향을 줍니다.

43

2학기 4. 우리 몸의 구조와 기능

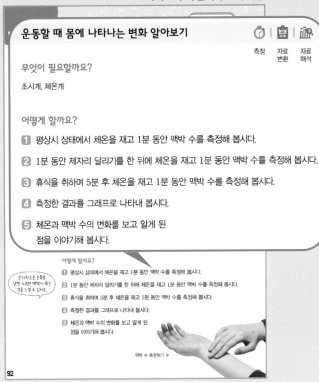

운동할 때 몸에 나타나는 변화 알아보기

측정 | 자료 변환 | 자료 해석

무엇이 필요할까요?

초시계, 체온계

어떻게 할까요?

1. 평상시 상태에서 체온을 재고 1분 동안 맥박 수를 측정해 봅시다.

2. 1분 동안 제자리 달리기를 한 뒤에 체온을 재고 1분 동안 맥박 수를 측정해 봅시다.

3. 휴식을 취하며 5분 후 체온을 재고 1분 동안 맥박 수를 측정해 봅시다.

4. 측정한 결과를 그래프로 나타내 봅시다.

5. 체온과 맥박 수의 변화를 보고 알게 된 점을 이야기해 봅시다.

> ❶ 탐구 활동 순서를 보면 어떤 변인들의 관계를 파악해야 하는지 예상할 수 있어. 체온과 맥박 수의 관계가 어떤지 알아보겠구나.

> ❷ 탐구 활동 결과는 표와 그래프 모두 나타낼 수 있어. 표는 정확한 값을 파악할 때 활용하기 좋고, 그래프는 변화하는 정도를 살펴볼 때 활용하면 좋아.

> ❸ 표와 그래프의 축과 내용을 살펴봐야 해. 표의 첫 번째 가로줄과 그래프의 가로축에 적힌 것은 시기를 뜻하고, 표의 세로줄의 내용인 체온과 맥박수는 그래프에서도 세로축으로 표현되네.

> ❹ 그래프에서 파란색으로 표시된 맥박수와 빨간색으로 표시된 체온을 살펴보면 둘 다 운동 직후 올라간다는 것을 알 수 있어. 즉 맥박수와 체온은 비슷한 변화를 보인다고 할 수 있겠지?

과학, 92~93쪽

운동할 때 우리 몸에는 어떤 변화가 나타날까요?

탐구 활동 | 운동할 때 몸에 나타나는 변화 알아보기

1 평상시 상태와 운동한 후의 체온과 맥박 수를 측정해 써 봅시다.

평상시 상태와 운동한 후의 체온과 맥박 수를 측정해 써 봅시다.

구분	평상시	운동 직후	5분 후
체온(℃)	36.7	36.9	36.6
맥박 수 (1분당 맥박 수)	65	104	69

1에서 측정한 결과를 그래프로 나타내 봅시다.

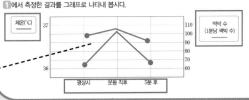

생각해 볼까요?

● 운동할 때 우리 몸의 여러 기관이 서로 어떻게 관련되어 있는지 설명해 볼까요?
운동하면 체온이 올라가고 맥박 수가 증가한다. 운동한 후 휴식을 취하면 체온과
맥박 수가 운동하기 전과 비슷해진다.

PART 2

과목별
문제 읽기의
모든 것

글의 구조를 생각하며 읽기

5학년 1학기 3. 글을 요약해요

① 문제와 글을 함께 살피며 글의 갈래를 파악해 봐. 설명하는 글을 읽고 중심 내용을 정리해야 하는구나.

아래의 글을 설명하는 방법을 생각하며 글에 알맞은 틀을 골라 중심 내용을 정리해 보시오.

〈어류의 여러 기관〉

① 어류는 아가미가 있는 척추동물입니다. 어류는 물속 환경에 적응할 수 있도록 다양한 기관이 발달했습니다.

② 어류 피부는 대부분 비늘로 덮여 있습니다. 비늘은 어류 몸을 보호합니다. 비늘은 짠 바닷물이 몸속으로 들어오지 못하게 막아 줍니다. 또, 저마다 비늘 무늬가 달라 몸을 쉽게 숨길 수 있게 합니다.

③ 어류는 아가미로 물속에 녹아 있는 산소를 흡수합니다. 입으로 물을 삼키고 아가미로 다시 내뱉는 과정에서 산소를 얻습니다.

④ 어류는 몸통에 옆줄이 있습니다. 어류는 옆줄로 물 흐름이나 떨림 같은 환경 변화를 알아냅니다.

② 글을 요약하려면 내용 파악을 해야 해. 읽다가 모르는 낱말이 나오면 표시를 하고, 앞뒤 문장을 살펴봐. '입으로 물을 삼키고 아가미로 다시 내뱉는 과정에서 산소를 얻습니다.'라는 문장이 바로 뒤에 나오는 것을 보니, '흡수'는 '얻다'의 의미를 가진 낱말일 것 같아.

③ 글이 몇 개의 문단으로 이루어져 있는지 확인하고 중심 문장을 파악해야 해. 먼저 문단 앞에 번호를 써서 구분해. 이 글은 총 네 개의 문단으로 이루어져 있구나. 문단에서 전체의 내용을 가장 잘 나타낸 문장을 찾아 밑줄을 그어 봐.

보기

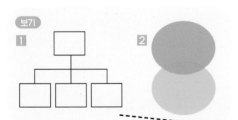

④ 중심 문장과 뒷받침 문장을 살피면 글의 구조를 파악하여 알맞은 틀을 보기에서 찾을 수 있어. 이 글은 여러 가지 특징을 나열해 어류의 여러 기관에 관해 설명하고 있어. 보기의 **1** 틀은 열거, **2** 틀은 비교와 대조를 나타내는 틀이야. **1** 틀을 이용해 중심 문장을 정리해 봐.

국어 읽기의 기술 (답)

1

어류의 여러 기관

비늘은 어류의 몸을 보호합니다.	어류는 아가미로 물속에 녹아 있는 산소를 흡수합니다.	어류는 옆줄로 물 흐름이나 떨림 같은 환경 변화를 알아냅니다.

머릿속으로 이미지를 떠올리며, 알맞게 띄어 읽기

6학년 1학기 1. 비유하는 표현

문제와 글을 함께 살피며 글의 갈래를 파악해. 시를 읽고 비유하는 표현을 생각하며 시를 완성해야 해. 비유하는 표현이란 대상 하나를 다른 대상에 빗대어 표현하는 것임을 기억해야 해.

내가 좋아하는 친구의 모습을 생각하며 비유하는 표현을 사용하여 시의 새로운 연을 완성하시오.

풀잎과 바람

정완영

나는 ∨ 풀잎이 좋아, ∨ 풀잎 같은 ∨ 친구 좋아
바람하고 ∨ 엉켰다가 ∨ 풀 줄 아는 ∨ 풀잎처럼
헤질 때 ∨ 또 만나자고 ∨ 손 흔드는 ∨ 친구 좋아

나는 ∨ 바람이 좋아, ∨ 바람 같은 ∨ 친구 좋아
풀잎하고 ∨ 헤졌다가 ∨ 되찾아 온 ∨ 바람처럼
만나면 ∨ 얼싸안는 바람, ∨ 바람 같은 ∨ 친구 좋아

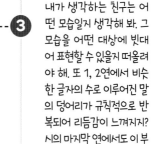

친구를 풀잎, 바람에 비유하여 표현했구나. 글쓴이가 친구를 풀잎과 바람에 빗대어 표현한 까닭은 무엇일지 생각하며 시를 다시 읽고 머릿속으로 이미지를 떠올려 봐. 헤어질 때 손 흔들고 만나면 얼싸안는 친한 친구의 모습이 떠올라.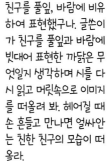

내가 생각하는 친구는 어떤 모습일지 생각해 봐. 그 모습을 어떤 대상에 빗대어 표현할 수 있을지 떠올려야 해. 또 1, 2연에서 비슷한 글자의 수로 이루어진 말의 덩어리가 규칙적으로 반복되어 리듬감이 느껴지지? 시의 마지막 연에서도 이 부분을 참고해야 해.

국어 읽기의 기술 (답)

예시

나는 ∨ 햇살이 좋아, ∨ 햇살 같은 ∨ 친구 좋아
포근하게 ∨ 감싸주고 ∨ 비춰주는 ∨ 햇살처럼
언제나 ∨ 따뜻이 웃는 ∨ 햇살 같은 ∨ 친구 좋아

시를 다 완성하면 꼭 다시 띄어 읽으며 리듬감을 느껴 봐. 이때 내가 쓴 연만 읽는 것이 아니라, 처음부터 다시 읽어야 내가 쓴 마지막 연이 자연스러운지 확인할 수 있어.

그림으로 수학 개념 표현하기

3학년 2학기 4. 분수

① 분수의 개념을 설명할 때 사용한 그림을 이해하는 것이 얼마나 중요한지 알고 있지? 3학년 2학기 4. 분수를 떠올려보자. 첫 번째 활동에 사육장 그림이 나오지? 이 그림과 글을 이해하면 우리가 풀어야 하는 문제도 풀 수 있어.

학교 텃밭에 고구마와 감자를 심으려고 합니다. 텃밭 전체의 $\frac{4}{9}$ 는 고구마를 심고 나머지의 $\frac{3}{5}$ 에는 감자를 심었습니다. 아무것도 심지 않은 텃밭은 전체의 몇 분의 몇인지 분수로 나타내시오.

▼ 교과서 앞쪽에서 배운 내용   2015 교육과정 수학 3학년 2학기 4. 분수

한쪽 벽의 길이가 10m인 사육장을 만들어 닭과 오리를 키우려고 합니다. 사육장을 5칸으로 똑같이 나누려면 사육장 한 칸의 길이는 몇 m로 해야 하는지 알아봅시다.

사육장 한 칸의 길이를 어떻게 구하지?

한 칸은 전체의 $\frac{1}{5}$ 이니까 10m의 $\frac{1}{5}$ 을 구하면 돼.

② '아무것도 심지 않은'의 조건을 잊으면 안 돼. 고구마와 감자를 심고 남은 부분을 구한 후 이 부분이 전체의 몇 분의 몇인지 구해야 해. 텃밭 전체를 9 등분했기 때문에 분모가 9인 분수로 나타내야 해.

Tip

$\frac{1}{3}$ 을 수직선에 나타내어 알아보세요.

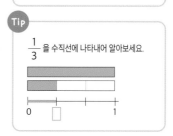

수학 읽기의 기술 (답)

분수의 개념을 설명할 때 사용한 교과서 그림을 생각하자. 전체의 $\frac{4}{9}$ 이므로 전체를 9칸으로 나눈 것 중 4칸을 뜻해. 그리고 남은 5칸(나머지의)의 3칸이 $\frac{3}{5}$ 이 되고, 5칸 중 3칸을 사용했으므로 남은 칸은 2칸이 돼. 2칸이 전체의 몇 분의 몇인지 물어봤기 때문에 전체 9칸 중 2칸을 분수로 나타내면 되므로 답은 $\frac{2}{9}$ 야.

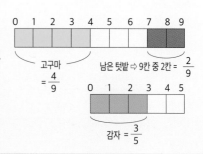

고구마 = $\frac{4}{9}$ 남은 텃밭 ⇨ 9칸 중 2칸 = $\frac{2}{9}$

감자 = $\frac{3}{5}$

정사각형의 정의를 떠올려보자. 정사각형은 네 각이 모두 직각이고, 네 변의 길이가 모두 같은 사각형이야. 여기서 가장 중요한 건 네 변의 길이가 모두 같다는 거야.

①

크기가 다른 정사각형 3개를 서로 겹치지 않게 이어 붙였습니다. 이 도형의 전체 넓이가 145㎠일 때, 전체 도형의 둘레는 몇 cm일까요?

②

정사각형의 넓이 구하는 식을 떠올려봐. 그리고 전체 넓이라는 의미는 크기가 다른 정사각형 3개의 넓이를 모두 더했다는 뜻이야.
이제 3개의 정사각형 각각의 넓이를 구해야 해.

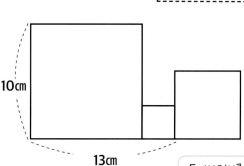

③

둘레의 정의를 떠올려보자. 둘레는 도형의 테두리를 따라 한 바퀴 돈 길이므로 테두리의 길이를 모두 다 더해야 해. 가장 작은 정사각형의 두 세로의 길이는 더하면 안 돼. 테두리가 아니기 때문이야.

수학 읽기의 기술 (답)

이 문제에서 가장 중요한 조건은 세 도형이 모두 정사각형이라는 거야. 정사각형의 정의를 떠올리고 문제에 나타낼 수 있어야 해. 가장 큰 정사각형의 한 변 길이가 10 cm 이므로 다른 세 변의 길이도 모두 10 cm겠지? 도형에 10 cm를 모두 표현해 봐. 도형에 내가 알아낸 정보를 기록해야 문제를 풀 때 도움이 돼.

①의 넓이 : 100㎠   ②의 넓이 : 9㎠   ③의 넓이 : ☐ ㎠
그러므로 100 + 9 + ☐ = 145   ☐ = 36
두 번째로 큰 정사각형의 넓이가 36㎠이기 때문에 한 변의 길이가 6 cm야.
이제 우리가 알아낸 길이를 모두 표시한 후 테두리의 길이를 모두 더하면 64 cm이야.

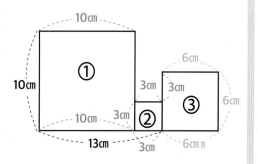

231

그래프를 보고 문제에 필요한 정보 찾기

5학년 1학기 1. 국토와 우리 생활

1 문제를 읽어 볼까? 이 문제에서는 답을 두 가지 써야 해. 첫 번째는 다른 지역과 비교하여 울릉도 지역의 강수량 그래프의 특징을 설명해야 하고, 두 번째는 이로 인한 생활 모습을 써야 해. 네 개의 그래프 모두 살펴봐야 하지만 그중 가장 주의 깊게 봐야 하는 것은 울릉도의 그래프야. 문제를 읽으며 번호를 매기면 답해야 하는 내용을 놓치지 않을 수 있어.

다음은 우리나라 여러 지역의 강수량 그래프입니다. ①울릉도 지역 강수량 그래프의 특징을 다른 지역과 비교하여 설명하고, ②이 지역의 강수량이 생활에 어떤 영향을 끼쳤는지 설명하시오.

2 이 그래프는 지역별 강수량을 나타내는 막대그래프야. '강수량'이라는 개념의 뜻이 기억나니? 강수량이란 일정한 장소에 일정 기간 동안 내린 눈, 비 등 물의 양을 말해.

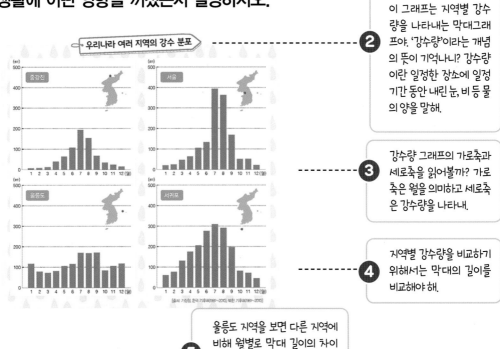

우리나라 여러 지역의 강수 분포

3 강수량 그래프의 가로축과 세로축을 읽어볼까? 가로축은 월을 의미하고 세로축은 강수량을 나타내.

4 지역별 강수량을 비교하기 위해서는 막대의 길이를 비교해야 해.

5 울릉도 지역을 보면 다른 지역에 비해 월별로 막대 길이의 차이가 크지 않아. 이는 일 년 내내 강수량이 고르다는 것을 뜻해.

사회 읽기의 기술 (답)

울릉도는 다른 지역에 비해 일 년 내내 강수량이 고르게 나타납니다. 또 겨울 강수량이 많은 것을 통해 눈이 많이 내린다는 것을 알 수 있습니다. 이로 인한 영향은 눈이 집에 들어오는 것을 막고 집 안에서 생활하기 편리하도록 우데기라는 외벽을 설치했습니다. 또 눈에 빠지거나 미끄러지지 않도록 설피를 신기도 했습니다.

7 울릉도에 눈이 많이 내린다는 것을 찾았으면 그것이 사람들의 생활에 어떤 영향을 끼쳤는지 연결해 봐. 사회 시간에는 사람들의 생활 모습에 대해 공부하기 때문에 그래프를 보고 문제에 필요한 정보를 찾아야 해.

6 울릉도는 겨울 강수량이 많은 편이야. 겨울에는 날씨가 추우니까 비보다는 주로 눈이 올 것이라는 걸 생각해야 해.

이전에 배운 내용을 떠올리거나 씽킹맵을 그리며, 지도의 정보 읽기

6학년 2학기 1. 세계 여러 나라의 자연과 문화

이번 문제에는 지도가 나와 있어. 이 지도는 왜 등장한 걸까? 세계 여러 나라의 위치와 범위에 대해 알아보기 위해 실려 있어.

①

다음 세계 지도를 보고 ①~④번의 개념을 활용하여, 뉴질랜드의 위치와 범위에 대해 설명하시오.

②

각 나라의 위치와 범위를 알려면 무엇이 필요할까? 나라가 속한 대륙을 살펴 보고, 나라의 위도와 경도 범위를 알아야 해.

세계 지도

①
②
③
④

③

머릿속으로 트리맵을 그려 보자. 분류 주제를 대륙으로 잡아 볼까? 뉴질랜드는 어떤 대륙에 속해 있지?

④

①~④번이 어떤 개념을 말하는 것인지 기억나니? ①번은 경선, ②번은 위선, ③번은 본초 자오선, ④번은 적도야. 지도를 읽을 때 ①~④번이 왜 필요할까? ①~④번을 통해 뉴질랜드의 위도와 경도를 읽을 수 있다는 것을 찾아야 해.

⑤

떠올린 개념을 통해 뉴질랜드의 위치를 읽어 볼까? 뉴질랜드는 적도를 기준으로 남쪽에 있기 때문에 남쪽의 위도를 읽어. 남위, 본초 자오선을 기준으로 동쪽에 있기 때문에 동경이라고 해야 해.

⑥

위선과 경선에 쓰여있는 숫자를 읽어 보자. 이제 읽은 정보들을 정리해서 답으로 써 볼까?

사회 읽기의 기술 (답)

뉴질랜드는 오세아니아 대륙에 있고, 범위는 남위 34°~47°, 동경 166°~179°입니다.

실생활 사례와 과학 실험을 연결 지어 읽기

5학년 2학기 5. 산과 염기

> 문제에서 무엇을 요구하고 있는지 반드시 확인해야 해. 그래프와 단서를 활용하라고 되어 있지? 답을 적을 때 그래프를 해석한 내용이나 단서와 관련한 내용이 꼭 들어가야 해.

①

미국 기상학회보의 보고에 따르면 지구에서 배출되는 이산화 탄소의 양이 급격히 늘어나고 있으며 바다가 흡수하는 이산화 탄소의 양도 점점 늘어나고 있다고 합니다. 지구에서 배출되는 이산화 탄소의 양이 앞으로도 많아진다면, 바닷속 해양 생물인 산호초와 조개에 어떤 문제가 생길지 아래 그래프와 단서를 활용하여 쓰시오.

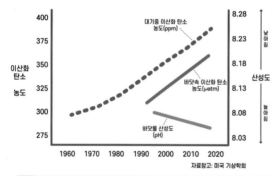

> 글과 그래프를 함께 해석하는 것이 중요해. 공기 중 이산화 탄소의 농도가 높아질 때 바닷속 이산화 탄소의 농도도 높다는 것을 확인할 수 있어야 해. 또 바다가 점점 산성을 띠게 된다는 것도 읽을 수 있어야 해.

②

단서
1. 이산화 탄소는 물에 녹으면 탄산이 되어 산성을 띠게 된다.
2. 산호초와 조개는 달걀 껍데기와 같은 물질로 이루어져 있다.

③

> 산성과 달걀 껍데기는 어떤 반응을 보이는지 떠올려보자. 산성 용액에 달걀 껍데기를 넣으면 기포가 발생하면서 바깥쪽 껍데기가 녹아 없어지지? 단서의 중요 키워드를 보면 어떤 실험과 관련한 문제인지 예상할 수 있어.

> 실생활 사례와 과학 실험을 연결 지어 봐. 산성을 띠는 바닷물은 실험에 사용했었던 묽은 염산을 뜻하고, 산호초와 조개는 달걀 껍데기를 의미한다는 것을 알 수 있어야 해.

④

> 교과서 글의 중심 문장이 무엇이었는지 떠올려보자. 교과서의 중심 문장을 잘 알고 있다면 서술형 문제를 해결하기 쉬워.

⑤

과학 읽기의 기술 (답)

그래프를 보면 대기 중의 이산화 탄소의 양이 급격히 늘어나면서 바다가 흡수하는 이산화 탄소의 양도 늘어난다. 이산화 탄소는 물에 녹으면 산성을 띠게 되기 때문에, 이산화 탄소의 양이 늘어날수록 바다는 점점 산성을 띠게 된다. 산성 용액에 달걀 껍데기를 넣으면 기포가 발생하면서 바깥쪽 껍데기가 녹아 없어진다. 산호초와 조개 등의 해양생물은 달걀껍데기와 같은 물질로 이루어져 있으므로 산성을 띠는 바닷물에 있으면 녹아내려 없어질 수 있고 나아가 해양 생태계가 파괴될 수 있다.

사람이 밖에서 물속의 물고기를 보고 있습니다. ①사람이 생각하는 물고기의 위치와 ②실제 물고기의 위치가 어디인지 각각 기호를 쓰고, ③사람이 생각하는 물고기의 위치와 실제 물고기의 위치가 다른 까닭을 아래 단어를 모두 활용하여 설명하시오.

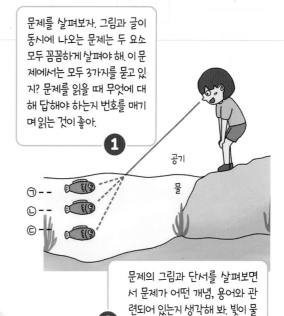

문제를 살펴보자. 그림과 글이 동시에 나오는 문제는 두 요소 모두 꼼꼼하게 살펴야 해. 이 문제에서는 모두 3가지를 묻고 있지? 문제를 읽을 때 무엇에 대해 답해야 하는지 번호를 매기며 읽는 것이 좋아. ❶

빛, 물, 경계, 연장선

(1) 사람이 생각하는 물고기의 위치: (   )

(2) 실제 물고기의 위치: (   )

(3) 사람이 생각하는 물고기의 위치와 실제 물고기의 위치가 다른 까닭:

❷ 문제의 그림과 단서를 살펴보면서 문제가 어떤 개념, 용어와 관련되어 있는지 생각해 봐. 빛이 물의 경계에서 어떻게 나아가는지, 어떻게 보이는지를 물어보고 있으니 '빛의 굴절'과 관련이 있겠지?

물의 경계에서 빛이 굴절하기 때문에 사람은 실제와 다른 위치에 있는 물체의 모습을 보게 돼. 사람은 눈으로 들어온 빛의 연장선에 물고기가 있다고 생각하기 때문에 사람이 생각하는 물고기의 위치와 실제 물고기의 위치가 다른 거지. 즉 우리가 생각하는 것보다 실제 물고기의 위치는 더 아래쪽에 있게 되는 거야. ❹

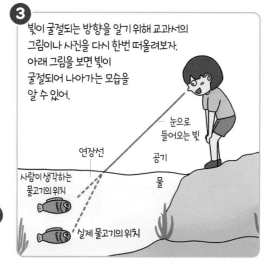

❸ 빛이 굴절되는 방향을 알기 위해 교과서의 그림이나 사진을 다시 한번 떠올려보자. 아래 그림을 보면 빛이 굴절되어 나아가는 모습을 알 수 있어.

과학 읽기의 기술 (답)

(1) ⓒ (2) ⓒ (3) 물고기에 닿아 반사된 빛은 물속에서 공기 중으로 나올 때 물과 공기의 경계에서 굴절합니다. 사람은 눈으로 들어오는 빛의 연장선에 물고기가 있다고 생각하기 때문에 실제 물고기의 위치와 다르게 생각합니다.

시리즈의 첫 책 《초등 노트 필기의 기술》을 사랑해 준 독자 여러분 덕분에 두 번째 책 《초등 교과서 읽기의 기술》이 나왔습니다. 두 번째 책을 쓴다는 설레임 반 걱정 반으로 책을 쓰기 시작했습니다. 책 한 권을 쓴다는 건 너무나 힘든 여정입니다. 이 힘든 여정을 함께하는 분들이 있어서 이 책을 완성할 수 있었습니다.

책이 나오기까지 제 옆을 지켜준 저의 소중한 아내와 두 딸 혜진·혜윤이에게 사랑한다는 말을 전하고 싶습니다. 또 "선생님 힘내세요"라고 말해 준 백록초등학교 5학년 5반 학생들 덕분에 책 집필을 마무리할 수 있었습니다. 마지막으로 책의 저자 서휘경·이윤희·이주영 선생님과 멀리깊이 박지혜 대표님께 감사하다는 말을 전하고 싶습니다. 덕분에 힘든 여정을 견딜 수 있었습니다. 김차명 장학사님을 비롯한 참쌤스쿨 선생님들 모두 감사합니다.

좌승협

저에게 책을 집필하는 과정은 긴 마라톤과 같았습니다. 지난 《초등 노트 필기의 기술》이 설레는 마음으로 한 발씩 내딛는 경험이었다면, 《초등 교과서 읽기의 기술》은 아이들에게 조금이라도 더 도움이 되고 싶은 마음에 걸음마다 부담이 가득한 경험이었습니다.

힘든 과정 동안 늘 한 발자국 앞에서 큰 산처럼 의지가 되어주신 아버지와 가족에게 감사의 마음을 전하고 싶습니다. 또 어려울 때마다 도움 주시고 때로는 존경하는 멘토가 되어 준 선생님들께 감사드립니다. 항상 교사로서 깊이 고민하고 성장할 수 있는 원동력을 주는 사랑하는 제자들에게도 많이 고맙습니다. 《초등 교과서 읽기의 기술》을 통해 성장을 위한 기본을 튼튼히 다질 수 있게 되기를 바랍니다.

참쌤스쿨이라는 인연을 만들어 주신 김차명 장학사님, 늘 저자들의 의견에 귀 기울이며 아낌없는 지원을 해 주신 멀리깊이 박지혜 대표님, 서로 응원하고 다독이며 함께 달려온 좌승협·이윤희·이주영 선생님 고맙습니다.

서휘경

그동안 소중한 기회가 주어져 몇 번의 출간을 경험했습니다. 하지만 첫 번째 책이 사랑받아 두 번째 책을 엮게 된 것은 처음이라 지난 책을 사랑해주신 독자들께 감사드립니다. 이번 책도 아이들에게 필요한 내용을 담아내려 애썼습니다. 이 책이 우리 아이들의 배움과 성장에 도움이 되길 바랍니다.

긴 장마와 더위 속에서도 늘 곁에 계셔주신 부모님, 하나뿐인 나의 동생 그리고 휘청일 때마다 지탱해 준 사람 덕분에 이번 책도 끝까지 집필할 수 있었습니다. 말로 전하지 못해도 늘 제 안의 1등입니다. 지난 책에 이어 함께한 좌승협·서휘경·이주영 선생님의 깊은 고민과 꼼꼼함 덕분에 이번 책도 완성되었습니다. 우리의 인연이 또 다른 시작이 되길 바랍니다. 그리고 저자 선생님들과 인연이라는 끈으로 묶일 수 있도록 출발점을 만들어 준 참쌤스쿨과 김차명 장학사님께도 감사의 인사를 전합니다. 마지막으로 늘 저자들의 의견에 귀 기울여 주시는 멀리깊이 박지혜 대표님 고맙습니다.

이윤희

첫 책 《초등 노트 필기의 기술》이 많은 사랑을 받아 감개무량에 폭 빠져 감사한 나날 중에, 두 번째 책 《초등 교과서 읽기의 기술》을 집필하게 되어 기뻤습니다. 첫 책은 한껏 설레는 마음으로 써 내려갔다면 이 책은 고민에 고민을 거듭하는 마음으로 완성했습니다. 고심을 거듭하며 채워진 한 장 한 장이 이 책을 읽는 아이들에게 좋은 길라잡이가 되길 희망합니다.

책을 집필하며 어려움이 있을 때마다 위로와 조언을 아끼지 않았던 부모님 이찬규 전(前) 교장선생님과 노수자 장학관님, 언니 하 선생님, 언제나 사랑을 주는 이주의 사람들과 김차명 장학사님께 고마운 마음을 전합니다. 흔들릴 때 다독여 주고, 뿌연 길을 걷는 것과 같이 어려울 때 길을 밝혀 주신 덕분에 이 책을 완성할 수 있었습니다. 또 이것저것 시도하고 도전하느라 함께 고생한 우리 제자들에게도 고맙습니다. 교실에서 같이 가꾸어 나간 흔적들이 이 책을 집필하는 데 많은 도움이 되었습니다. 따뜻한 마음과 열정으로 함께해 주신 좌승협, 이윤희, 서휘경 선생님과 지혜와 책임감으로 책 집필을 이끌어주신 멀리깊이 박지혜 대표님께도 고마운 마음을 전합니다.

이주영

교과서 작품 및 이미지 출처

* 본문에 사용된 국어, 수학, 사회, 과학 교과서의 출처는 각 이미지 상단에 수록되어 있으며, 해당 출판사는 각각 미래엔, 비상교육, 지학사, 천재교과서입니다.
* 교과서 본문 중 저작권 문제로 사용하기 어려운 삽화나 이미지는 맥락을 이해할 수 있는 선에서 임의로 작업했음을 밝힙니다.

본문 수록 페이지	교과서 게재명	도서명	지은이	출판사	출판 년도
32	〈프린들 주세요〉	《프린들 주세요》	앤드루 클레먼츠 글, 햇살과나무꾼 옮김	사계절	2001
34	〈돈은 왜 만들었을까?〉	《경제의 핏줄 화폐》	김성호	미래아이 (미래M&B)	2013
36~37	〈기와 조각과 똥 덩어리〉	《장복이, 창대와 함께하는 열하일기》	강민경	현암주니어	2020
41	〈사라, 버스를 타다〉	《사라, 버스를 타다》	윌리엄 밀러 글, 박찬석 옮김	사계절	2004
42	〈허리 밟기〉	《가랑비 가랑가랑 가랑파 가랑가랑》	정완영	사계절	2015
46	〈공 튀는 소리〉	《아! 깜짝 놀라는 소리》	신형건	푸른책들	2016
47	〈지하 주차장〉	《지각 중계석》	김현욱	문학동네	2015
48	〈출렁출렁〉	《난 빨강》	박성우	창비	2010

본문 수록 페이지	교과서 게재명	도서명	지은이	출판사	출판 년도
49	〈풀잎과 바람〉	《가랑비 가랑가랑 가랑파 가랑가랑》	정완영	사계절	2015
53~54	〈동물이 내는 소리〉	《맛있는 과학 6》	문희숙	주니어 김영사	2011
55	〈직업과 옷 색깔〉	《색깔 속에 숨은 세상 이야기》	박영란·최유성	아이세움	2007
58~59	〈만복이네 떡집〉	《만복이네 떡집》	김리리	비룡소	2010
60~61	〈수업 시간에〉	《나 좀 내버려 둬!》	박현진 글, 윤정주 그림	길벗어린이	2006
62~63	〈사라, 버스를 타다〉	《사라, 버스를 타다》	윌리엄 밀러 글, 박찬석 옮김	사계절	2004
64~67	〈마지막 숨바꼭질〉	《열두 사람의 아주 특별한 동화》	백승자	파랑새어린이	2001

야외생물연구회 제공 이미지

181쪽 여러 가지 식물의 씨   **187쪽** 여러해살이 식물   **206쪽** 애벌레가 번데기로 변하는 과정 | 배추흰나비 날개돋이 과정

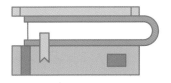

자꾸 성적이 오르는 문해력 강한 아이들의 비밀

초등 교과서 읽기의 기술

ⓒ 좌승협, 서휘경, 이윤희, 이주영

초판 1쇄 발행 2021년 8월 23일
초판 4쇄 발행 2024년 8월 22일

지은이 좌승협, 서휘경, 이윤희, 이주영
펴낸이 박지혜

기획·편집 박지혜
마케팅 윤해승, 최향모
디자인 design S(권민지)
제작 더블비

펴낸곳 ㈜멀리깊이 **출판등록** 2020년 6월 1일 제406-2020-000057호
주소 10881 경기도 파주시 광인사길 127 2층
전자우편 murly@munhak.com
편집 070-4234-3241 **마케팅** 02-2039-9463 **팩스** 02-2039-9460
인스타그램 @murly_books
페이스북 @murlybooks

ISBN 979-11-91439-07-6 13590